钢中非金属夹杂物图集

（上）

张立峰　主编

北　京

冶金工业出版社

2019

内 容 提 要

本书展示了碳素结构钢（S20C）、超低碳钢（IF 钢）、取向硅钢、低牌号无取向硅钢、高牌号无取向硅钢、高硫齿轮钢（FAS3420H）、低硫齿轮钢（20CrMnTiH）、非调质钢（8620RH）等钢种，采用传统精磨抛光观察、盐酸浸蚀、部分有机溶液电解侵蚀、完全有机溶液电解等方法进行取样，得到的钢中非金属夹杂物形貌图片。

本书可供冶金领域科研人员、工程技术人员、教学人员阅读参考。

图书在版编目（CIP）数据

钢中非金属夹杂物图集．上/张立峰主编．—北京：冶金工业出版社，2019.11
　　ISBN 978-7-5024-8240-4

Ⅰ．①钢…　Ⅱ．①张…　Ⅲ．①钢—非金属夹杂（金属缺陷）—图集　Ⅳ．①TG142.1-64

中国版本图书馆 CIP 数据核字（2019）第 205199 号

出 版 人　谭学余
地　　址　北京市东城区嵩祝院北巷 39 号　邮编　100009　电话　（010）64027926
网　　址　www.cnmip.com.cn　电子信箱　yjcbs@cnmip.com.cn
责任编辑　刘小峰　曾　媛　美术编辑　郑小利　版式设计　孙跃红
责任校对　李　娜　责任印制　李玉山
ISBN 978-7-5024-8240-4
冶金工业出版社出版发行；各地新华书店经销；北京捷迅佳彩印刷有限公司印刷
2019 年 11 月第 1 版，2019 年 11 月第 1 次印刷
787mm×1092mm　1/16；48 印张；24 彩页；1167 千字；759 页
600.00 元

冶金工业出版社　投稿电话　（010）64027932　投稿信箱　tougao@cnmip.com.cn
冶金工业出版社营销中心　电话　（010）64044283　传真　（010）64027893
冶金工业出版社天猫旗舰店　yjgycbs.tmall.com
（本书如有印装质量问题，本社营销中心负责退换）

前　言

　　钢铁是使用最为广泛的金属材料之一。由于生产工艺所致，钢中不可避免地存在非金属夹杂物。通常钢中非金属夹杂物尤其是大尺寸非金属夹杂物对钢的性能有害，但是一些细小的非金属夹杂物和析出相却可以起到细化晶粒、强化性能的作用。钢中非金属夹杂物绝大部分都是微米级和纳米级，肉眼不可见，需要放大到一定倍数进行检测。在我从事钢中非金属夹杂物研究的20多年里，从钢中检测得到了很多非金属夹杂物的二维和三维照片，常常惊叹于这些微小粒子形貌的美妙绝伦。经过仔细的思考和认真的挑选，我和我的科研团队决定把一些典型钢种中的非金属夹杂物形貌贡献出来，和本领域的读者一起分享。获取钢中非金属夹杂物的形貌，不仅展现了钢中微观世界的美，同时也为我们提供了这些微观精灵的更精细的信息。从非金属夹杂物的形貌可以初步判断其形成以及在钢轧制和加工过程中可能的变形行为，还可以初步判断其对钢性能的影响。

　　钢中内生的非金属夹杂物主要来源于钢液的脱氧。钢液脱氧主要靠向钢中加入铝合金、硅锰合金等合金实现。脱氧合金不同，则形成不同成分的非金属夹杂物，夹杂物的形貌也随之不同。

　　最常见的铝脱氧钢中非金属夹杂物主要是氧化铝，其形貌根据钢中铝氧含量有单颗粒球状、点簇状、珊瑚状、花盘形和多面体形等。如果钢中氮含量比较高，在钢液凝固或冷却过程中就会析出六棱柱、矩形的氮化铝。但随着复合脱氧剂的发展，也产生了铝镁脱氧剂、铝钛脱氧剂、铝钙脱氧剂等，钢中非金属夹杂物成分也随之变化。铝镁脱氧钢中非金属夹杂物主要包括氧化铝、镁铝尖晶石、氧化镁；铝钛脱氧钢中非金属夹杂物除了氧化铝，还会生成钛氧化物和铝钛复合氧化物，以及钢液凝固或冷却过程中析出的碳氮化钛等；铝钙脱氧钢中非金属夹杂物种类是由钢中钙、铝、氧、硫等元素含量决定的，一般归纳为固态或液态的钙铝酸盐、氧化钙及硫化钙。

　　非铝脱氧剂常见的有硅脱氧剂、硅锰脱氧剂、硅钙钡脱氧剂等。硅脱氧钢中非金属夹杂物主要为球状的氧化硅；硅锰脱氧钢中非金属夹杂物主要为氧化锰、氧化硅和两者之间形成的复合氧化物以及钢液凝固或冷却过程中析出的硫化锰夹杂物；硅钙钡脱氧钢中非金属夹杂物主要为球状的氧化钙和氧化硅复合氧化物、钢液凝固或冷却过程中析出的球状、椭圆状、板条状、纺锤状和长条状的硫化锰。

钢中非金属夹杂物的精确控制需要合适的非金属夹杂物表征和评价方法与之匹配。随着钢铁工业的发展，近些年夹杂物的表征和评价方法也有了新的进展。本书根据在试样检测体积、获得的夹杂物信息类别、分析的时间长短以及各自优缺点等方面对各种夹杂物进行表征和评价，尽可能全面地描绘出所有夹杂物特征。

钢中非金属夹杂物的检测包括间接和直接方法，其中间接方法包括全氧含量、增氮、铝损、耐火材料侵蚀、炉渣成分变化、示踪剂、浸入式水口堵塞以及最终产品检测等，直接方法包括钢样品截面上的夹杂物表征（金相显微镜观察、图像分析、硫印分析、扫描电镜分析、脉冲识别分析光发射光谱测定法、激光微探针质量光谱分析法、X射线光电子分光法、俄歇电子分光法、阴极电子激发光显微镜、原位分析法等）、固态钢样体积上的夹杂物三维表征（传统的超声波扫描、曼内斯曼夹杂物分析法、扫描声学显微镜、酸蚀法、化学溶解、电解萃取法、电子束熔化法、显微CT法等）、夹杂物分离后夹杂物的尺寸分布、钢液内夹杂物的直接评价等。本书主要采用直接的方法来表征钢中非金属夹杂物，包括传统的金相法、扫描电镜法、酸溶法、酸浸法、电解法、显微CT分析法等。

本书汇总并归纳了13个钢种中的非金属夹杂物，其中铝脱氧钢包含碳素结构用钢、超低碳钢、取向硅钢、无取向硅钢、高硫和低硫齿轮钢、非调质钢、轴承钢、管线钢、不锈钢；非铝脱氧钢包含弹簧钢、帘线钢、重轨钢和碳素结构钢。本书共17章节，分为上下两册出版。

希望本书能够给所有生产不同钢种的生产工作者和科研人员在钢中非金属夹杂物方面做一个参考，共同为中国高品质钢质量的全面提升做出贡献，为国家先进制造业的进步起到推动作用。

感谢中组部、科技部、教育部、国家自然科学基金委、北京市科委、中国金属学会、广西省科技厅等机构对我科研工作的大力支持。感谢众多钢铁企业对我科研工作的大力支持和帮助。

由于作者学识和时间有限，书中不妥之处在所难免，诚恳希望读者提出宝贵意见。

张立峰

2019年11月

目　录

1 碳素结构钢（S20C）连铸小方坯中非金属夹杂物

碳素结构钢（S20C）基本化学成分为：C 0.21%，Mn 0.49%，Si 0.23%，P 0.012%，T.S 0.006%，Al$_s$ 0.011%，T.N 0.0057%。某厂 S20C 钢冶炼的工艺流程及相关参数为：转炉→LF 精炼→小方坯连铸。转炉出钢采用铝脱氧方式，转炉钢水容量为 55t 左右；LF 精炼过程喂钙线处理，精炼时间为 60min 左右；中间包容量为 20t 左右；铸坯浇铸断面为 150mm×150mm，钢包→中间包采用长水口保护；浇铸工艺为：中间包→结晶器采用浸入式水口保护浇铸。

本章夹杂物图片通过酸蚀法获得。

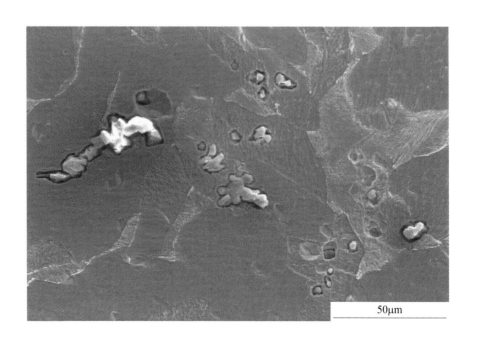

50μm

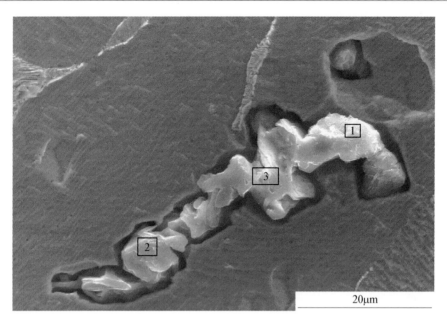

成分（wt%）：

1. Al_2O_3 91.74%，CaO 8.26%

2. Al_2O_3 93.02%，CaO 6.98%

3. Al_2O_3 91.35%，CaO 8.65%

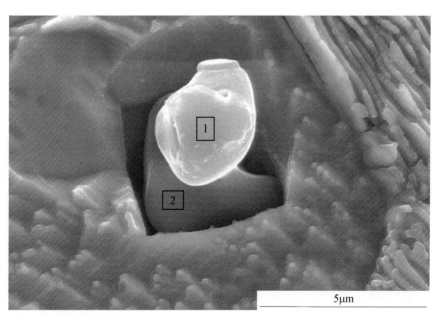

成分（wt%）：

1. Al_2O_3 90.16%，MgO 9.84%

2. Al_2O_3 100%

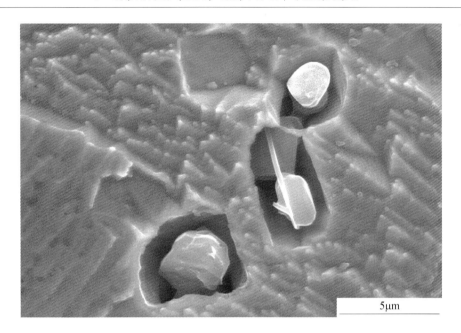

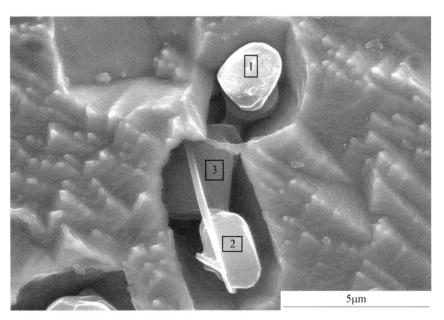

成分（wt%）：

1. Al$_2$O$_3$ 88.22%，MgO 11.78%
2. Al$_2$O$_3$ 89.98%，MgO 10.02%
3. Al$_2$O$_3$ 94.74%，MgO 5.26%

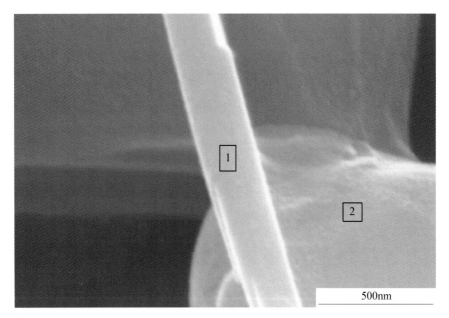

500nm

成分（wt%）：

1. Al_2O_3 90.96%，MgO 6.06%，CaO 2.99%

2. Al_2O_3 90.70%，MgO 9.30%

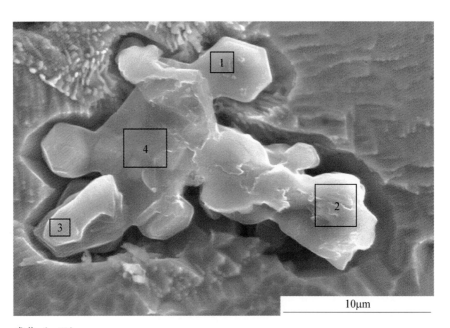

10μm

成分（wt%）：

1. Al_2O_3 88.19%，MgO 6.33%，CaO 5.48%

2. Al_2O_3 92.49%，CaO 7.51%

3. Al_2O_3 89.80%，MgO 4.54%，CaO 5.66%

4. Al_2O_3 92.66%，CaO 7.34%

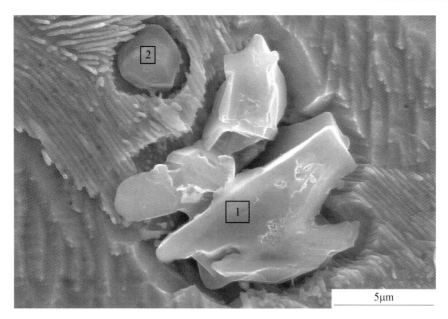

成分（wt%）：
1. Al$_2$O$_3$ 92.82%，CaO 7.18%
2. Al$_2$O$_3$ 93.17%，CaO 6.83%

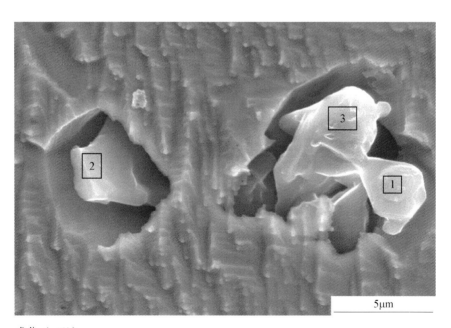

成分（wt%）：
1. Al$_2$O$_3$ 83.14%，MgO 13.63%，CaO 3.23%
2. Al$_2$O$_3$ 88.02%，MgO 11.98%
3. Al$_2$O$_3$ 88.00%，MgO 6.53%，CaO 5.47%

成分（wt%）：Al_2O_3 78.80%，MgO 21.20%

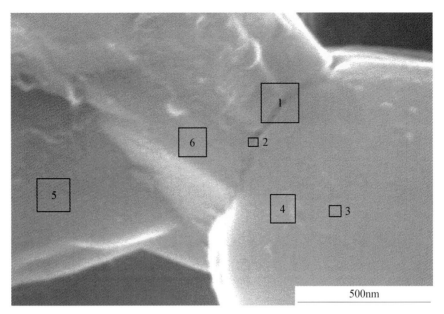

成分（wt%）：

1. Al_2O_3 87.62%，MgO 4.56%，CaO 7.82%

2. Al_2O_3 92.63%，CaO 7.37%

3. Al_2O_3 100%

4. Al_2O_3 90.13%，MgO 4.98%，CaO 4.89%

5. Al_2O_3 88.17%，CaO 11.83%

6. Al_2O_3 92.58%，CaO 7.42%

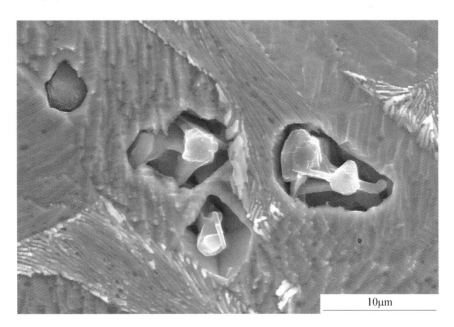

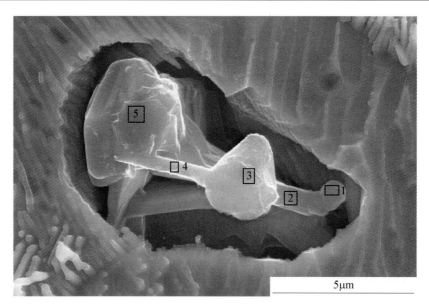

成分（wt%）：

1. Al_2O_3 74.65%，MgO 25.35%
2. Al_2O_3 82.86%，MgO 13.59%，CaO 3.56%
3. Al_2O_3 80.07%，MgO 17.25%，CaO 2.68%
4. Al_2O_3 88.45%，MgO 5.35%，CaO 6.20%
5. Al_2O_3 91.08%，MgO 2.94%，CaO 5.97%

成分（wt%）：

1. Al_2O_3 91.85%，CaO 8.15%
2. Al_2O_3 93.48%，CaO 6.52%
3. Al_2O_3 100%

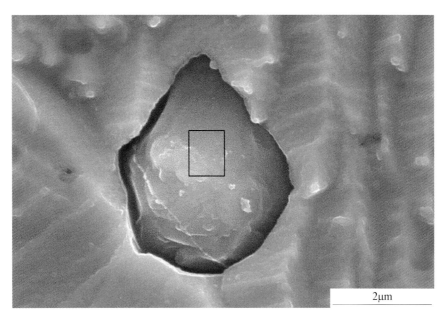

2μm

成分（wt%）：Al_2O_3 86.74%，MgO 7.41%，CaO 5.86%

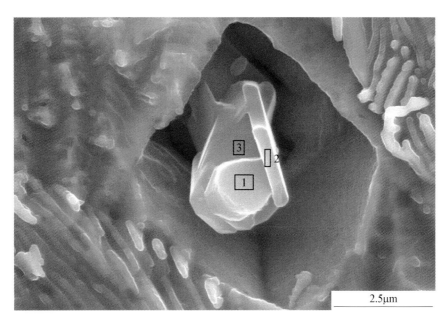

2.5μm

成分（wt%）：

1. Al_2O_3 81.93%，MgO 15.04%，CaO 3.03%

2. Al_2O_3 94.24%，CaO 5.76%

3. Al_2O_3 89.70%，MgO 4.73%，CaO 5.57%

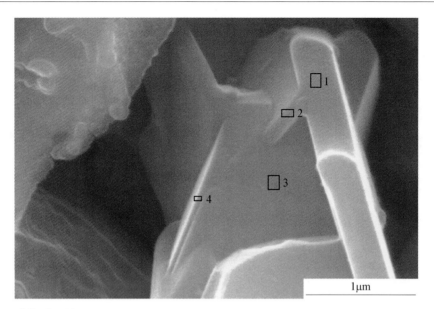

成分（wt%）:

1. Al_2O_3 94.42%，CaO 5.58%
2. Al_2O_3 87.29%，MgO 7.05%，CaO 5.66%
3. Al_2O_3 90.57%，MgO 4.05%，CaO 5.38%
4. Al_2O_3 88.69%，MgO 5.45%，CaO 5.86%

成分（wt%）:

1. Al_2O_3 91.31%，CaO 8.69%
2. Al_2O_3 90.98%，CaO 9.02%
3. Al_2O_3 88.42%，CaO 11.58%

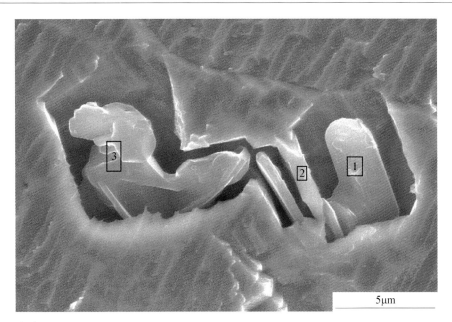

成分（wt%）：

1. Al$_2$O$_3$ 100%

2. Al$_2$O$_3$ 100%

3. Al$_2$O$_3$ 100%

成分（wt%）：Al$_2$O$_3$ 93.68%，CaO 6.32%

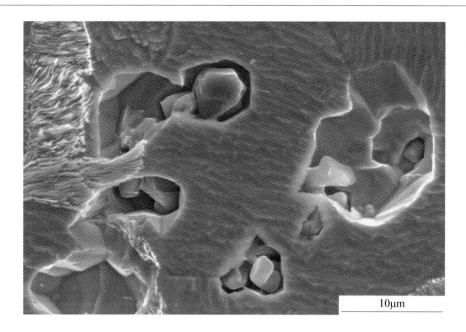

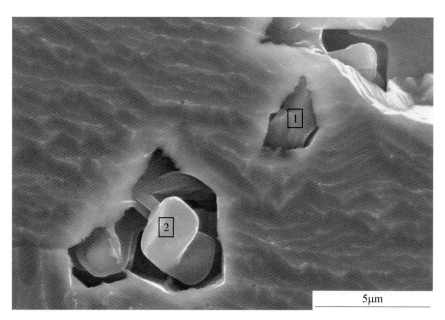

成分（wt%）：

1. Al_2O_3 92.29%，CaO 7.71%
2. Al_2O_3 89.89%，MgO 10.11%

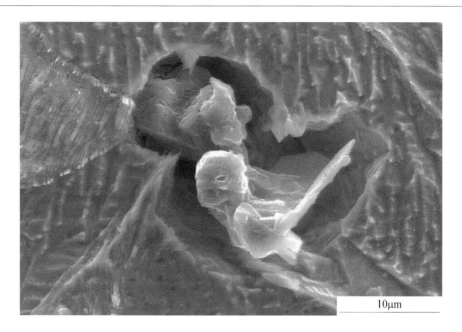

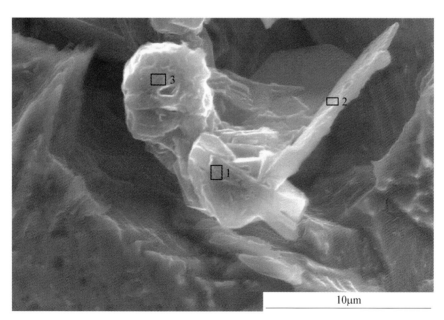

成分（wt%）：

1. Al$_2$O$_3$ 90.93%，CaO 9.07%

2. Al$_2$O$_3$ 37.28%，MgO 60.77%，CaO 1.95%

3. Al$_2$O$_3$ 43.67%，MgO 52.40%，CaO 3.93%

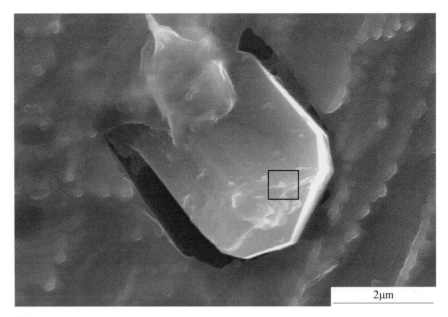

成分（wt%）：Al$_2$O$_3$ 100%

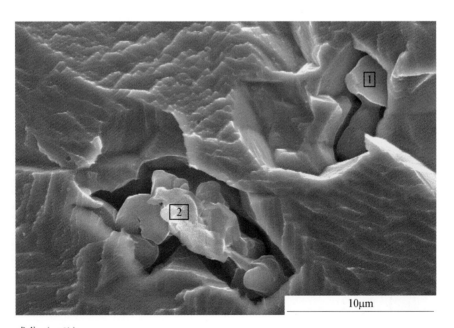

成分（wt%）：

1. Al$_2$O$_3$ 100%

2. Al$_2$O$_3$ 97.97%，CaO 2.03%

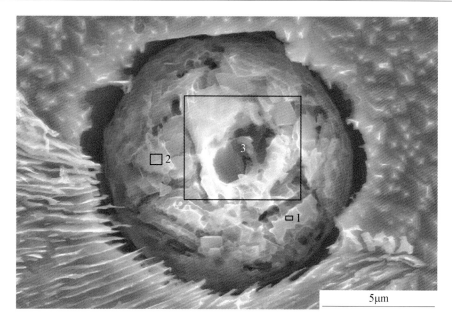

成分（wt%）：

1. Al_2O_3 59.74%，MgO 7.30%，CaO 29.49%，SiO_2 3.46%

2. Al_2O_3 64.93%，MgO 20.05%，CaO 11.92%，SiO_2 3.09%

3. Al_2O_3 56.93%，MgO 7.41%，CaO 35.66%

成分（wt%）：Al_2O_3 41.23%，SiO_2 30.59%，MnO 16.22%，TiO_2 11.96%

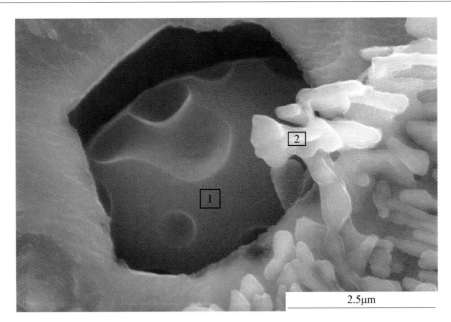

成分（wt%）：

1. Al_2O_3 26.07%，SiO_2 47.28%，MnO 26.65%

2. Al_2O_3 41.25%，SiO_2 58.75%

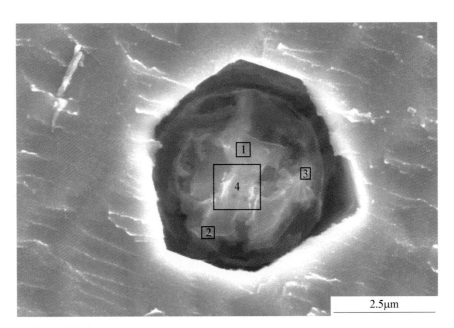

成分（wt%）：

1. Al_2O_3 57.83%，MgO 25.95%，CaO 16.23%

2. Al_2O_3 59.51%，CaO 40.49%

3. Al_2O_3 65.91%，MgO 21.10%，CaO 12.99%

4. Al_2O_3 69.81%，CaO 30.19%

成分（wt%）：Al_2O_3 73.27%，CaO 26.73%

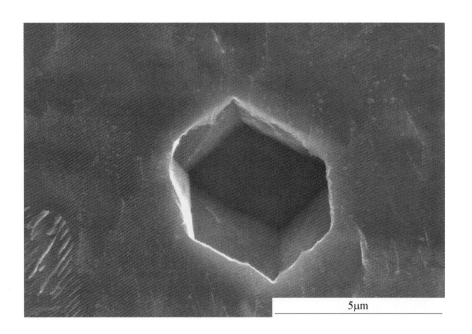

5μm

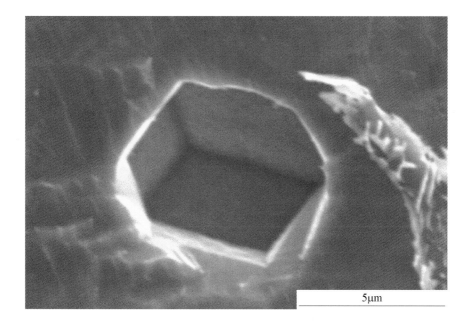

5μm

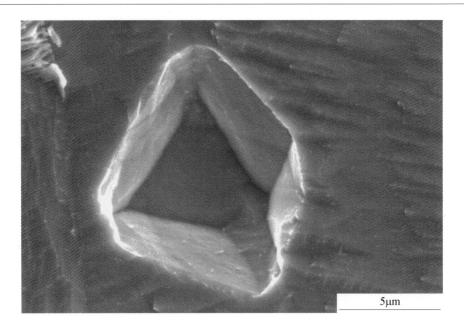

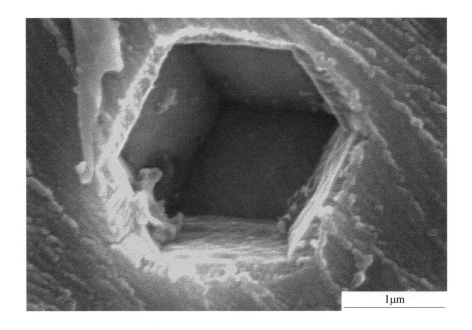

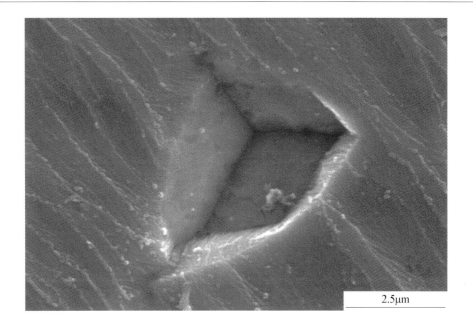

2.5μm

2μm

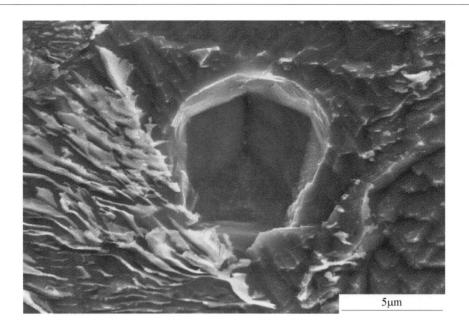

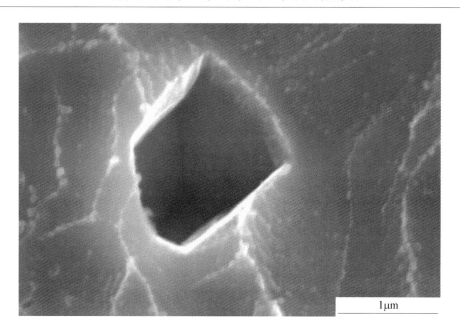

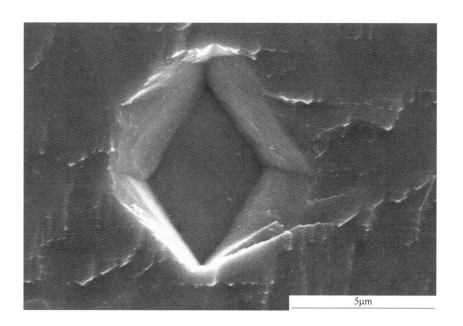

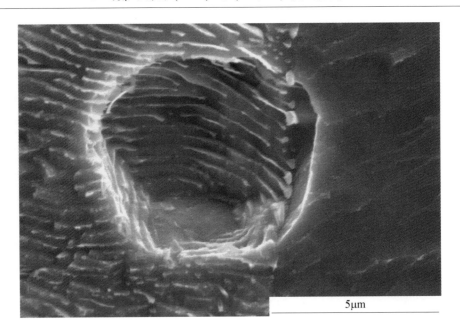

200μm

200μm

2 超低碳钢(IF钢) 中非金属夹杂物

IF 钢基本化学成分为：C 0.0018%，Si 0.01%，Mn 0.17%，P 0.006%，T.S 0.003%，Al_s 0.03%，Ti 0.08%。生产所采用的炼钢工艺路线为：KR 脱硫处理→300t 顶底复吹转炉炼钢→RH 真空精炼→230mm 厚板坯连铸。RH 进站 [O] 为 540ppm，脱碳真空度为 69Pa，脱碳完成时 [O] 为 656ppm。之后加铝脱氧及加钛合金化，纯脱气时间为 6min，镇静时间为 21min，整个精炼周期为 66min。

2.1 RH 精炼过程钢液中非金属夹杂物（加铝脱氧 3min，酸溶）

成分（wt%）：Al_2O_3 100%

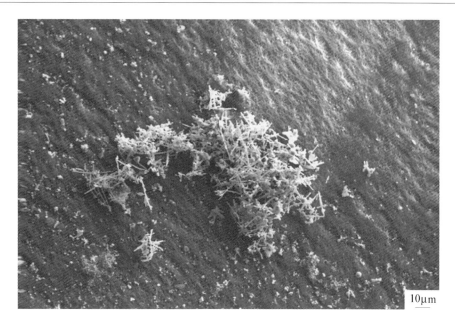

成分（wt%）：Al_2O_3 100%

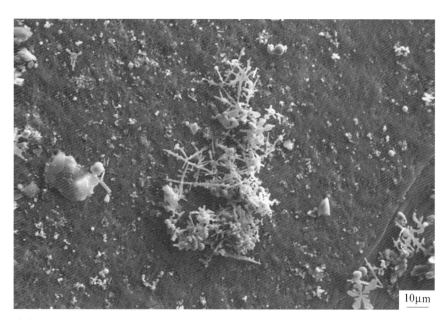

成分（wt%）：Al_2O_3 100%

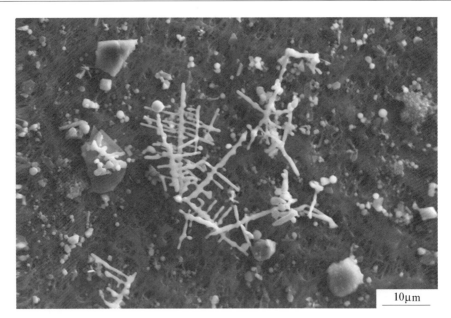

成分（wt%）：Al_2O_3 100%

成分（wt%）：Al_2O_3 100%

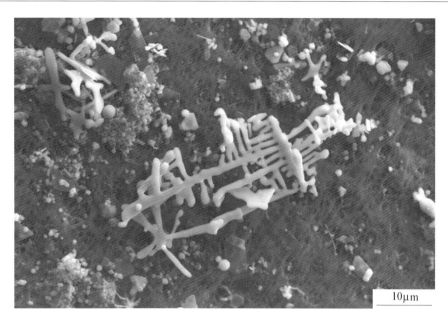

成分（wt%）：Al$_2$O$_3$ 100%

成分（wt%）：Al$_2$O$_3$ 100%

成分（wt%）：Al$_2$O$_3$ 100%

成分（wt%）：Al$_2$O$_3$ 100%

成分（wt%）：Al$_2$O$_3$ 100%

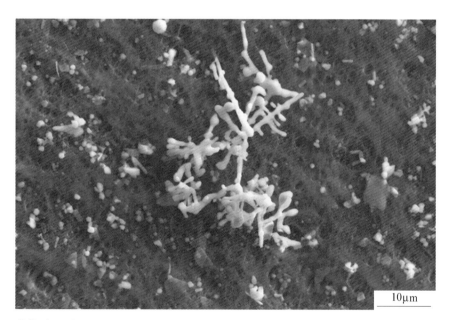

成分（wt%）：Al$_2$O$_3$ 100%

成分（wt%）：Al_2O_3 100%

2.2　RH 精炼过程钢液中非金属夹杂物（钛合金化后 3min，酸溶）

成分（wt%）：Al_2O_3 100%

成分（wt%）：Al$_2$O$_3$ 100%

成分（wt%）：Al$_2$O$_3$ 100%

成分（wt%）：Al$_2$O$_3$ 100%

成分（wt%）：Al$_2$O$_3$ 100%

成分（wt%）：Al_2O_3 100%

成分（wt%）：Al_2O_3 100%

成分（wt%）：Al$_2$O$_3$ 100%

2.3　RH 精炼过程钢液中非金属夹杂物（钛合金化后 6min，酸溶）

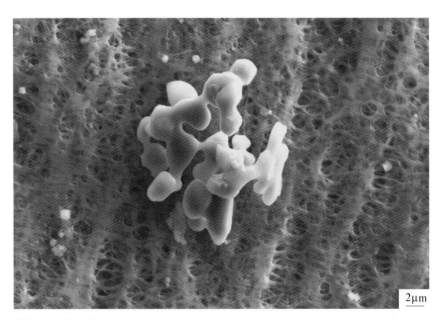

成分（wt%）：Al$_2$O$_3$ 100%

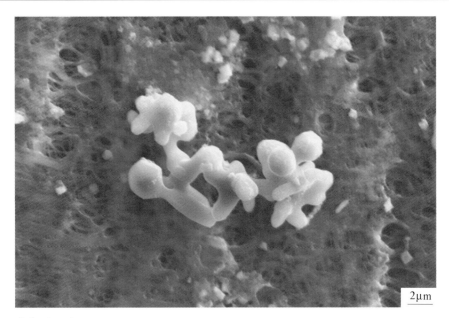

成分（wt%）：Al_2O_3 100%

成分（wt%）：Al_2O_3 100%

成分（wt%）：Al$_2$O$_3$ 100%

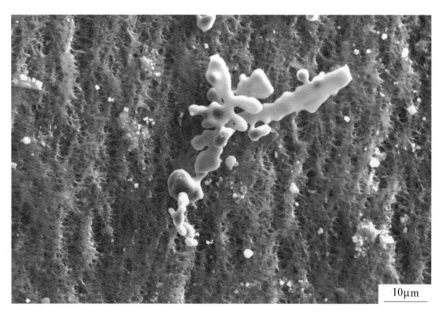

成分（wt%）：Al$_2$O$_3$ 100%

成分（wt%）：Al_2O_3 100%

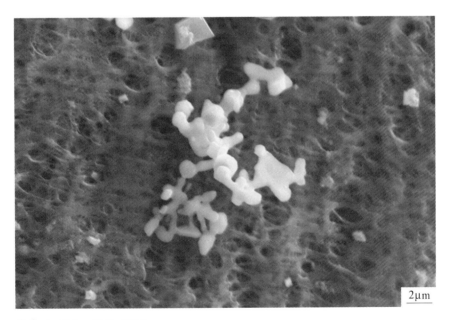

成分（wt%）：Al_2O_3 100%

成分（wt%）：Al$_2$O$_3$ 100%

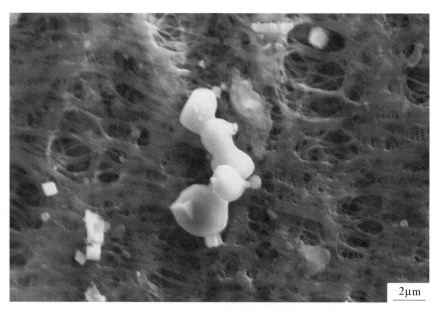

成分（wt%）：Al$_2$O$_3$ 100%

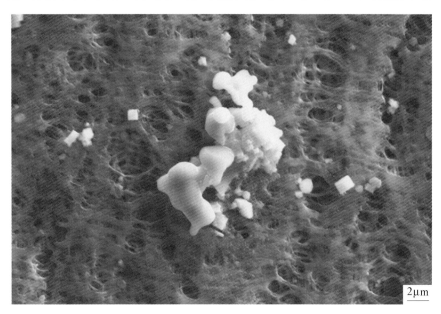

成分（wt%）：Al$_2$O$_3$ 100%

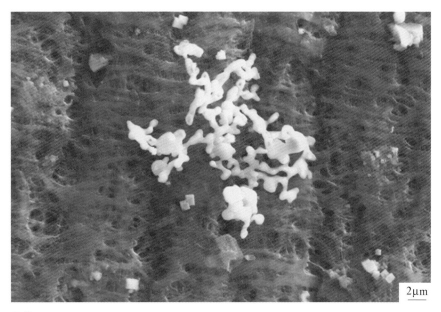

成分（wt%）：Al$_2$O$_3$ 100%

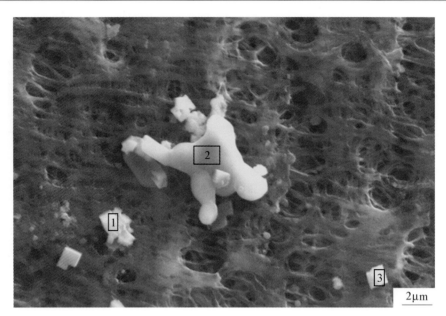

成分（wt%）：

1. Al$_2$O$_3$ 100%
2. TiN 100%
3. TiN 100%

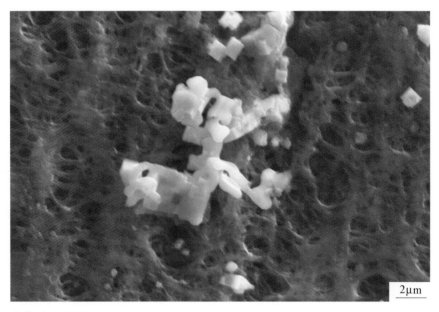

成分（wt%）：Al$_2$O$_3$ 100%

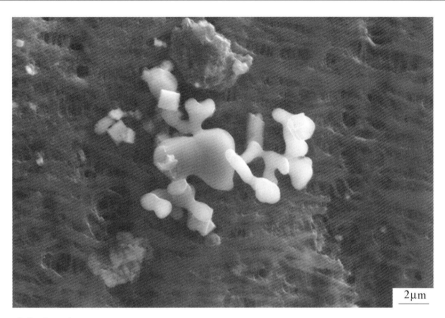

成分（wt%）：Al$_2$O$_3$ 100%

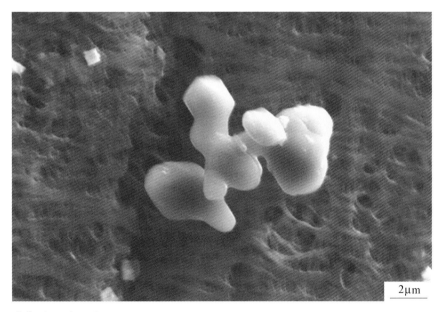

成分（wt%）：Al$_2$O$_3$ 100%

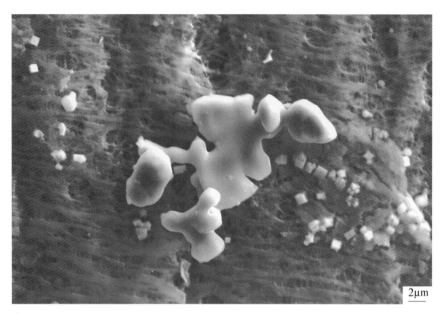

成分（wt%）：Al_2O_3 100%

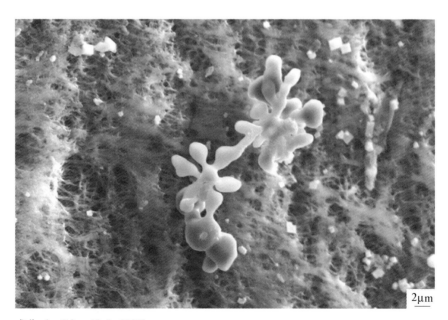

成分（wt%）：Al_2O_3 100%

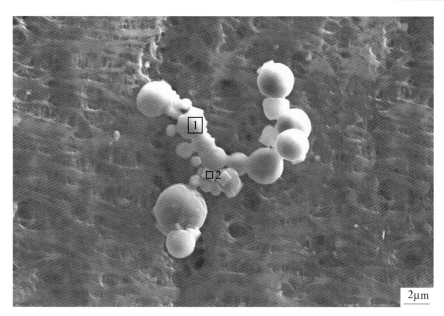

成分（wt%）：

1. Al₂O₃ 100%

2. TiN 100%

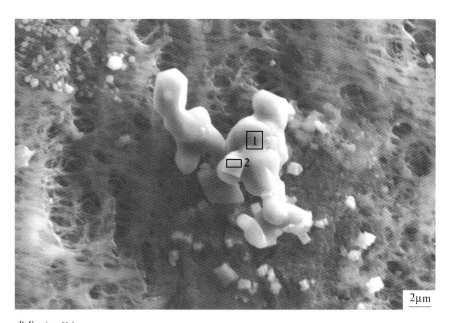

成分（wt%）：

1. Al₂O₃ 100%

2. TiN 100%

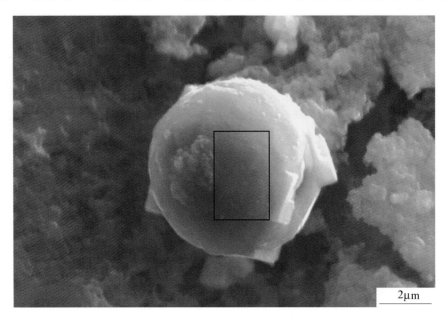

成分（wt%）：Al_2O_3 47.25%，Ti_3O_5 52.75%

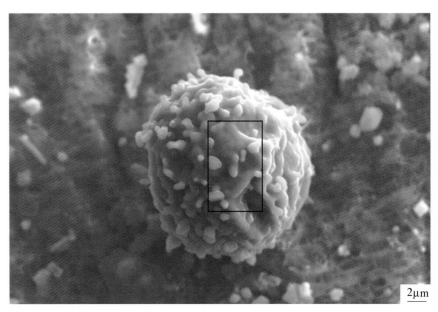

成分（wt%）：Al_2O_3 85.40%，Ti_3O_5 14.60%

2.4　RH 精炼过程钢液中非金属夹杂物（RH 破真空后，酸溶）

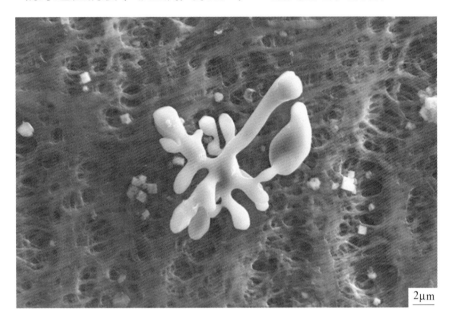

成分（wt%）：Al_2O_3 100%

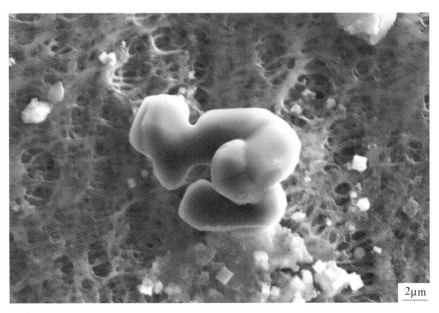

成分（wt%）：Al_2O_3 100%

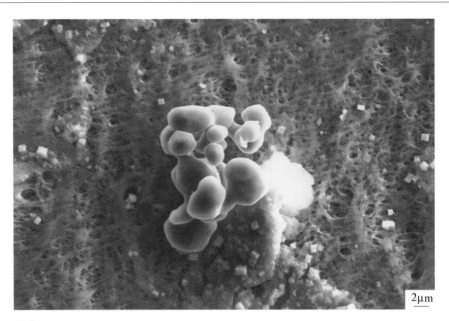

成分（wt%）：Al_2O_3 100%

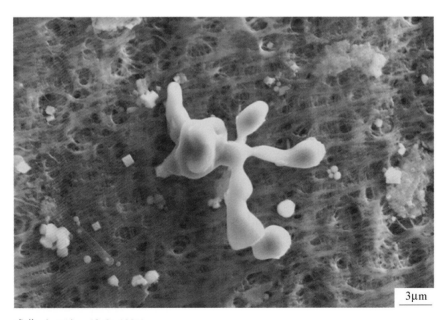

成分（wt%）：Al_2O_3 100%

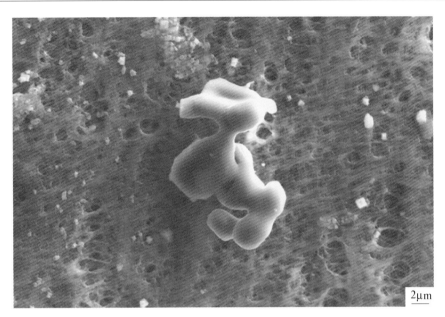

成分（wt%）：Al_2O_3 100%

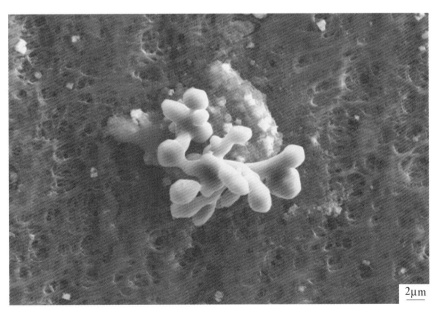

成分（wt%）：Al_2O_3 100%

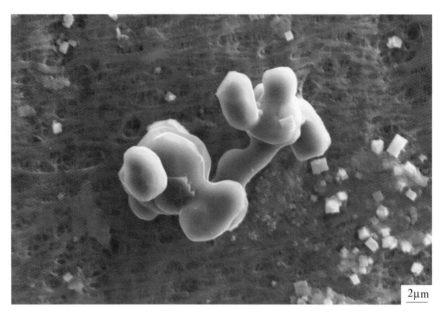

成分（wt%）：Al$_2$O$_3$ 100%

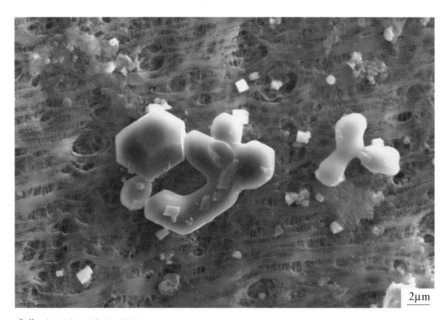

成分（wt%）：Al$_2$O$_3$ 100%

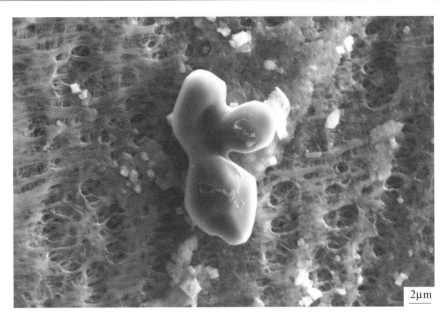

成分（wt%）：Al_2O_3 100%

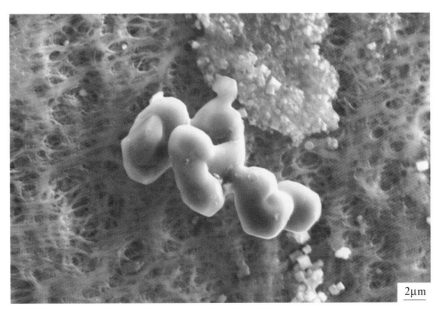

成分（wt%）：Al_2O_3 100%

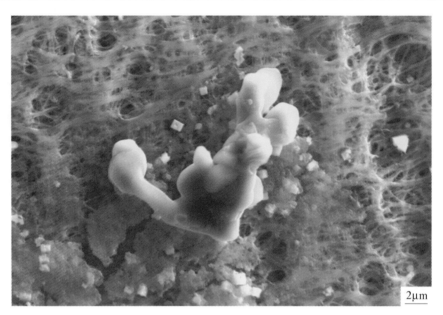

成分（wt%）：Al$_2$O$_3$ 100%

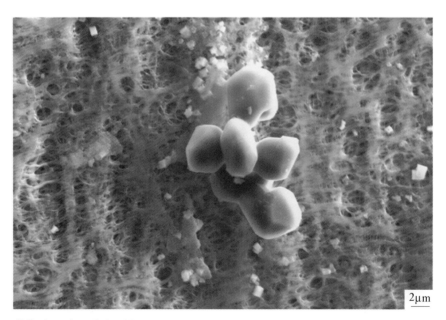

成分（wt%）：Al$_2$O$_3$ 100%

成分（wt%）：Al_2O_3 100%

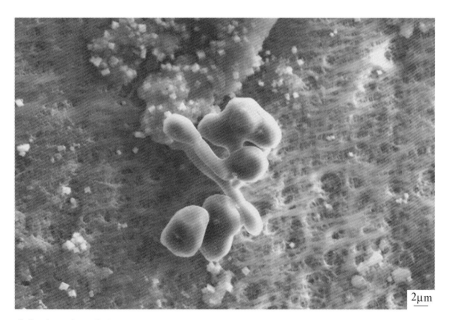

成分（wt%）：Al_2O_3 100%

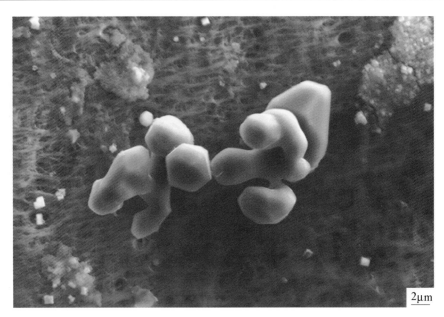

成分（wt%）：Al₂O₃ 100%

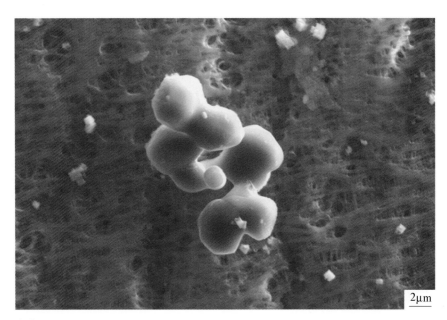

成分（wt%）：Al₂O₃ 100%

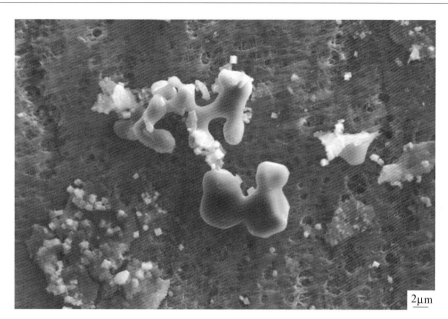

成分（wt%）：Al_2O_3 100%

成分（wt%）：Al_2O_3 100%

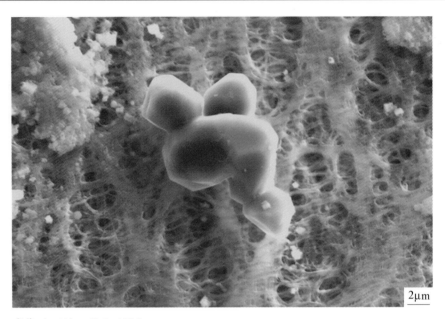

成分（wt%）：Al_2O_3 100%

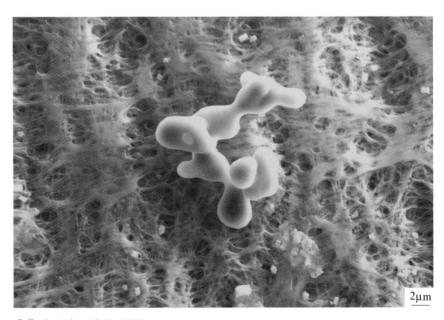

成分（wt%）：Al_2O_3 100%

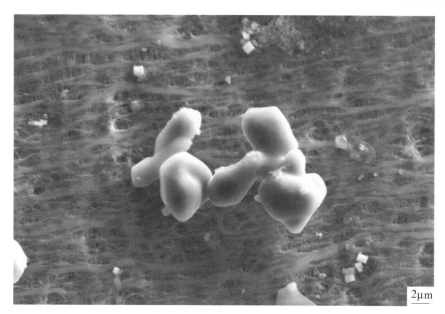

成分（wt%）：Al_2O_3 100%

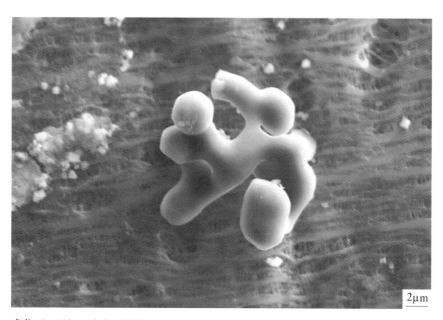

成分（wt%）：Al_2O_3 100%

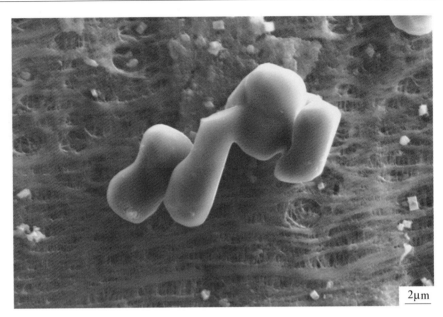

成分（wt%）：Al$_2$O$_3$ 100%

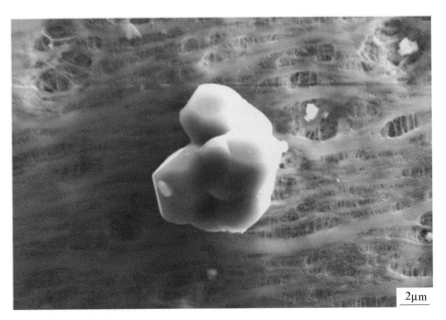

成分（wt%）：Al$_2$O$_3$ 100%

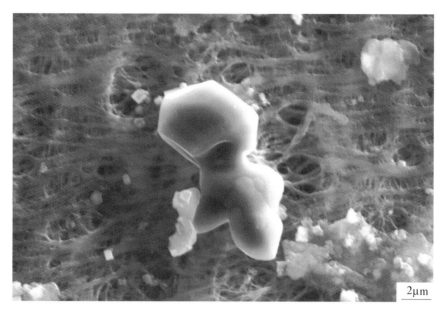

成分（wt%）：Al$_2$O$_3$ 100%

2.5 RH 精炼过程钢液中非金属夹杂物（RH 镇静 10min，酸溶）

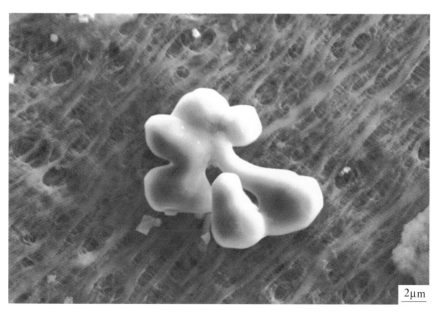

成分（wt%）：Al$_2$O$_3$ 100%

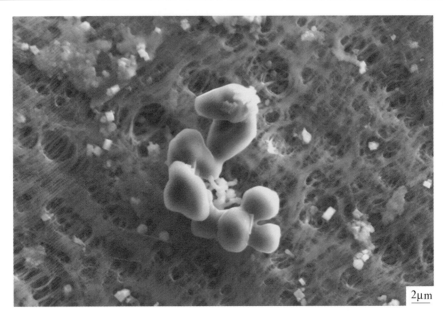

成分（wt%）：Al_2O_3 100%

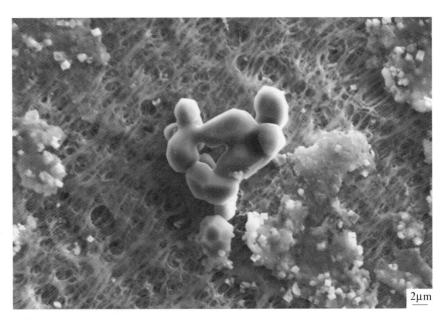

成分（wt%）：Al_2O_3 100%

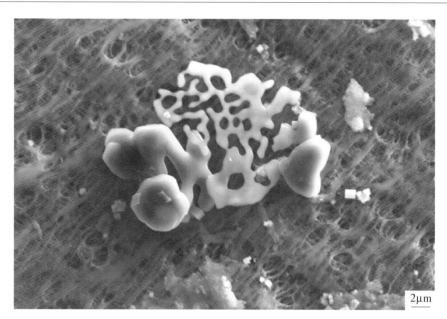

成分（wt%）：Al$_2$O$_3$ 100%

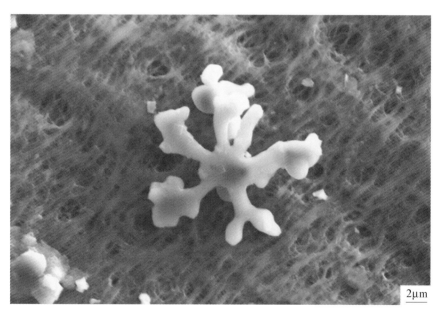

成分（wt%）：Al$_2$O$_3$ 100%

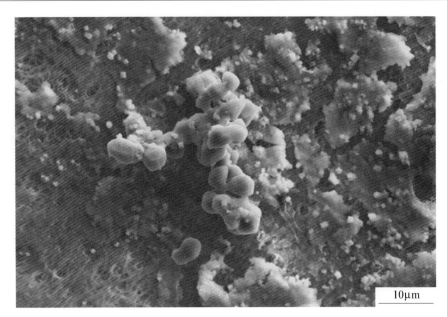

成分（wt%）：Al_2O_3 100%

成分（wt%）：Al_2O_3 100%

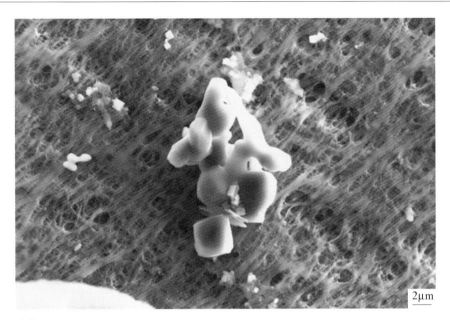

成分（wt%）：Al$_2$O$_3$ 100%

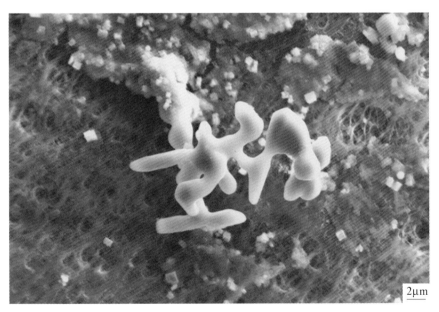

成分（wt%）：Al$_2$O$_3$ 100%

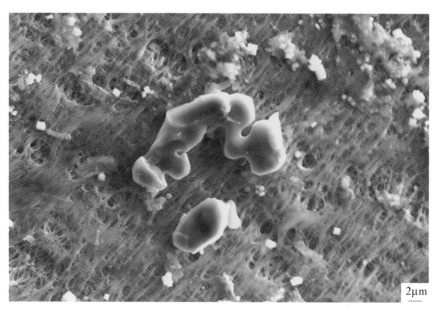

成分（wt%）：Al$_2$O$_3$ 100%

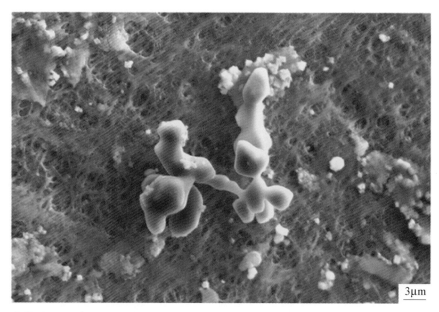

成分（wt%）：Al$_2$O$_3$ 100%

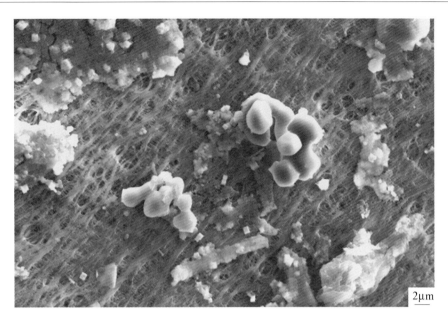

成分（wt%）：Al$_2$O$_3$ 100%

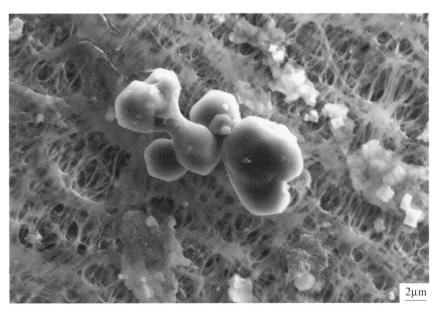

成分（wt%）：Al$_2$O$_3$ 100%

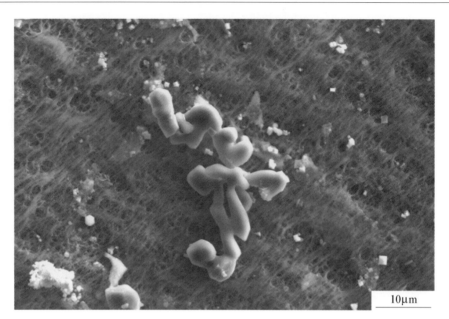

成分（wt%）：Al$_2$O$_3$ 100%

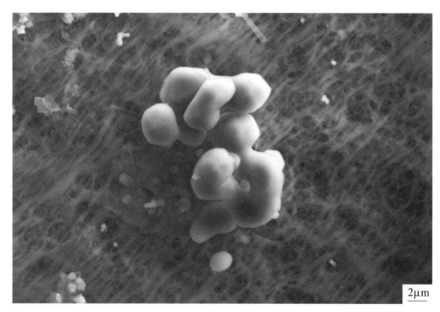

成分（wt%）：Al$_2$O$_3$ 100%

成分（wt%）：Al$_2$O$_3$ 100%

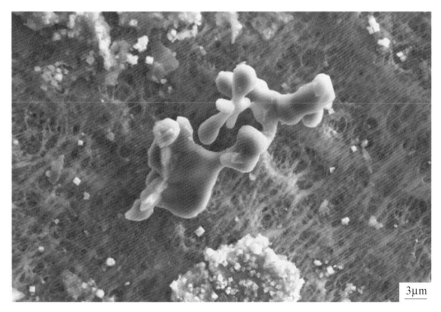

成分（wt%）：Al$_2$O$_3$ 100%

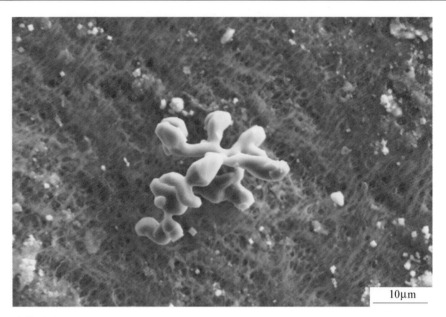

成分（wt%）：Al$_2$O$_3$ 100%

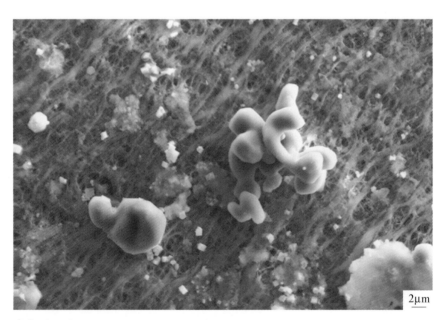

成分（wt%）：Al$_2$O$_3$ 100%

成分（wt%）：

1. Al$_2$O$_3$ 100%

2. TiN 100%

2.6 连铸坯中非金属夹杂物形貌和析出相（传统抛光观察）

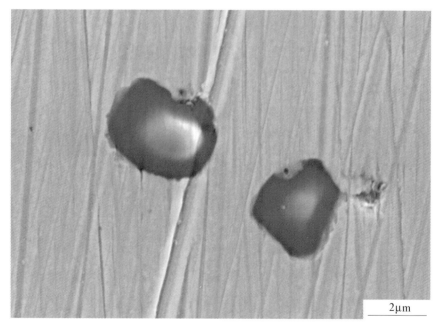

成分（wt%）：Al$_2$O$_3$ 100%

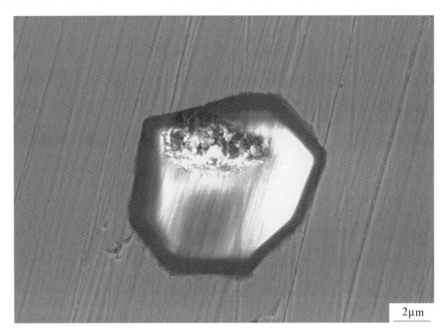

成分（wt%）：Al$_2$O$_3$ 100%

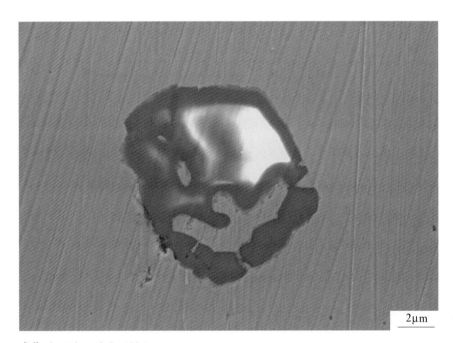

成分（wt%）：Al$_2$O$_3$ 100%

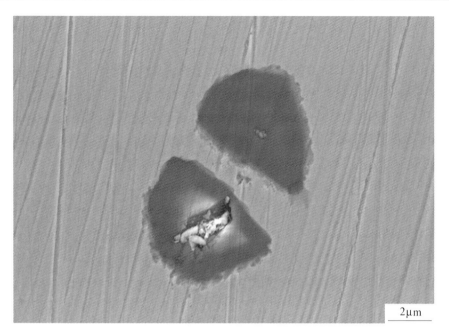

成分（wt%）：Al$_2$O$_3$ 100%

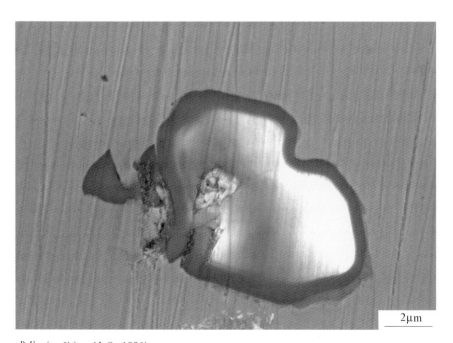

成分（wt%）：Al$_2$O$_3$ 100%

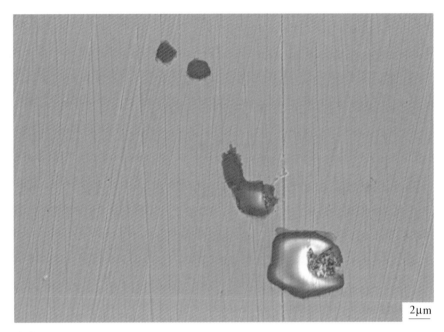

成分（wt%）：Al$_2$O$_3$ 100%

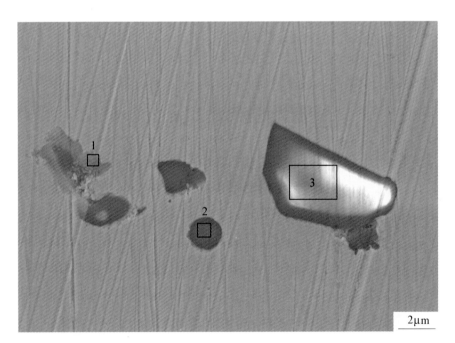

成分（wt%）：

1. TiN 100%

2. Al$_2$O$_3$ 100%

3. Al$_2$O$_3$ 100%

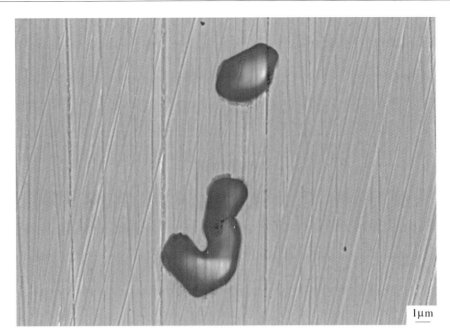

成分（wt%）：Al$_2$O$_3$ 100%

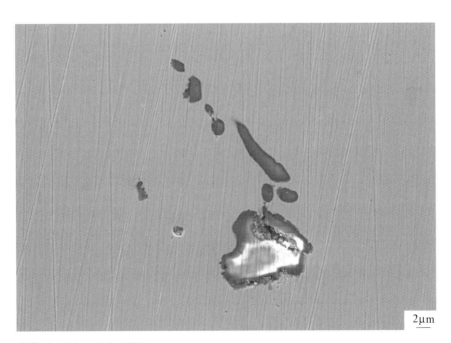

成分（wt%）：Al$_2$O$_3$ 100%

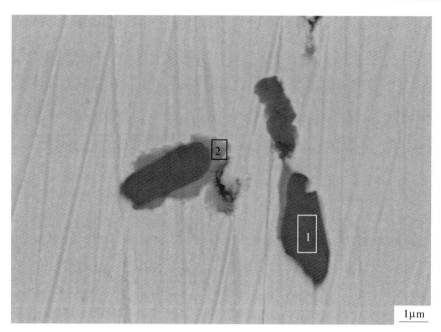

成分（wt%）：

1. Al$_2$O$_3$ 100%

2. TiN 100%

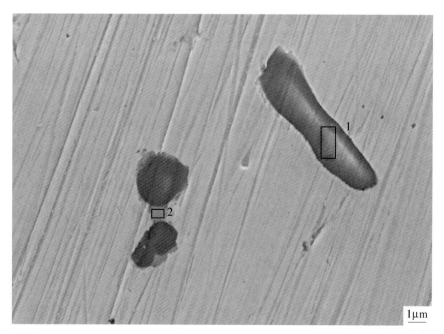

成分（wt%）：

1. Al$_2$O$_3$ 100%

2. TiS 100%

2.7 连铸坯中非金属夹杂物和析出相（酸溶）

成分（wt%）：Al_2O_3 100%

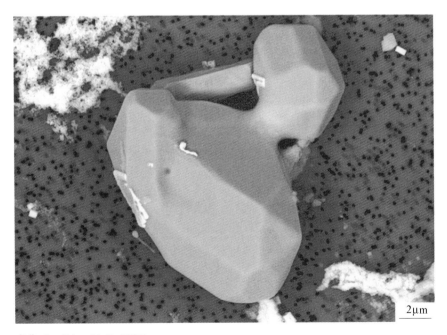

成分（wt%）：Al_2O_3 100%

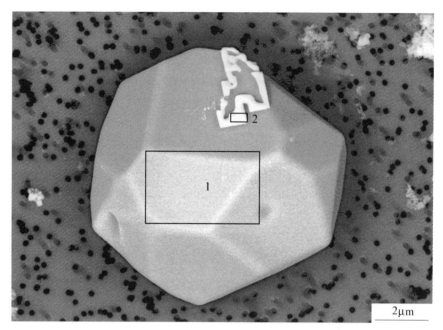

成分（wt%）：

1. Al$_2$O$_3$ 100%

2. TiN 100%

成分（wt%）：Al$_2$O$_3$ 100%

成分（wt%）：Al₂O₃ 100%

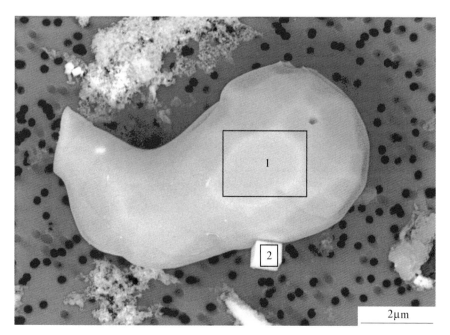

成分（wt%）：

1. Al₂O₃ 100%

2. TiN 100%

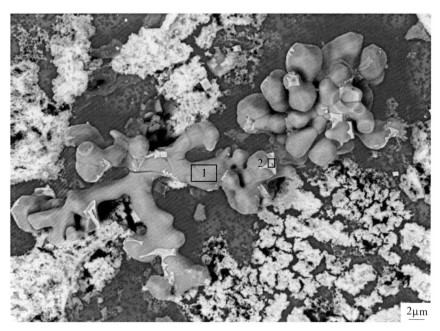

成分（wt%）：

1. Al_2O_3 100%

2. TiN 100%

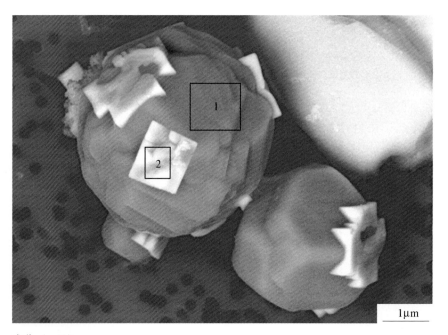

成分（wt%）：

1. Al_2O_3 100%

2. TiN 100%

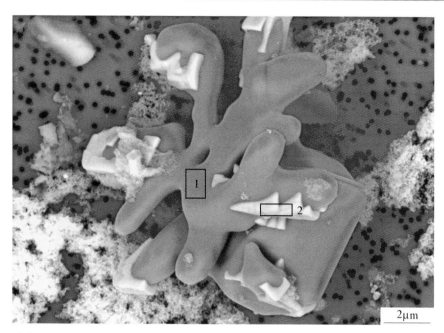

成分（wt%）：

1. Al_2O_3 100%

2. TiN 100%

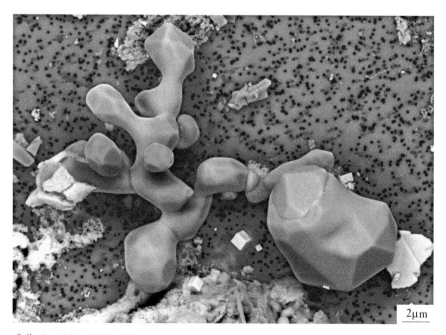

成分（wt%）：Al_2O_3 100%

2.8　连铸坯中非金属夹杂物和析出相（有机溶液电解侵蚀）

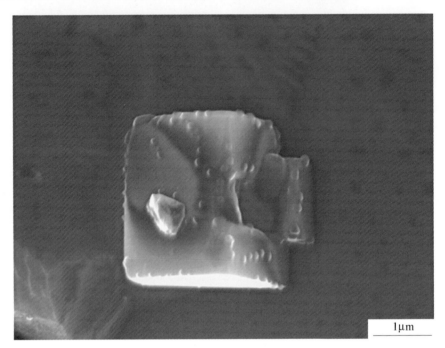

1μm

成分（wt%）：TiN 100%

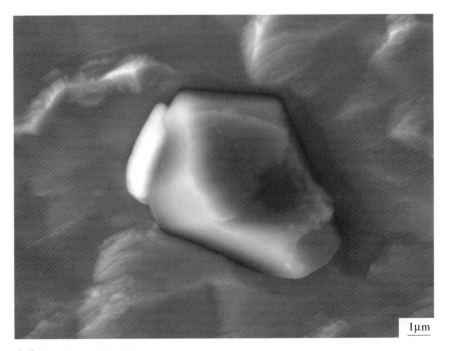

1μm

成分（wt%）：Al$_2$O$_3$ 100%

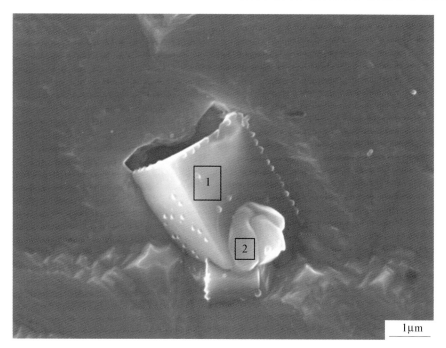

成分（wt%）：

1. TiN 100%
2. TiS 100%

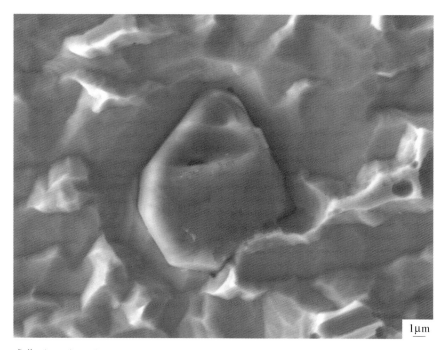

成分（wt%）：Al$_2$O$_3$ 100%

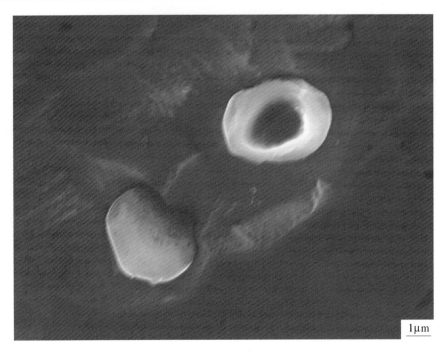

成分（wt%）：Al_2O_3 100%

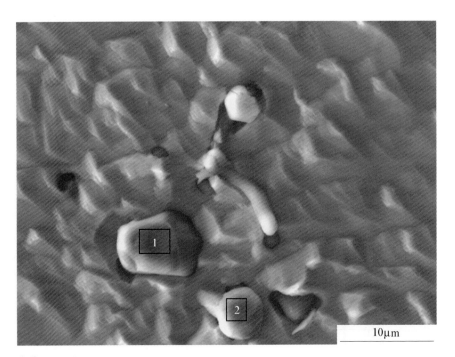

成分（wt%）：

1. Al_2O_3 100%

2. Al_2O_3 91.00%，Ti_3O_5 9.00%

成分（wt%）：Al$_2$O$_3$ 100%

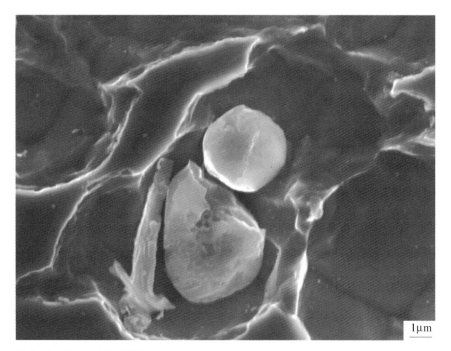

成分（wt%）：Al$_2$O$_3$ 100%

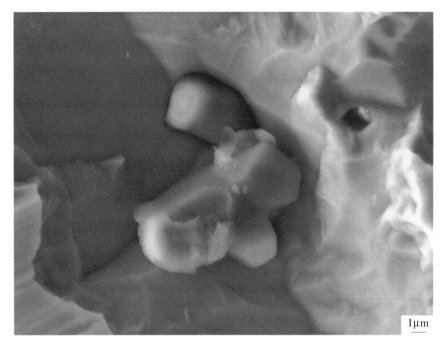

成分（wt%）：Al$_2$O$_3$ 100%

2.9　连铸坯中非金属夹杂物和析出相（有机溶液电解）

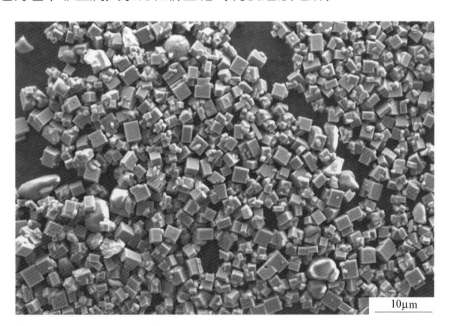

成分（wt%）：TiN 100%

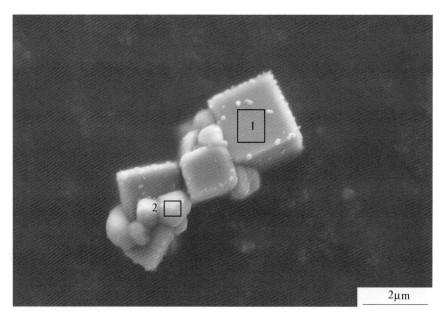

成分（wt%）：

1. TiN 100%
2. TiS 100%

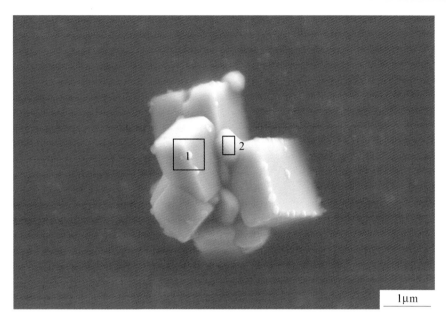

成分（wt%）：
1. TiN 100%
2. TiS 100%

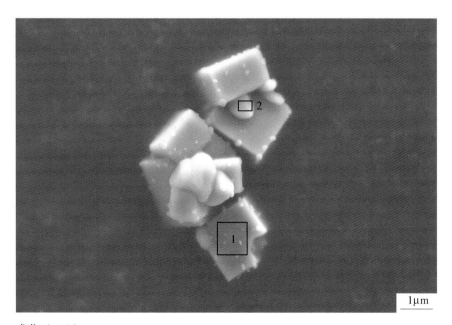

成分（wt%）：
1. TiN 100%
2. TiS 100%

成分（wt%）：TiN 100%

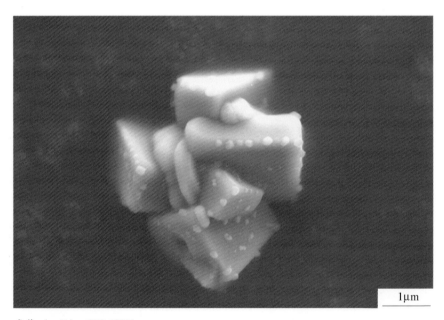

成分（wt%）：TiN 100%

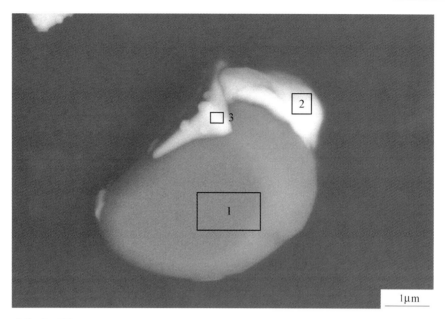

成分（wt%）：

1. Al_2O_3 100%

2. TiS 100%

3. TiN 100%

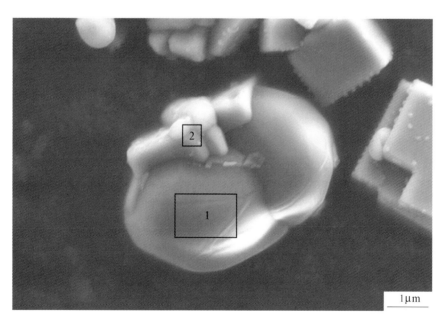

成分（wt%）：

1. Al_2O_3 89.3%，MgO 10.7%

2. TiN 44.6%，TiS 55.4%

成分（wt%）：Al$_2$O$_3$ 100%

3 取向硅钢中非金属夹杂物

取向硅钢基本化学成分为：C≤0.06%，T.S≤80ppm，T.O≤15ppm，Al 0.02%~0.03%，Si 3.0%~3.4%。目前取向硅钢冶炼的工艺流程为：高炉→铁水预处理→转炉吹炼→RH真空处理→连铸。转炉出钢时，加入硅铁合金脱氧，加入铝矾土和缓释脱氧剂对精炼渣进行改性。RH的主要任务为钢液成分调整，全程吹氮循环，到达连铸平台后浇铸成230mm的连铸坯。

3.1 RH精炼前钢液中非金属夹杂物（传统抛光观察）

成分（wt%）：Al_2O_3 100%

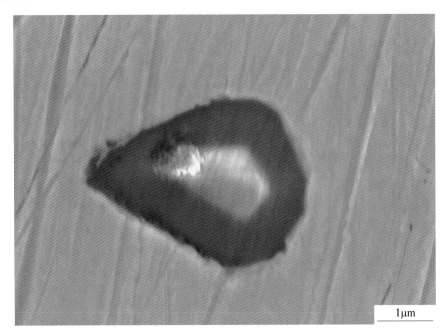

成分（wt%）：Al$_2$O$_3$ 100%

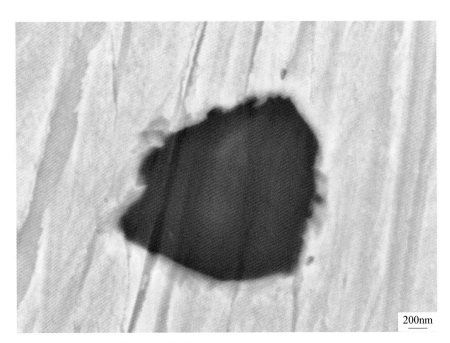

成分（wt%）：Al$_2$O$_3$ 98.29%，MgO 1.71%

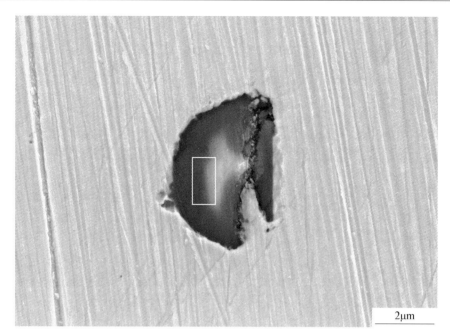

成分（wt%）：Al_2O_3 100%

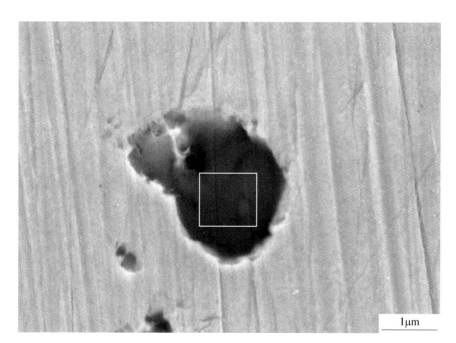

成分（wt%）：Al_2O_3 100%

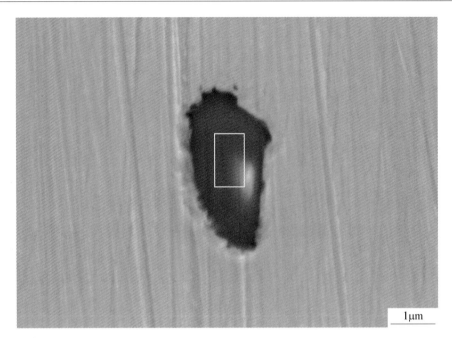

成分（wt%）：Al$_2$O$_3$ 98.66%，MgO 1.34%

3.2 RH 精炼前钢液中非金属夹杂物（酸蚀）

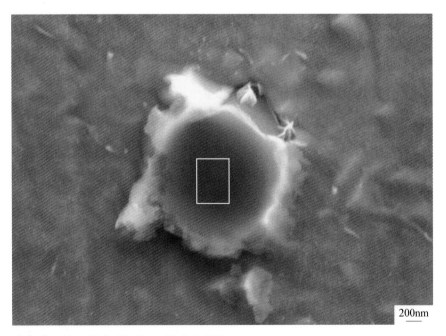

成分（wt%）：Al$_2$O$_3$ 97.61%，MgO 2.39%

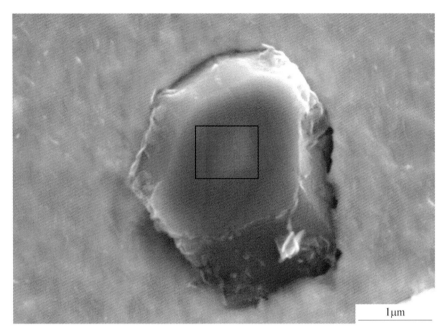

成分（wt%）：Al$_2$O$_3$ 100%

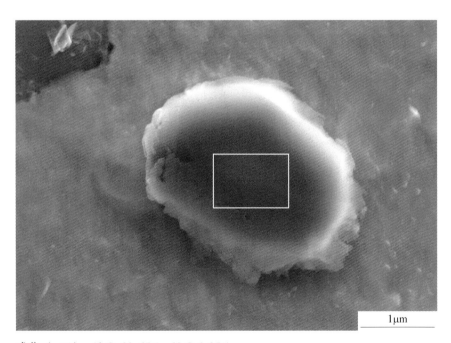

成分（wt%）：Al$_2$O$_3$ 93.65%，MgO 6.35%

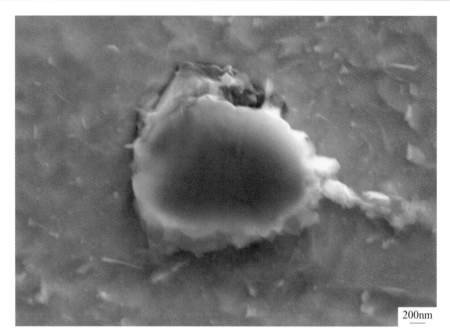

成分（wt%）：Al$_2$O$_3$ 100%

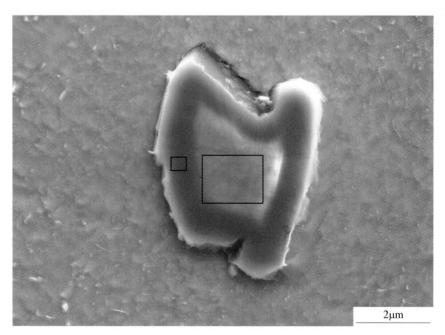

成分（wt%）：Al$_2$O$_3$ 100%

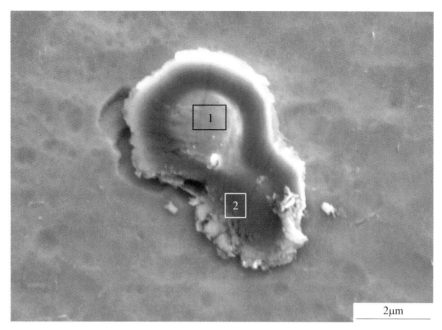

成分（wt%）：

1. Al$_2$O$_3$ 100%

2. Al$_2$O$_3$ 95.12%，CaO 4.88%

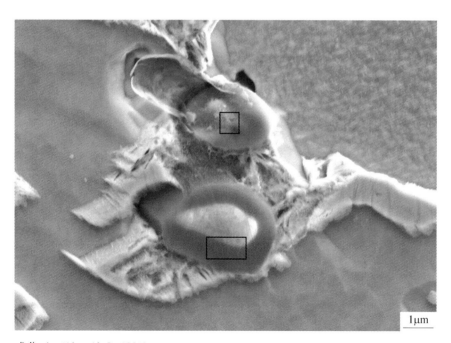

成分（wt%）：Al$_2$O$_3$ 100%

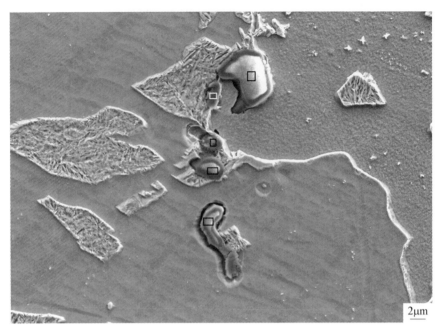

成分（wt%）：Al$_2$O$_3$ 100%

3.3　RH 精炼前钢液中非金属夹杂物（有机溶液电解侵蚀）

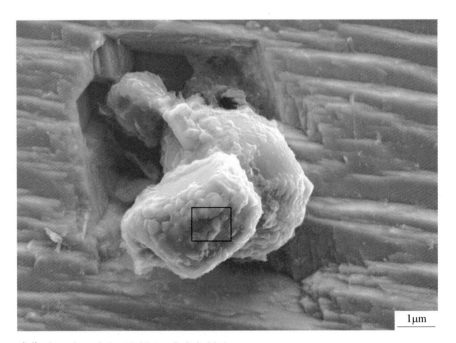

成分（wt%）：Al$_2$O$_3$ 96.92%，CaO 3.08%

成分（wt%）：Al_2O_3 62.22%，CaO 37.78%

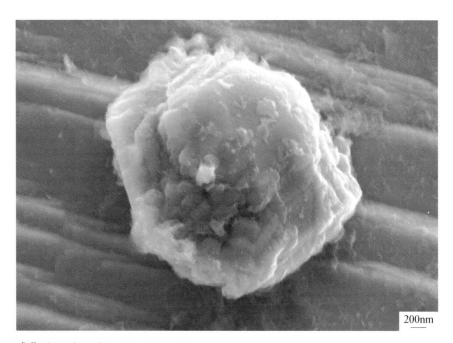

成分（wt%）：Al_2O_3 96.43%，MgO 3.57%

成分（wt%）：Al₂O₃ 100%

3.4　RH 精炼前钢液中非金属夹杂物（有机溶液电解）

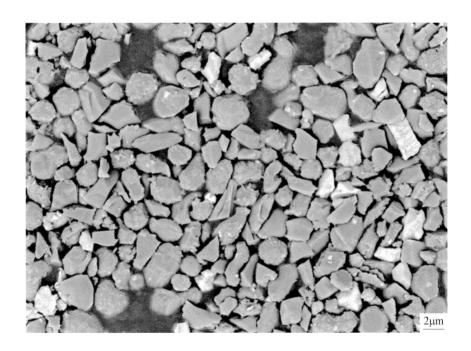

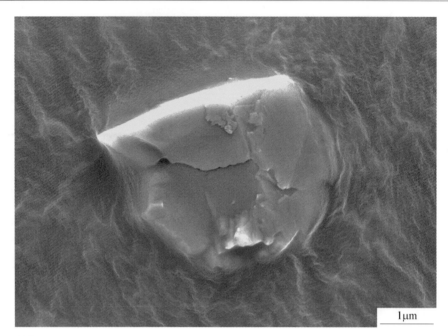

成分（wt%）：Al_2O_3 100%

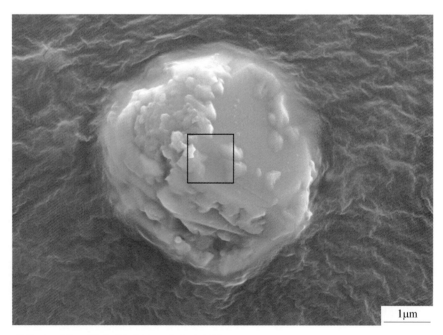

成分（wt%）：Al_2O_3 93.82%，CaO 6.18%

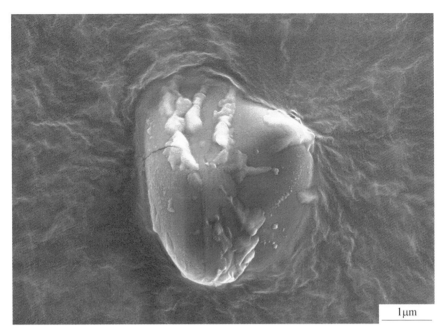

成分（wt%）：Al$_2$O$_3$ 100%

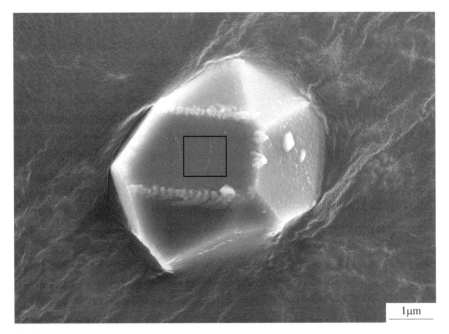

成分（wt%）：Al$_2$O$_3$ 100%

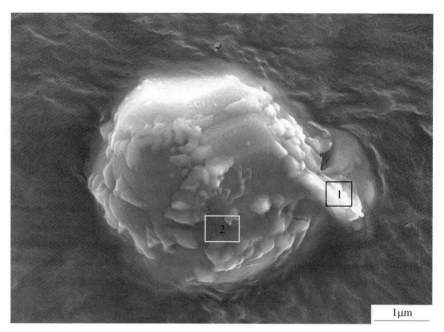

成分（wt%）：

1. Al$_2$O$_3$ 94.30%，MgO 5.70%

2. Al$_2$O$_3$ 100%

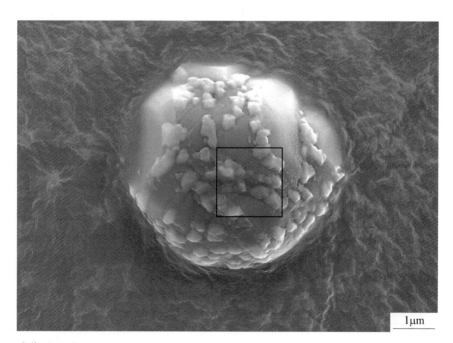

成分（wt%）：Al$_2$O$_3$ 100%

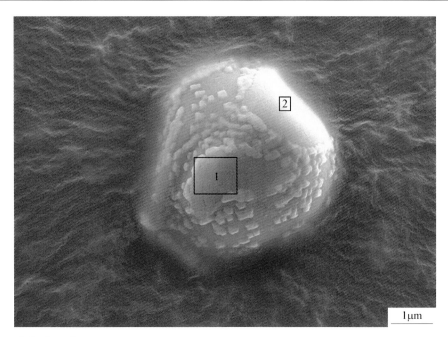

成分（wt%）：

1. Al$_2$O$_3$ 100%

2. Al$_2$O$_3$ 93.57%，MgO 6.43%

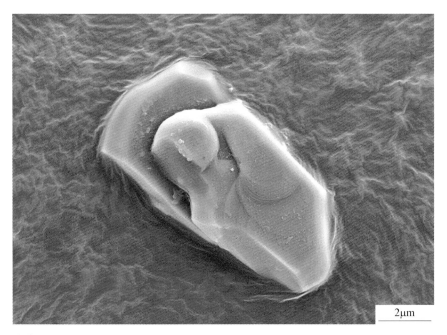

成分（wt%）：Al$_2$O$_3$ 100%

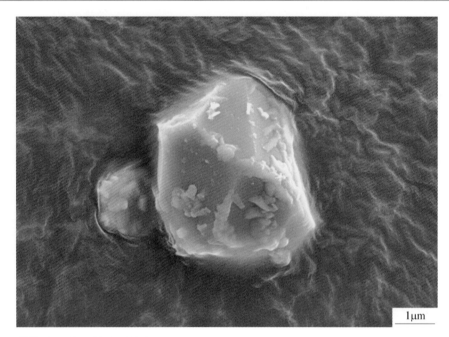

成分（wt%）：Al$_2$O$_3$ 100%

3.5　RH 精炼结束后钢液中非金属夹杂物（酸蚀）

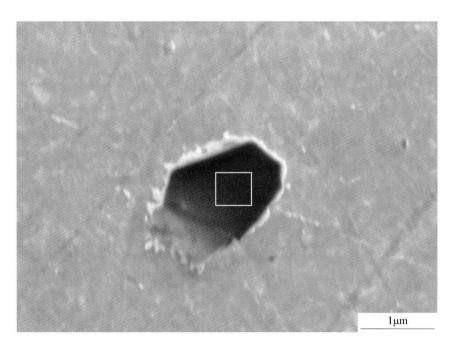

成分（wt%）：Al$_2$O$_3$ 91.92%，CaO 8.08%

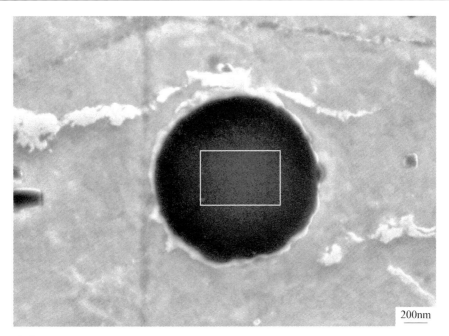

成分（wt%）：Al_2O_3 100%

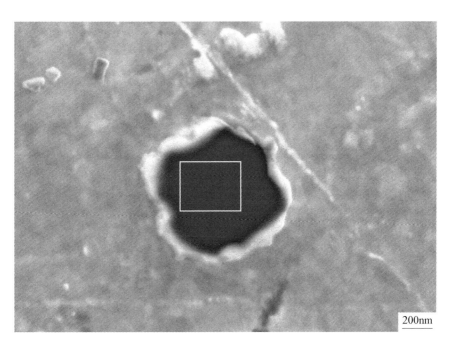

成分（wt%）：Al_2O_3 97.17%，CaO 2.83%

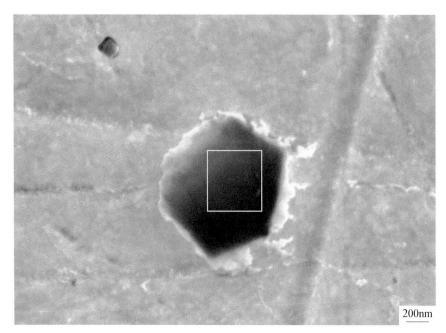

成分（wt%）：Al$_2$O$_3$ 81.7%，MgO 2.14%，CaO 5.20%，SiO$_2$ 10.95%

3.6　RH 精炼结束后钢液中非金属夹杂物（有机溶液电解侵蚀）

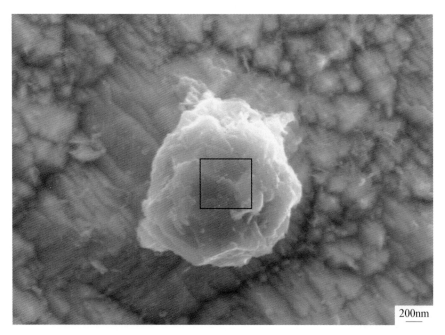

成分（wt%）：Al$_2$O$_3$ 94.51%，MgO 5.49%

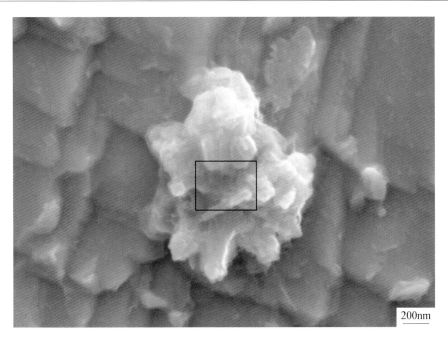

成分（wt%）：Al$_2$O$_3$ 100%

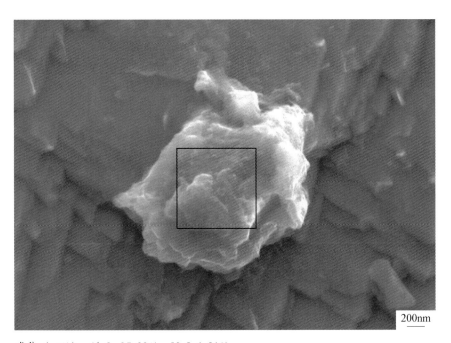

成分（wt%）：Al$_2$O$_3$ 95.99%，MgO 4.01%

成分（wt%）：Al_2O_3 96.15%，MgO 3.85%

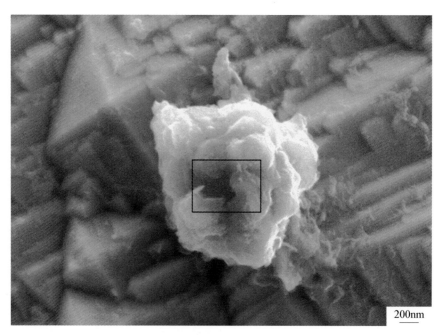

成分（wt%）：Al_2O_3 97.03%，MgO 2.97%

3.7 连铸坯中非金属夹杂物和析出相（传统抛光观察）

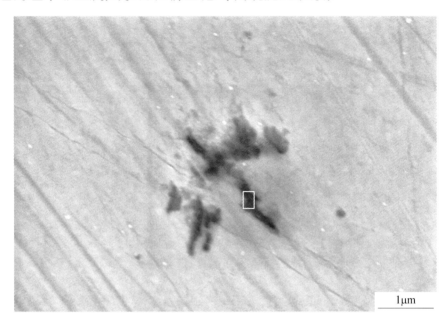

成分	Al	S	Mn	N
at%	25.78	14.09	24.19	35.94

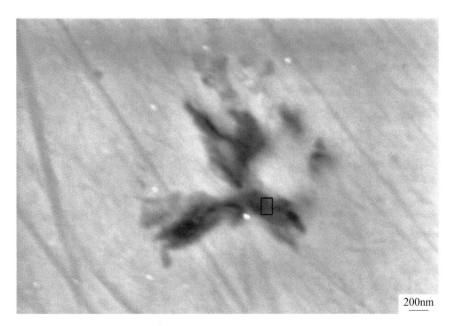

成分	Al	S	Mn	N
at%	20.17	21.77	25.32	32.74

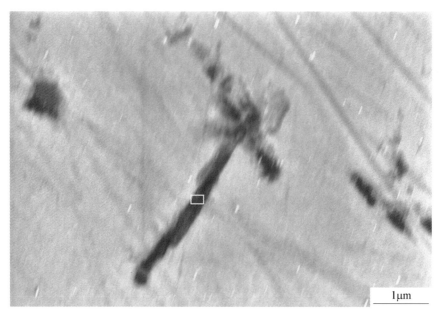

成分	Al	S	Mn	N
at%	32. 14	6. 73	7. 09	54. 04

成分	Al	Mn	N	S
at%	31. 23	7. 62	53. 45	7. 70

成分	Al	Mn	N	S
at%	31.23	7.62	53.45	7.70

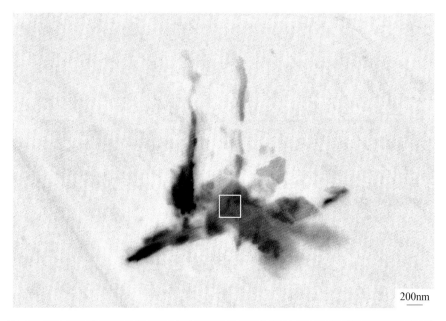

成分	Al	Mn	N	S
at%	11.14	33.42	25.96	29.48

成分	Al	S	Mn	N
at%	24. 83	18. 17	21. 53	35. 48

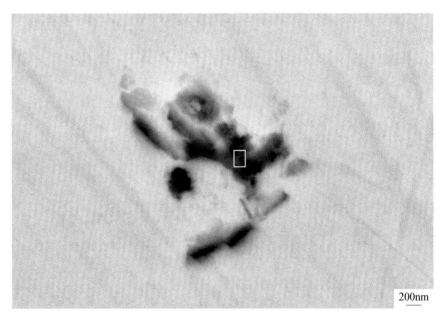

成分	Al	S	Mn	N
at%	22. 52	21. 88	23. 12	32. 48

3.8　连铸坯中非金属夹杂物和析出相（有机溶液电解侵蚀）

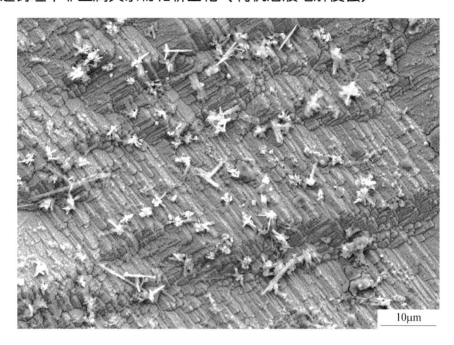

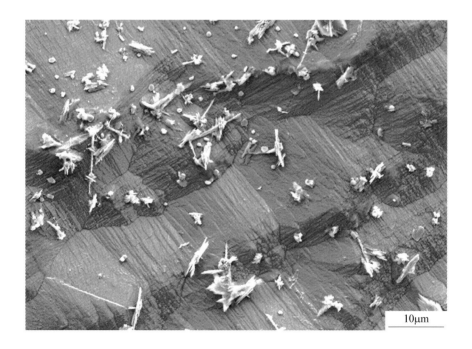

成分	Al	O	S	Cu
at%	30.59	59.00	6.34	4.07

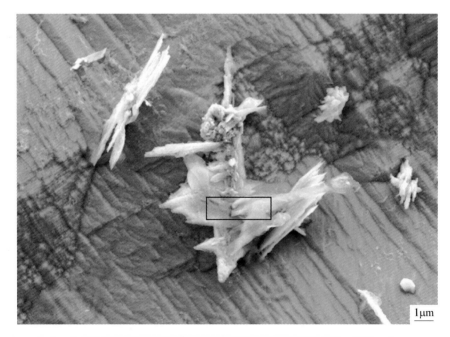

成分	Al	N	S	Cu	Mn
at%	39.78	47.34	9.01	2.50	1.37

成分	Al	N	S	Cu	Mn
at%	46.41	39.08	12.49	1.70	0.32

成分	O	S	Cu	Mn
at%	14.27	31.19	15.13	39.41

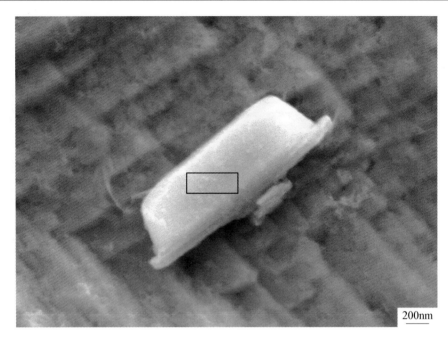

成分	N	S	Cu	Mn
at%	12. 15	42. 25	22. 80	22. 80

成分	Al	N	S	Cu	Mn
at%	32. 21	47. 15	7. 11	3. 73	9. 80

成分	Al	N	S	Cu
at%	16.85	71.86	4.19	7.10

成分	Al	N	S	Cu	Mn
at%	29.42	50.74	6.80	6.63	6.42

成分	Al	N	S	Cu	O	Mn
at%	33.65	25.62	5.15	3.04	28.91	3.63

成分	Al	N	S	Mn
at%	37.56	51.60	9.51	1.33

成分	Al	N	S	Cu	O	Mn
at%	30.47	33.12	11.04	1.53	9.36	14.48

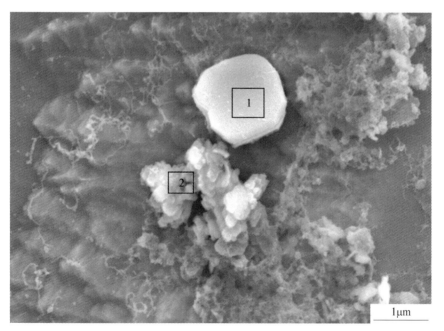

at%	Al	N	S	Cu	Mn
1	2.93	0.00	43.68	6.25	47.14
2	33.54	42.39	15.74	8.33	0.00

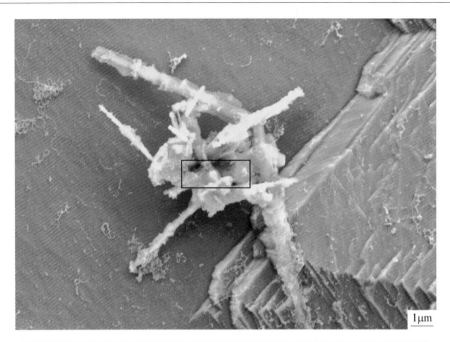

成分	Al	N	S	Cu	O	Mn
at%	35.81	41.30	8.98	3.54	8.14	2.22

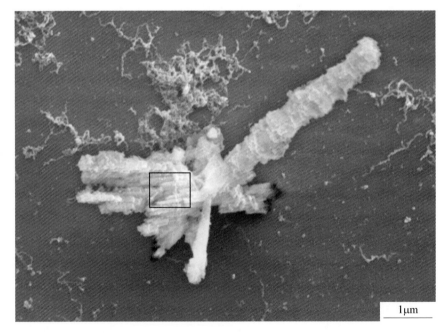

成分	Al	N	S	Mn	O
at%	31.73	34.79	5.70	8.27	19.51

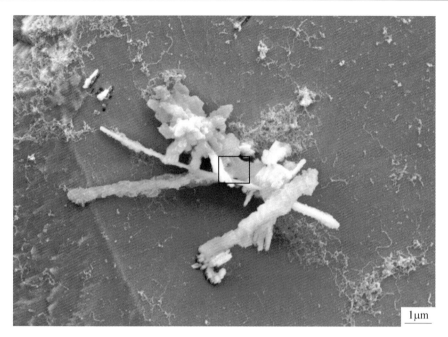

成分	Al	N	S	Cu	Mn
at%	32.23	46.13	14.10	4.35	3.19

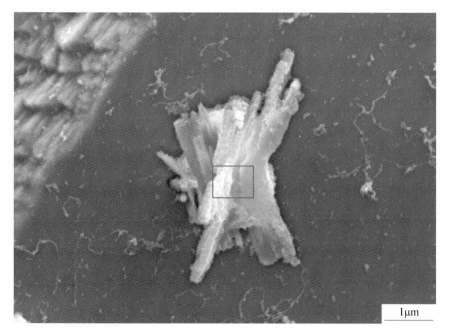

成分	Al	N	S	Cu	O	Mn
at%	33.75	29.04	7.11	2.57	20.13	7.40

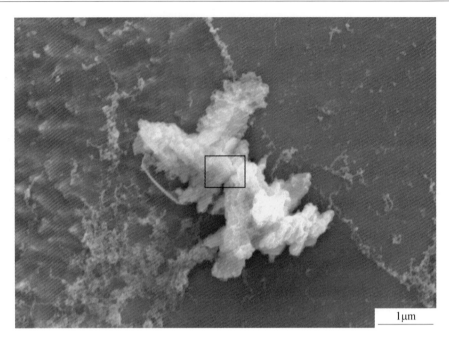

成分	Al	N	S	Cu	O	Mn
at%	34.73	22.01	11.96	3.37	21.28	6.66

成分	Al	S	Cu	O
at%	22.19	4.29	2.35	71.17

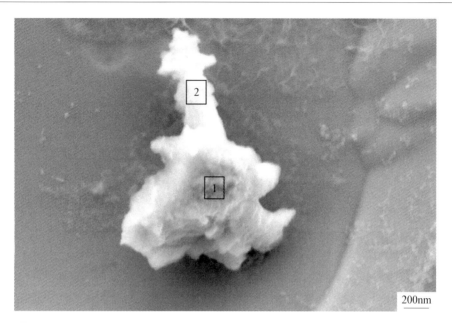

at%	Al	S	Mn	N	O
1	6.96	28.67	34.19	16.71	13.47
2	29.20	4.11	0.00	48.37	18.32

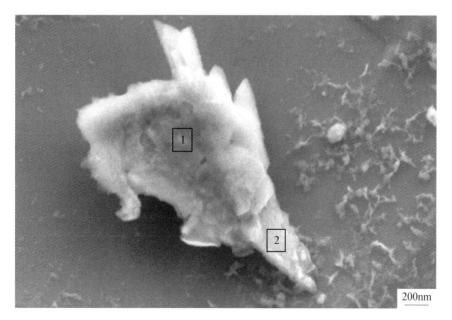

at%	Al	S	Mn	N	O
1	7.29	26.34	34.45	15.38	16.53
2	35.01	3.53	0.00	61.47	0.00

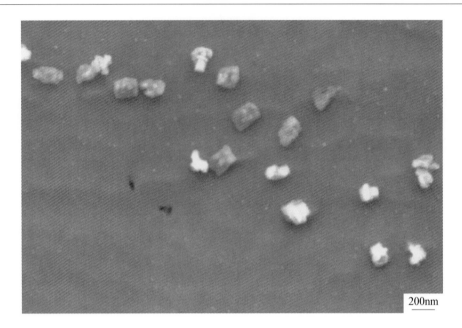

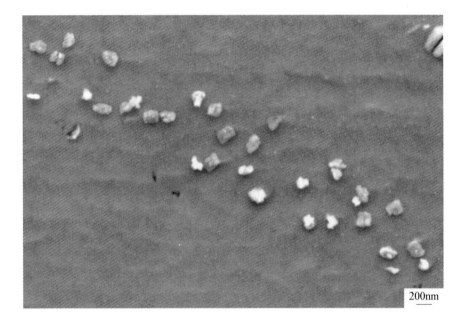

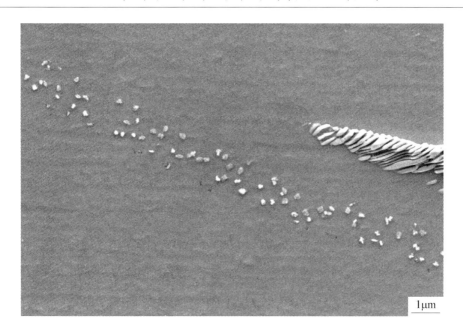

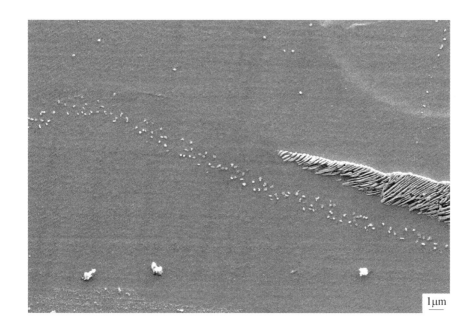

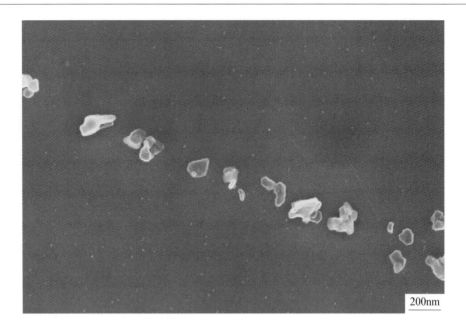

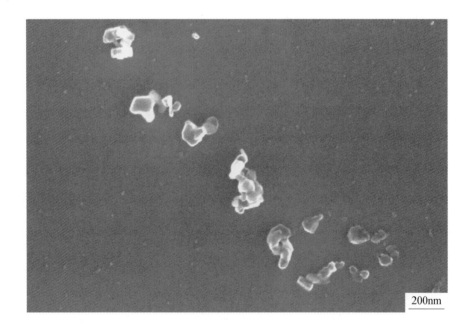

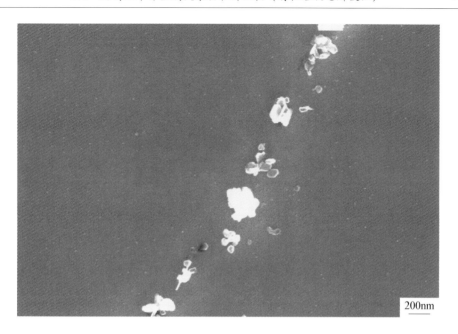

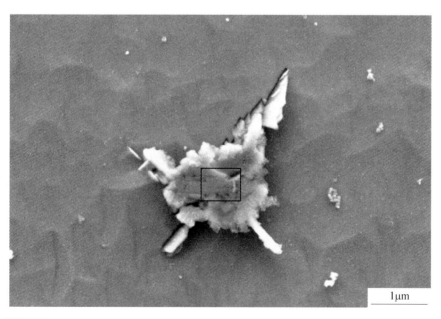

成分	Al	S	Mn	N
at%	22.77	27.95	30.77	18.51

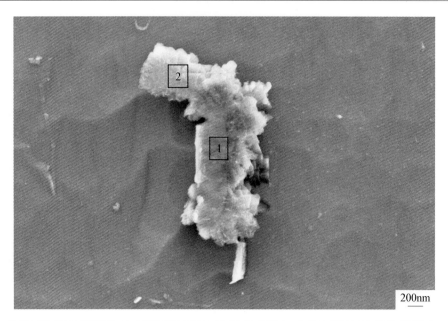

at%	Al	S	Mn	N
1	6. 72	34. 18	42. 25	16. 85
2	35. 75	3. 96	5. 47	54. 82

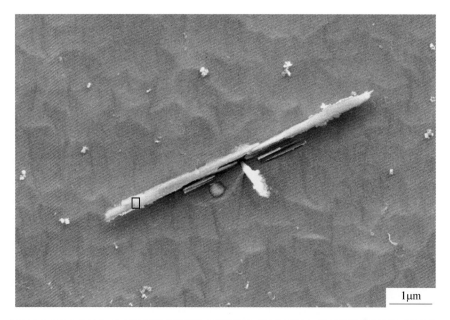

成分	Al	S	Mn	N
at%	29. 47	6. 92	8. 48	55. 13

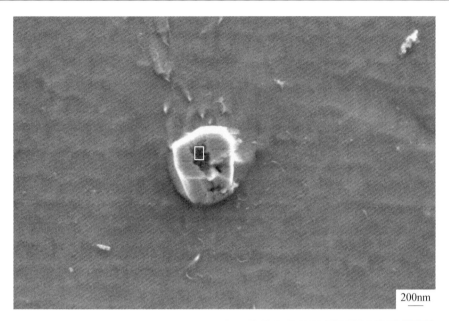

成分	Al	O	N
at%	37. 93	6. 30	55. 77

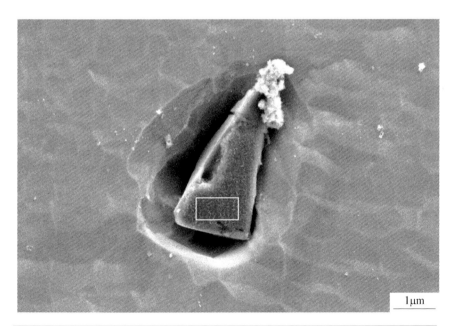

成分	Al	S	Mn	N
at%	16. 43	25. 19	35. 36	23. 02

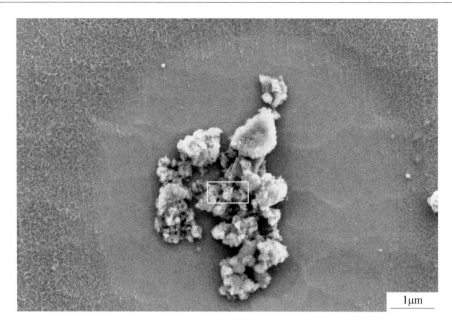

成分	Al	S	Mn	N
at%	16.43	25.19	35.36	23.02

at%	Al	S	Mn	N
1	16.43	25.19	35.36	23.02
2	59.50	0.00	0.00	40.50

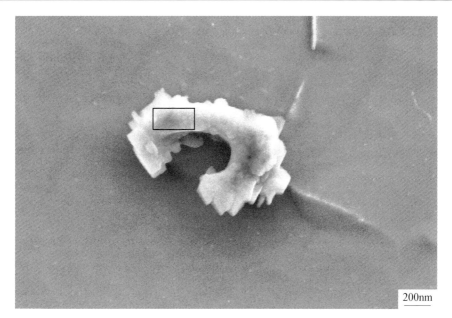

成分（wt%）：AlN 100%

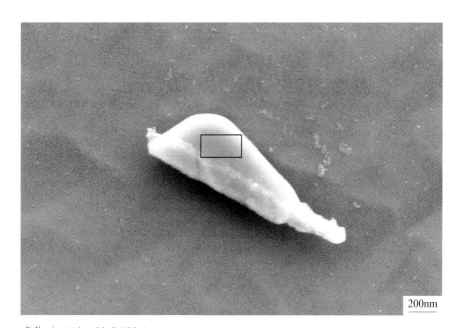

成分（wt%）：MnS 100%

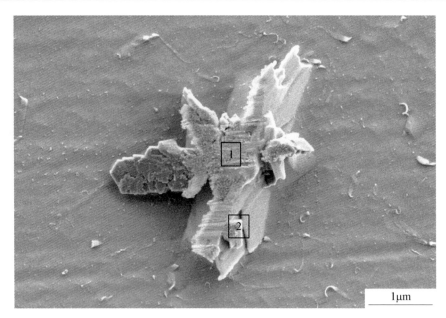

at%	Al	S	Mn	N
1	15. 65	24. 73	35. 20	24. 42
2	54. 92	0. 00	0. 00	45. 08

at%	Al	S	Mn	N
1	32. 41	7. 63	59. 96	0. 00
2	13. 81	27. 87	30. 60	27. 72

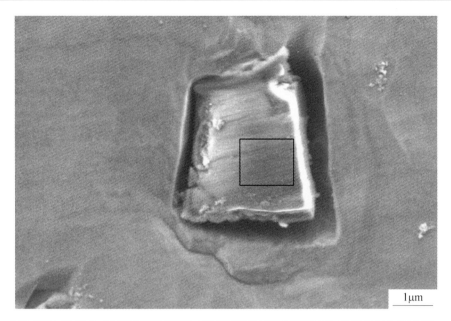

成分	Al	O
at%	41.53	58.47

3.9 连铸坯中非金属夹杂物和析出相（有机溶液电解）

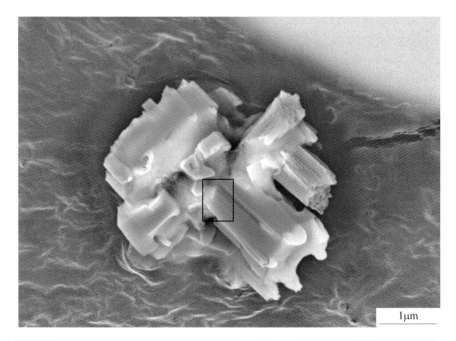

成分	Al	S	Mn	O	Cu
at%	24.72	12.25	10.65	48.73	3.64

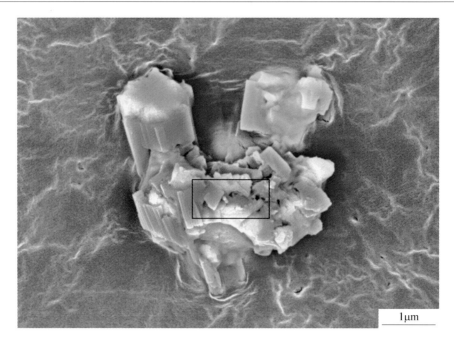

成分	N	Al	S	Mn	O	Cu
at%	30. 13	36. 05	10. 66	8. 79	12. 44	1. 93

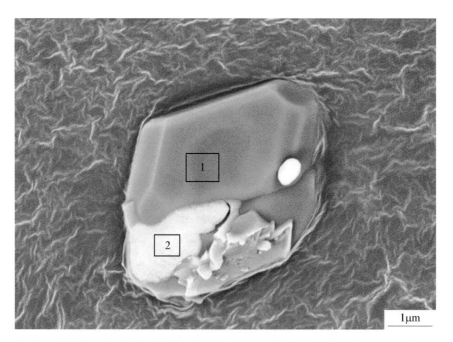

at%	Al	O	S
1	41. 25	58. 75	0. 00
2	18. 01	19. 03	62. 96

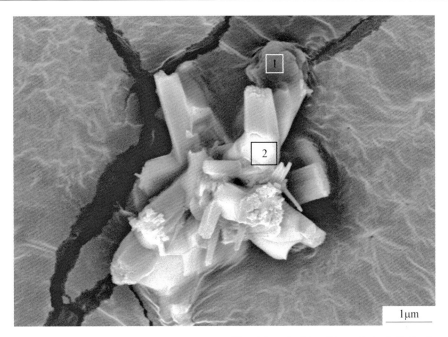

at%	N	Al	S	Mn	O	Cu
1	80.40	5.85	1.63	2.20	9.47	0.46
2	15.79	51.82	31.02	0.00	0.00	1.37

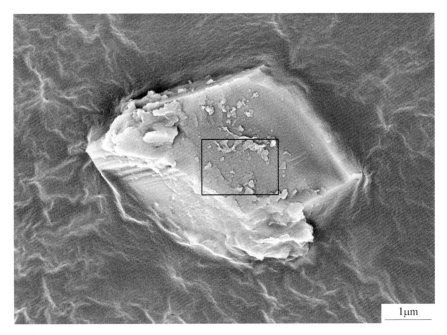

成分（wt%）：Al_2O_3 100%

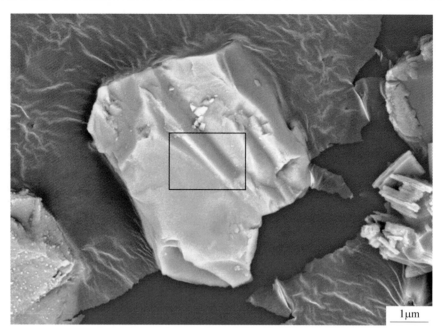

成分（wt%）：TiN 100%

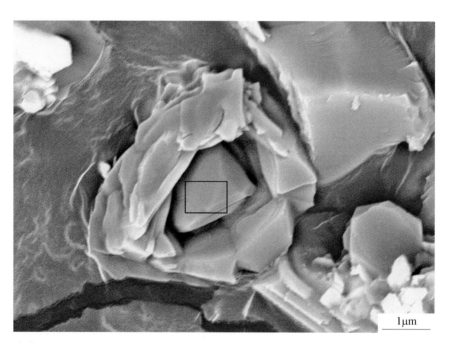

成分（wt%）：Al$_2$O$_3$ 97.25%，MgO 2.75%

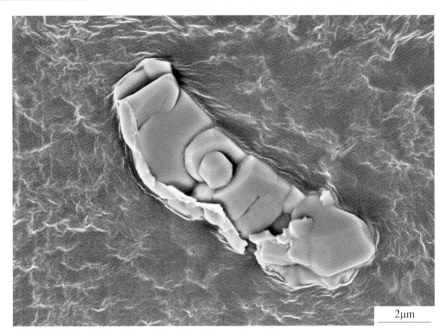

成分（wt%）：Al_2O_3 100%

3.10 热轧板中非金属夹杂物和析出相（酸蚀）

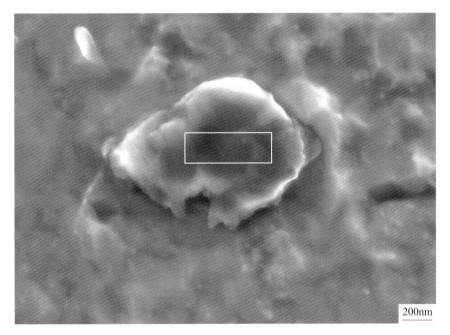

成分	O	Al	S	Mn	N
at%	21.00	36.23	5.94	10.46	26.38

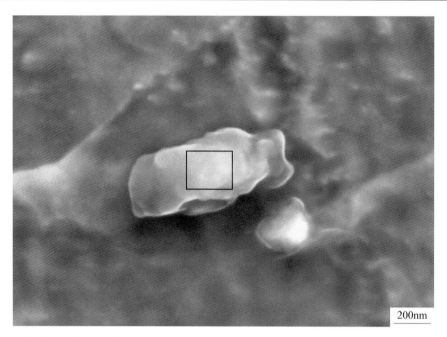

成分	O	Al	N
at%	74.00	21.77	4.23

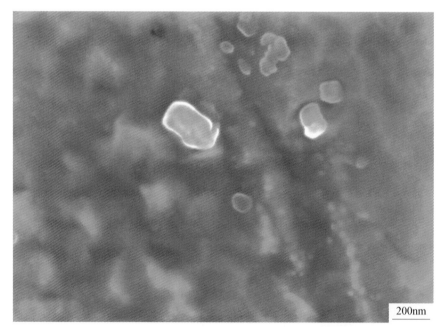

成分	Al	S	N
at%	48.12	25.54	26.34

3.11　热轧板中非金属夹杂物和析出相（有机溶液电解侵蚀）

成分	Al	S	Mn	N
at%	30.58	10.31	6.44	52.67

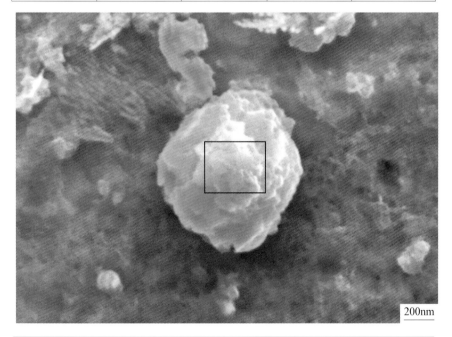

成分	O	Al	S	Mn	N
at%	15.83	30.15	9.49	1.83	42.70

成分	Al	S	N	Cu
at%	29.73	5.45	55.22	9.60

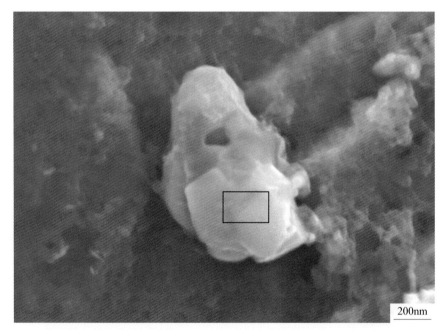

成分	Al	S	N	Cu
at%	33.08	5.16	59.99	1.77

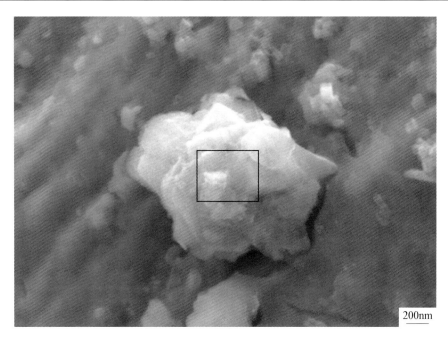

成分	Al	S	N	O
at%	36. 92	2. 28	48. 48	12. 32

成分	N	Al	S	Mn	Cu
at%	37. 14	28. 78	13. 71	13. 27	7. 10

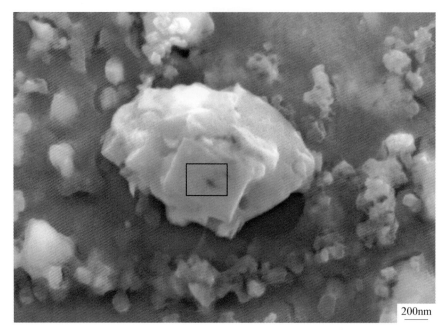

成分	N	Al	S	Cu
at%	54.62	41.93	1.92	1.53

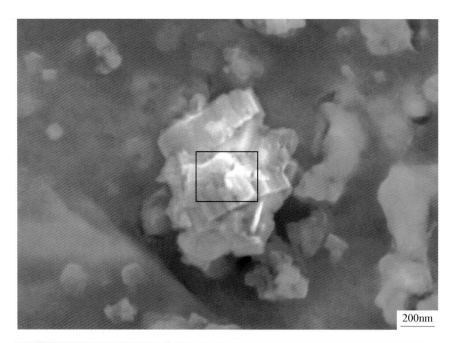

成分	N	Al	O
at%	40.17	34.92	24.91

3.12 热轧板中非金属夹杂物和析出相（有机溶液电解）

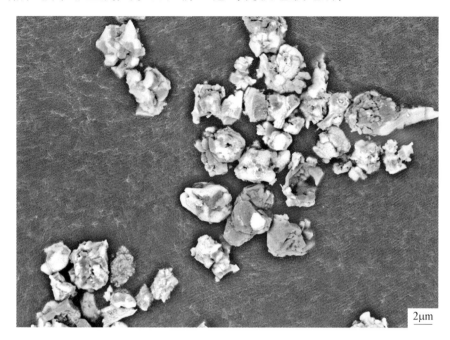

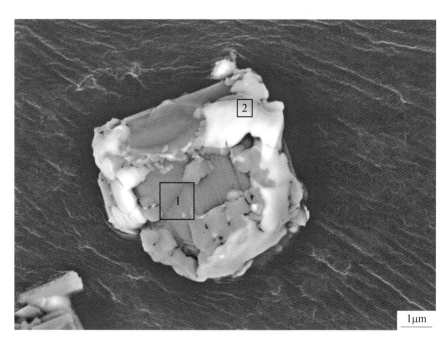

at%	O	Al	Mg	S	Mn
1	47.48	48.74	3.78	0.00	0.00
2	21.91	15.67	7.26	21.67	33.49

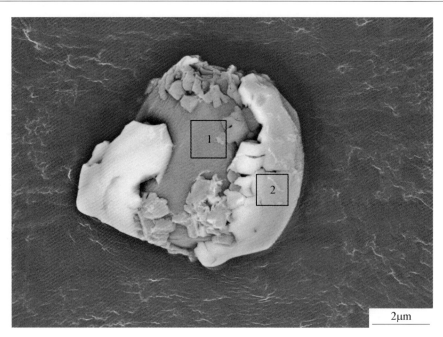

at%	Mg	Al	S	O	Mn	Cu
1	3.78	48.74	0.00	47.48	0.00	0.00
2	6.13	7.39	63.47	0.00	19.23	3.78

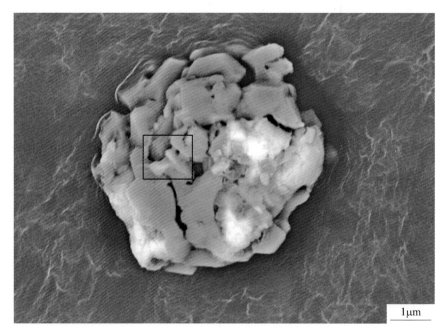

成分	O	Al	N
at%	35.87	40.43	23.70

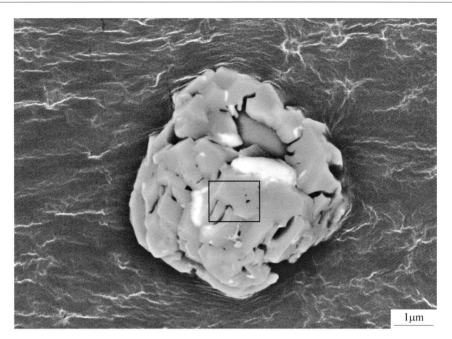

成分	O	Al	S	N	Cu
at%	19.84	32.93	1.14	44.92	1.17

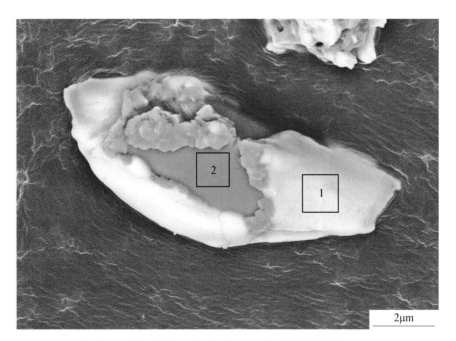

at%	Al	Mg	S	Mn	O
1	0.00	7.03	55.04	37.94	0.00
2	67.87	1.70	0.00	0.00	30.43

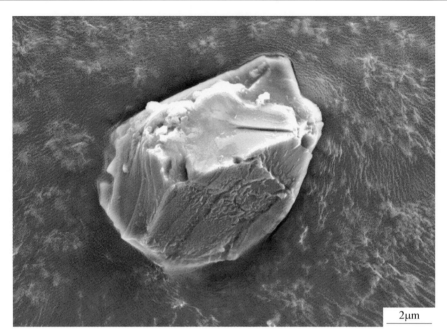

成分（wt%）：Al$_2$O$_3$ 100%

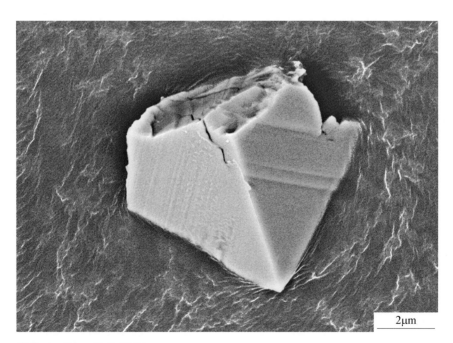

成分（wt%）：Al$_2$O$_3$ 100%

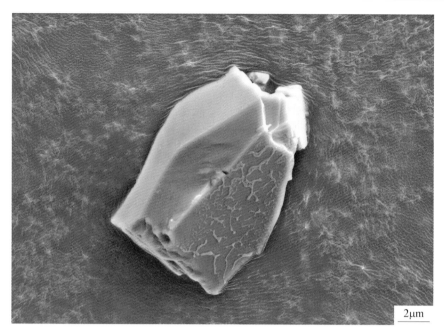

成分（wt%）：Al$_2$O$_3$ 100%

4 低牌号无取向硅钢中非金属夹杂物

低牌号无取向硅钢基本化学成分为：C 0.0014%，Si 1%，Mn 0.26%，T. Al 0.25%，T. S 0.0031%，T. O 0.0008%，T. N 0.0013%。低牌号无取向硅钢的生产流程为：转炉→RH 精炼→连铸→热连轧→冷轧→连续退火。RH 精炼过程分为脱碳期和脱氧合金化期，合金化过程依次加入硅、铝、锰。

4.1 RH 精炼脱碳完成加硅铁脱氧后钢液中非金属夹杂物（传统抛光观察）

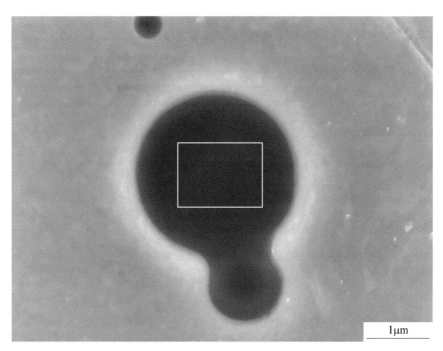

成分（wt%）：SiO_2 100%

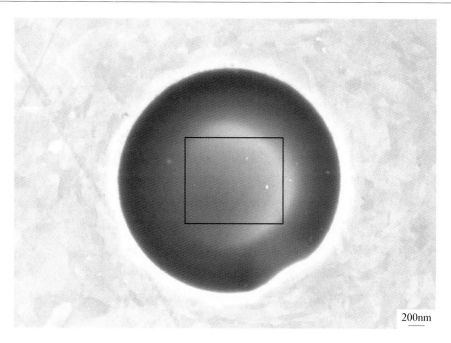

200nm

成分（wt%）：SiO₂ 97.89%，Al₂O₃ 2.11%

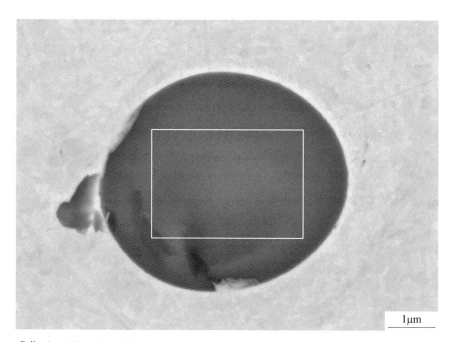

1μm

成分（wt%）：SiO₂ 100%

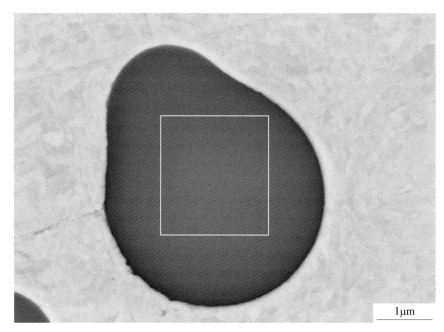

成分（wt%）：SiO$_2$ 97.30%，Al$_2$O$_3$ 2.70%

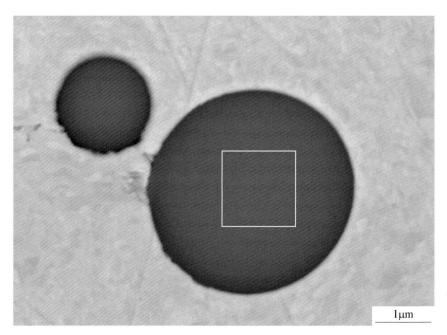

成分（wt%）：SiO$_2$ 100%

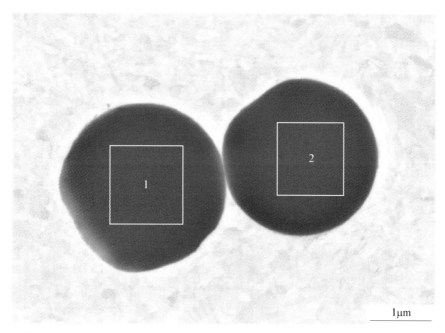

成分（wt%）：

1. SiO$_2$ 100%

2. SiO$_2$ 100%

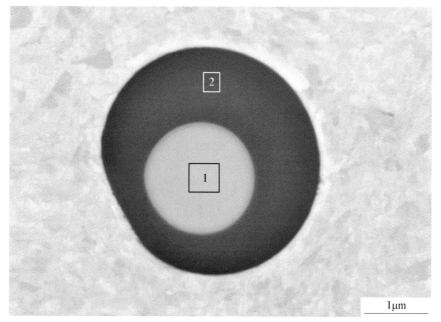

成分（wt%）：

1. SiO$_2$ 73.89%，Al$_2$O$_3$ 3.07%，MnO 23.04%

2. SiO$_2$ 100%

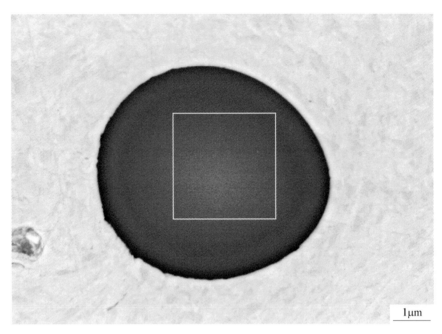

成分（wt%）：SiO_2 100%

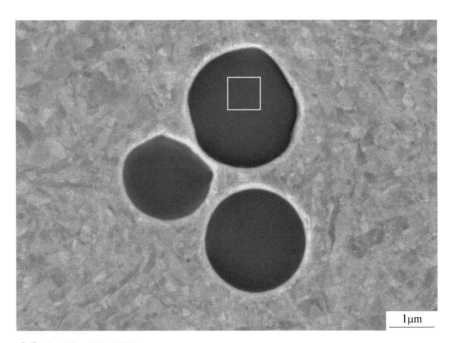

成分（wt%）：SiO_2 100%

4.2 RH 精炼脱碳完成加硅铁脱氧后钢液中非金属夹杂物（酸蚀）

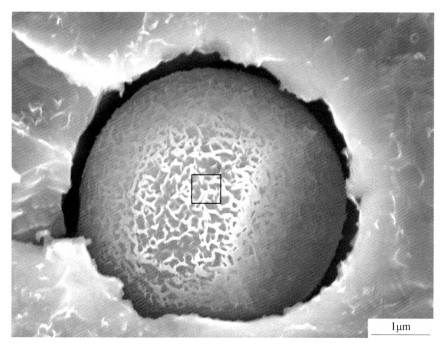

成分（wt%）：SiO_2 97.96%，Al_2O_3 2.04%

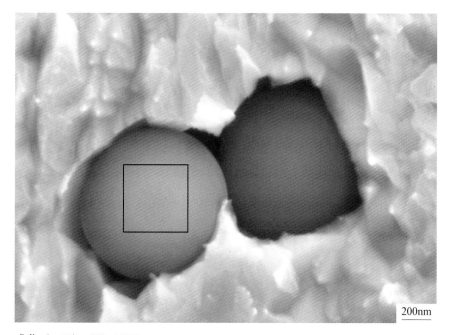

成分（wt%）：SiO_2 100%

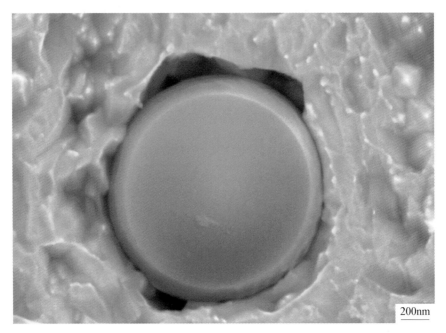

成分（wt%）：SiO$_2$ 100%

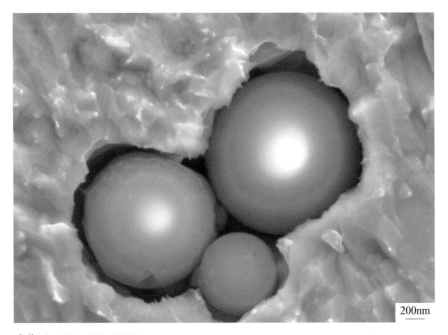

成分（wt%）：SiO$_2$ 100%

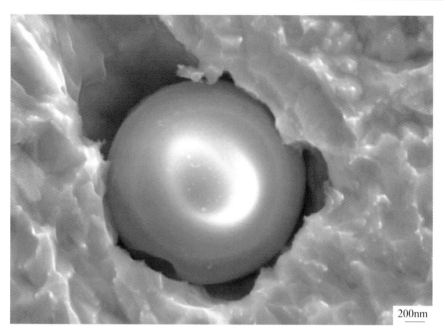

成分（wt%）：SiO$_2$ 100%

成分（wt%）：SiO$_2$ 100%

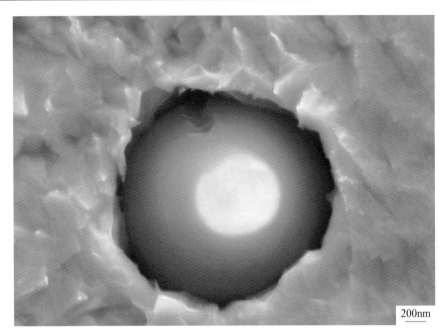

成分（wt%）：SiO₂ 100%

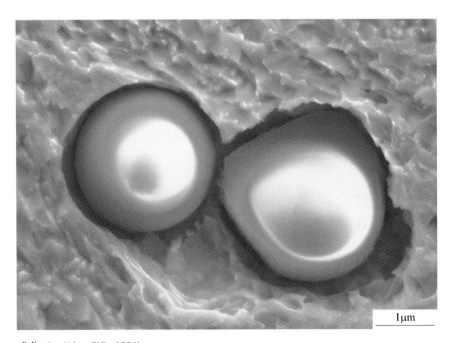

成分（wt%）：SiO₂ 100%

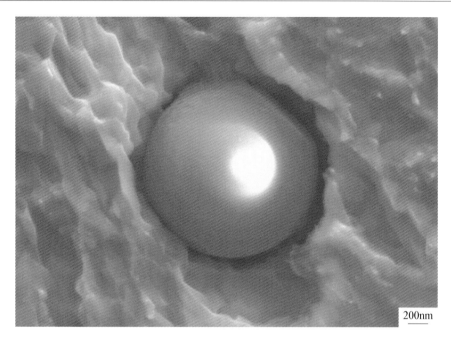

成分（wt%）：SiO₂ 100%

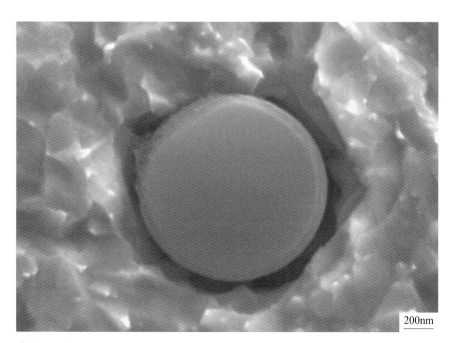

成分（wt%）：SiO₂ 100%

4.3　RH 精炼脱碳完成加硅铁脱氧后钢液中非金属夹杂物（有机溶液电解侵蚀）

成分（wt%）：SiO_2 95.37%，Al_2O_3 4.63%

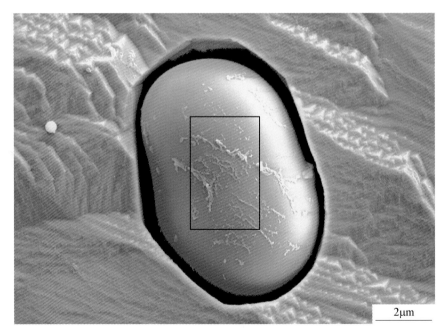

成分（wt%）：SiO_2 100%

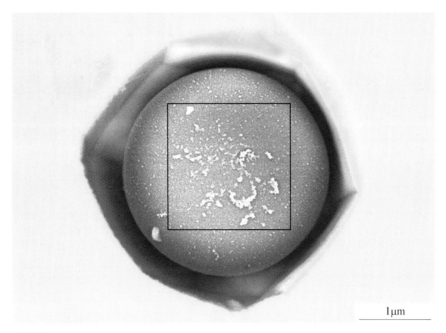

成分（wt%）：SiO$_2$ 100%

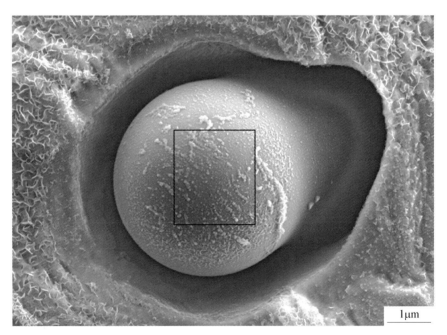

成分（wt%）：SiO$_2$ 100%

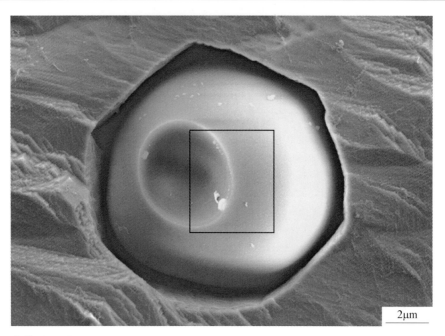

成分（wt%）：SiO_2 92.62%，Al_2O_3 7.38%

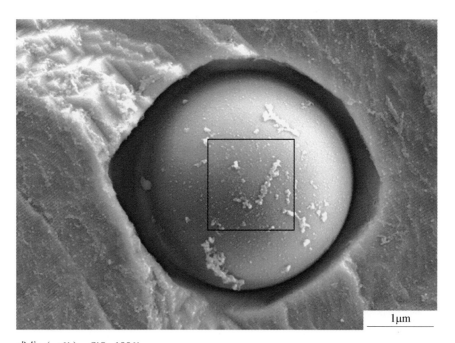

成分（wt%）：SiO_2 100%

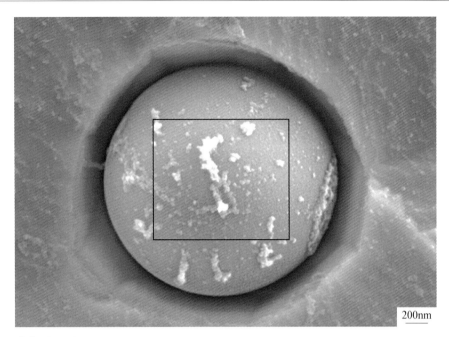

成分（wt%）：SiO$_2$ 100%

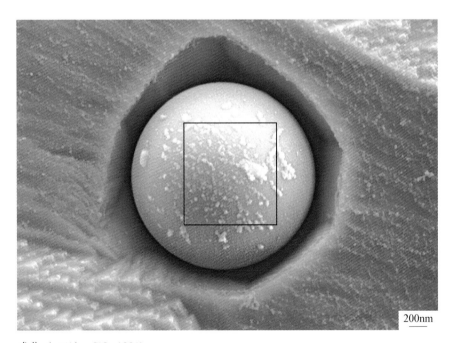

成分（wt%）：SiO$_2$ 100%

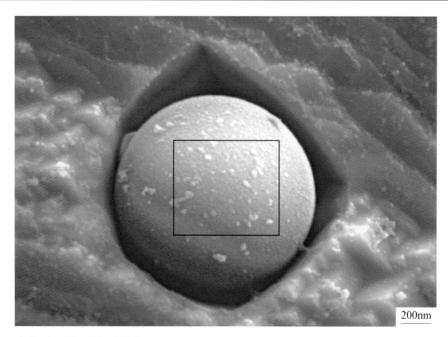

成分（wt%）：SiO$_2$ 100%

4.4　RH 精炼脱碳完成加硅铁脱氧后钢液中非金属夹杂物（有机溶液电解）

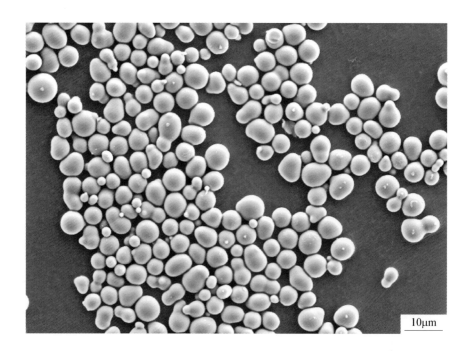

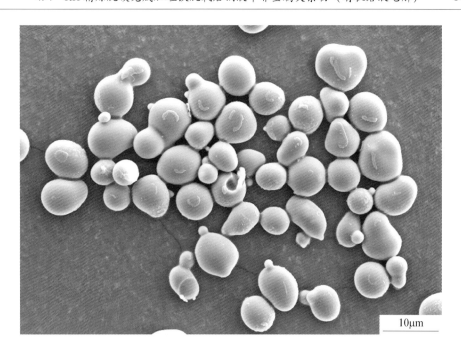

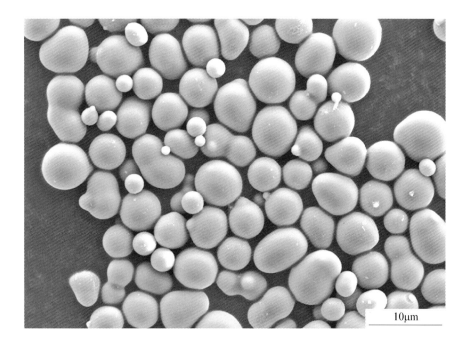

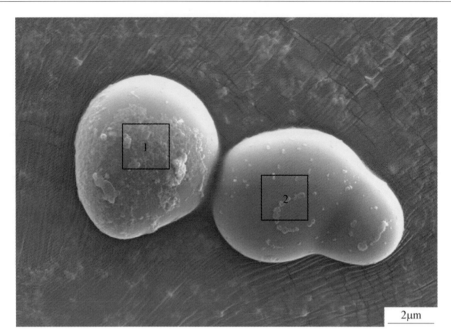

成分（wt%）：

1. SiO$_2$ 97.54%，Al$_2$O$_3$ 2.46%

2. SiO$_2$ 100%

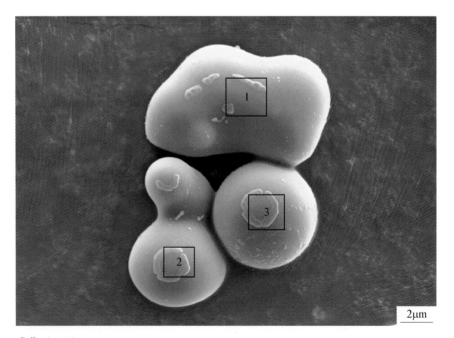

成分（wt%）：

1. SiO$_2$ 100%

2. SiO$_2$ 100%

3. SiO$_2$ 94.75%，Al$_2$O$_3$ 5.25%

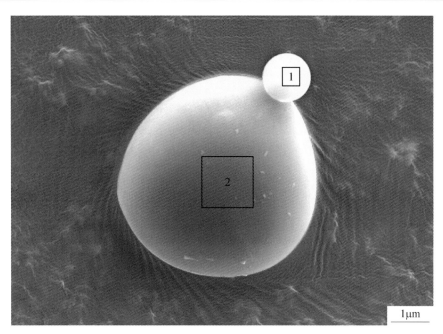

成分（wt%）：
1. SiO$_2$ 96. 15%，Al$_2$O$_3$ 3. 85%
2. SiO$_2$ 100%

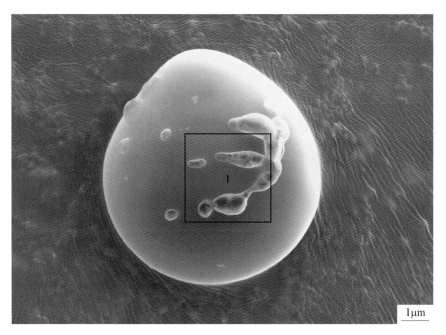

成分（wt%）：SiO$_2$ 100%

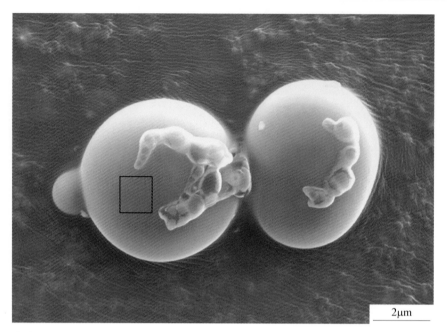

成分（wt%）：SiO_2 100%

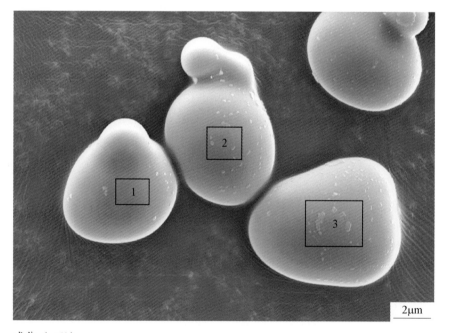

成分（wt%）：

1. SiO_2 100%

2. SiO_2 100%

3. SiO_2 100%

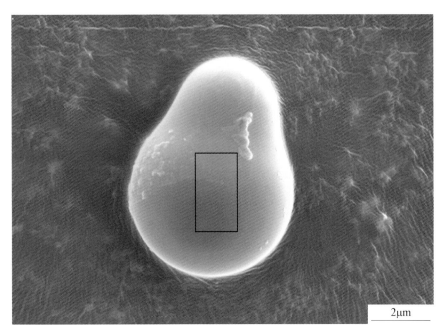

成分（wt%）：SiO_2 100%

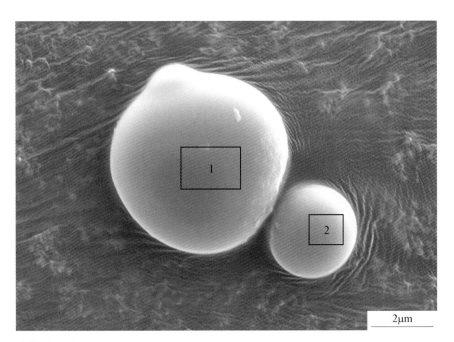

成分（wt%）：

1. SiO_2 100%

2. SiO_2 94.76%，Al_2O_3 5.24%

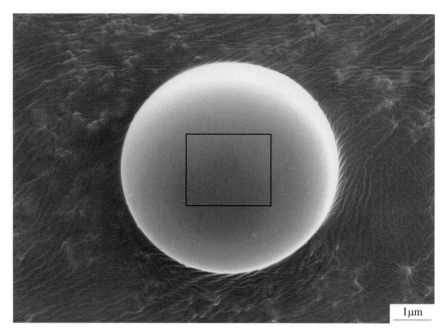

成分（wt%）：SiO$_2$ 98.03%，Al$_2$O$_3$ 1.97%

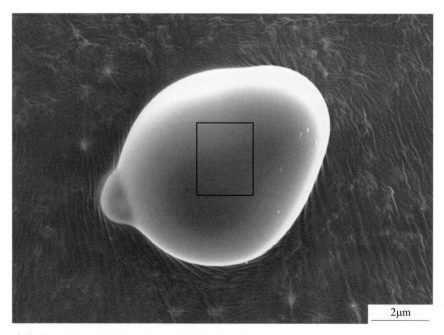

成分（wt%）：SiO$_2$ 97.49%，Al$_2$O$_3$ 2.51%

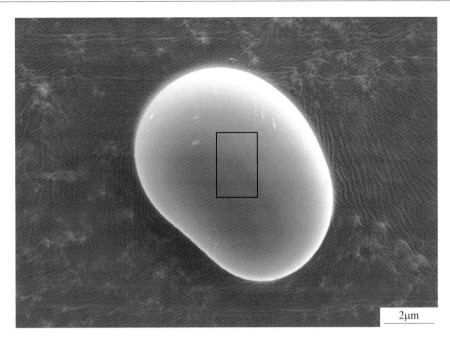

成分（wt%）：SiO₂ 100%

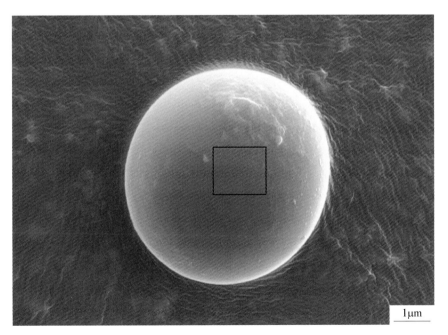

成分（wt%）：SiO₂ 100%

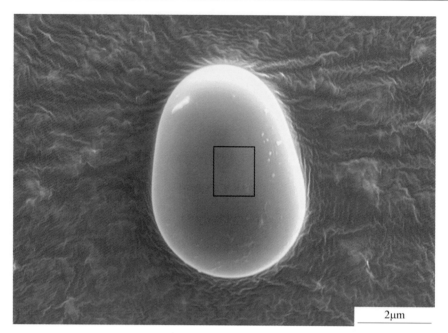

成分（wt%）：SiO$_2$ 100%

成分（wt%）：SiO$_2$ 100%

4.5 RH 精炼后钢液中非金属夹杂物（传统抛光观察）

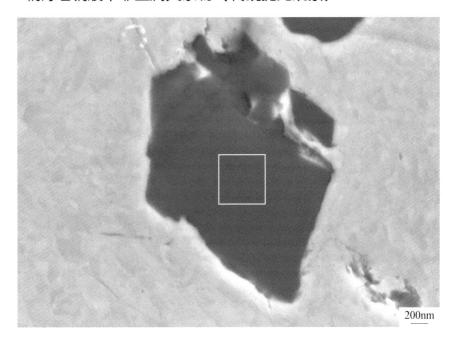

成分（wt%）：Al$_2$O$_3$ 100%

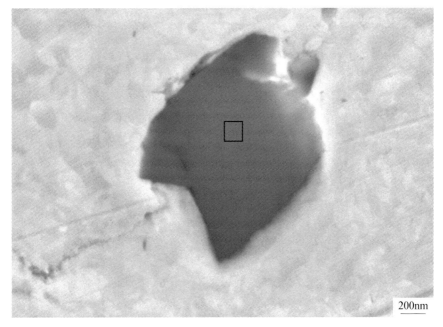

成分（wt%）：Al$_2$O$_3$ 100%

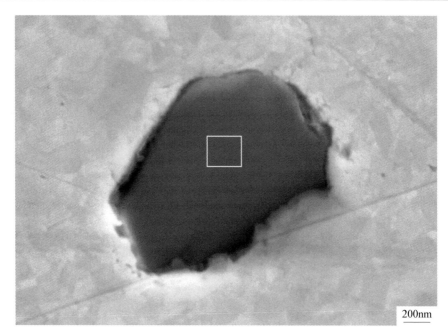

成分（wt%）：Al_2O_3 100%

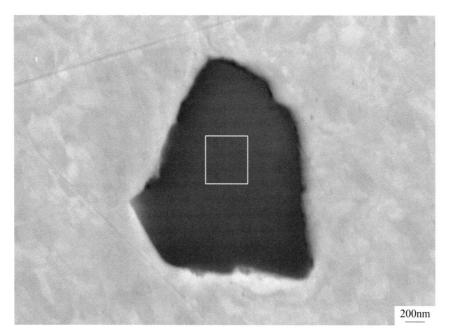

成分（wt%）：Al_2O_3 99.23%，MgO 0.77%

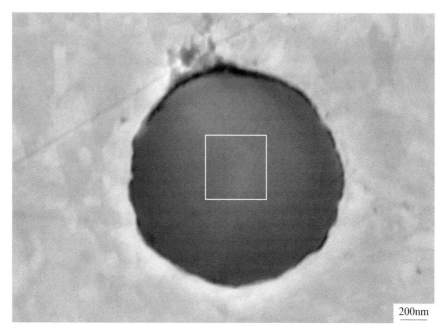

成分（wt%）：Al$_2$O$_3$ 96.54%，MgO 3.46%

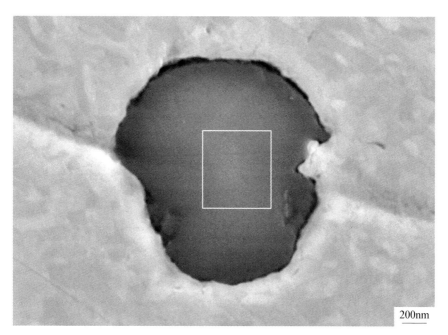

成分（wt%）：Al$_2$O$_3$ 99.02%，MgO 0.98%

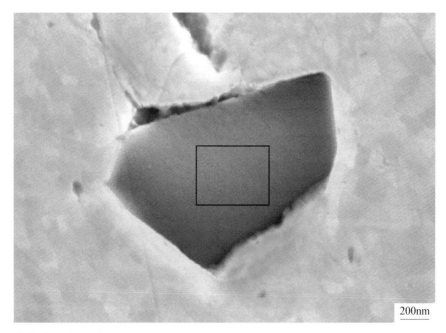

成分（wt%）：Al$_2$O$_3$ 100%

4.6 RH 精炼后钢液中非金属夹杂物（酸蚀）

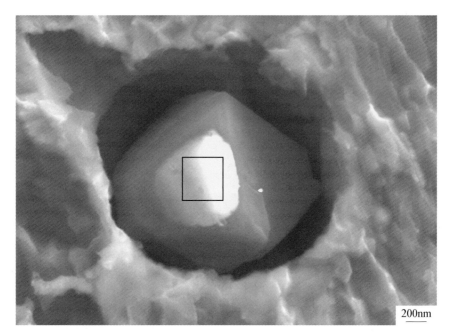

成分（wt%）：Al$_2$O$_3$ 100%

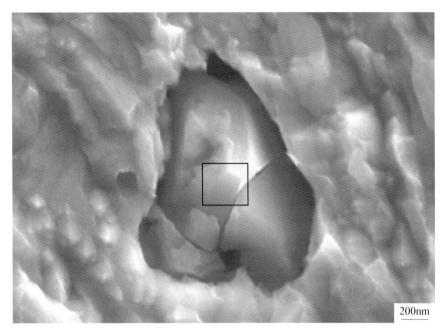

成分（wt%）：Al$_2$O$_3$ 100%

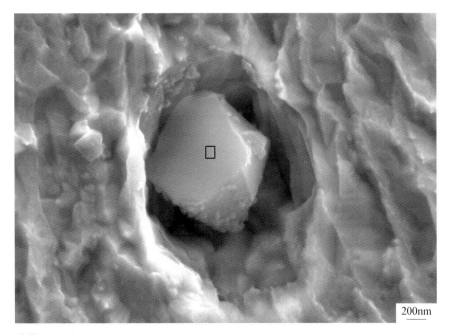

成分（wt%）：Al$_2$O$_3$ 100%

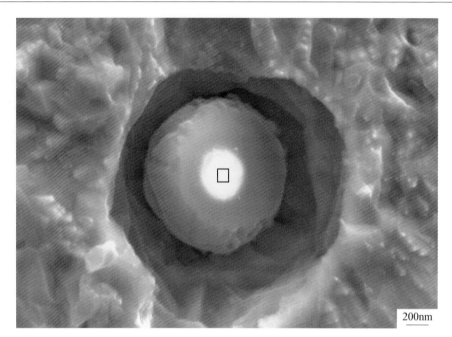

成分（wt%）：Al_2O_3 97.29%，MgO 2.71%

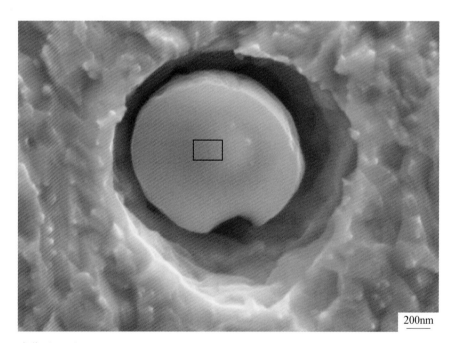

成分（wt%）：Al_2O_3 98.55%，MgO 1.45%

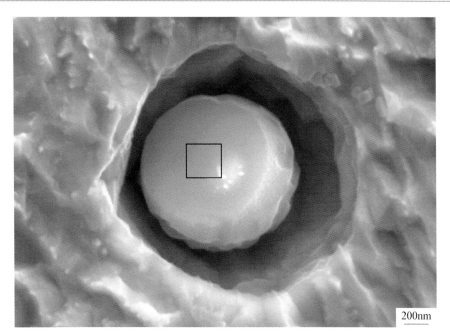

成分（wt%）：Al_2O_3 98.20%，MgO 1.80%

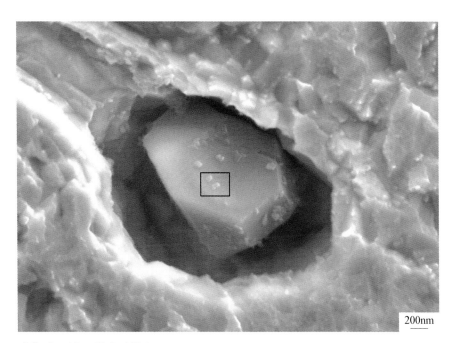

成分（wt%）：Al_2O_3 100%

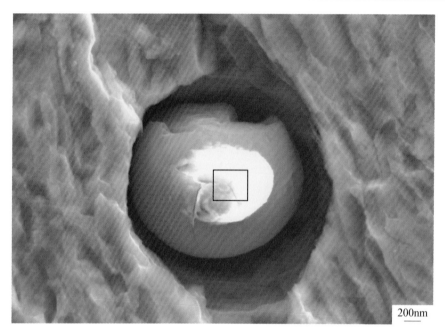

成分（wt%）：Al₂O₃ 100%

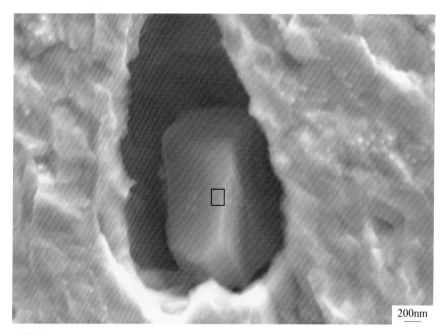

成分（wt%）：Al₂O₃ 100%

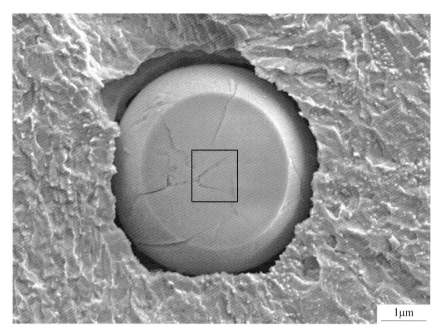

成分（wt%）：Al$_2$O$_3$ 100%

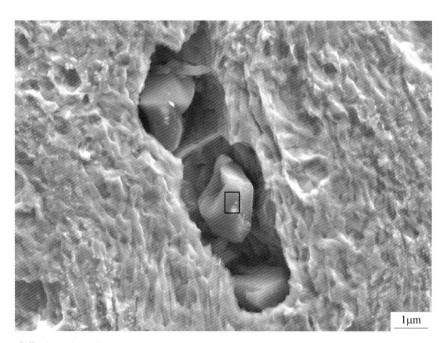

成分（wt%）：Al$_2$O$_3$ 100%

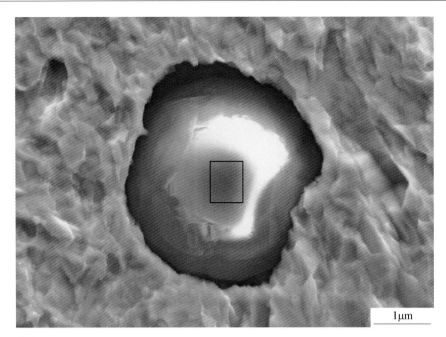

成分（wt%）：Al$_2$O$_3$ 100%

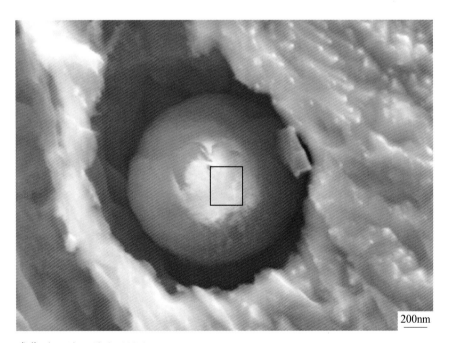

成分（wt%）：Al$_2$O$_3$ 100%

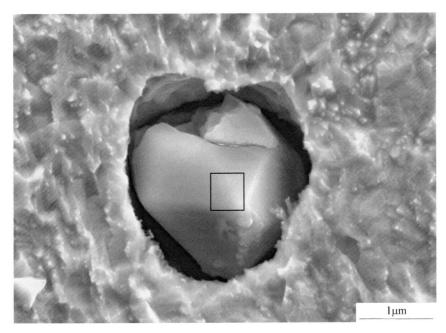

成分（wt%）：Al_2O_3 100%

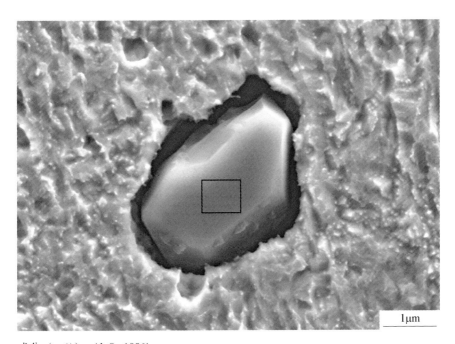

成分（wt%）：Al_2O_3 100%

4.7　RH 精炼后钢液中非金属夹杂物（有机溶液电解）

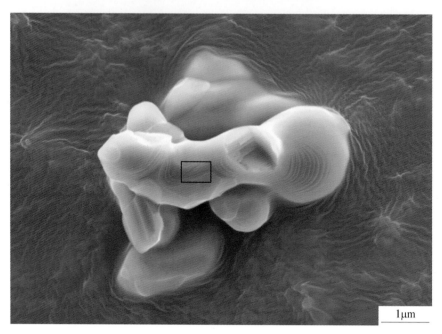

成分（wt%）：Al$_2$O$_3$ 100%

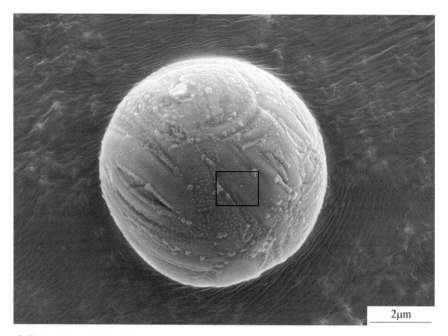

成分（wt%）：Al$_2$O$_3$ 100%

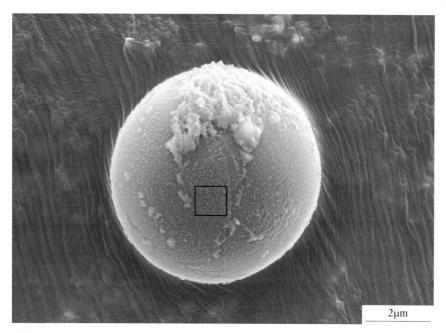

成分（wt%）：Al_2O_3 100%

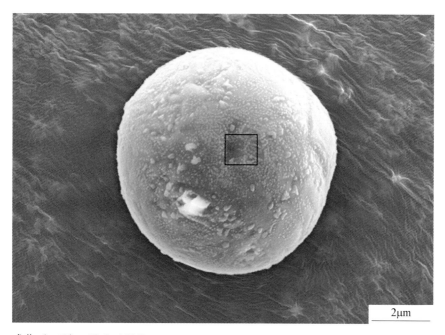

成分（wt%）：Al_2O_3 100%

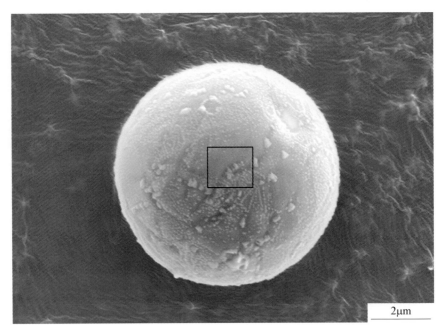

成分（wt%）：Al₂O₃ 100%

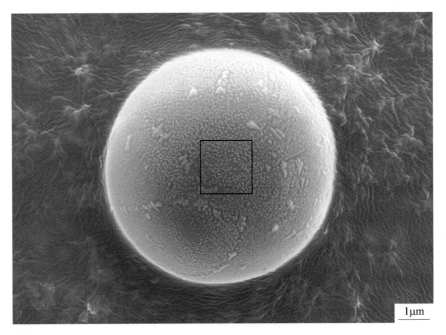

成分（wt%）：Al₂O₃ 100%

成分（wt%）：Al_2O_3 100%

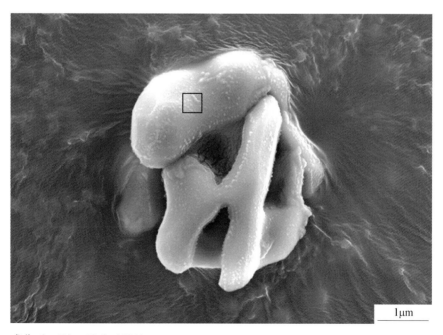

成分（wt%）：Al_2O_3 100%

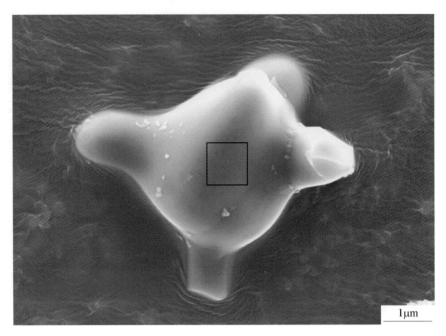

成分（wt%）：Al$_2$O$_3$ 100%

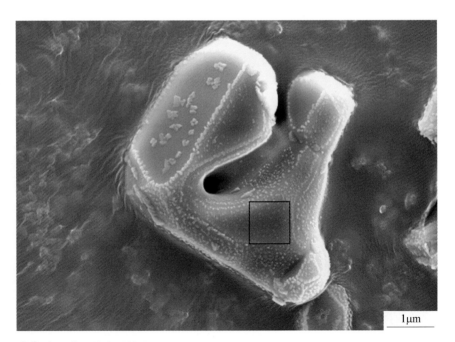

成分（wt%）：Al$_2$O$_3$ 100%

成分（wt%）：Al_2O_3 100%

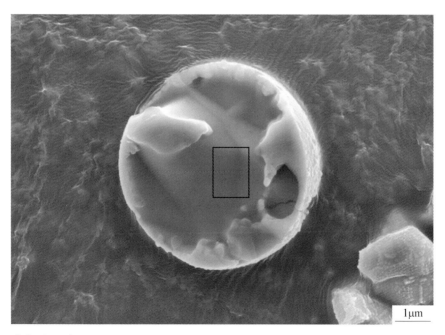

成分（wt%）：Al_2O_3 100%

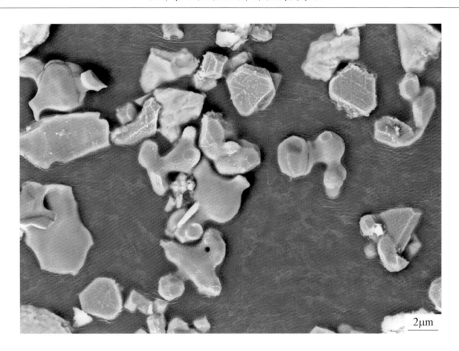

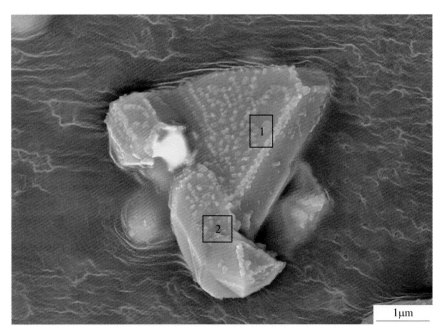

成分（wt%）：

1. Al$_2$O$_3$ 100%

2. Al$_2$O$_3$ 100%

4.8　RH 精炼后钢液中非金属夹杂物（有机溶液电解侵蚀）

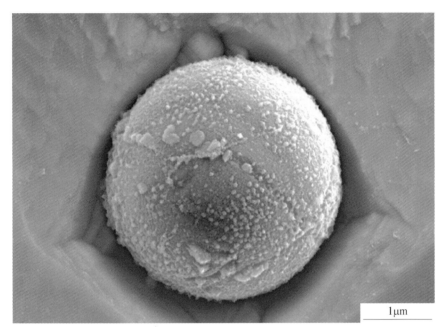

成分（wt%）：Al_2O_3 100%

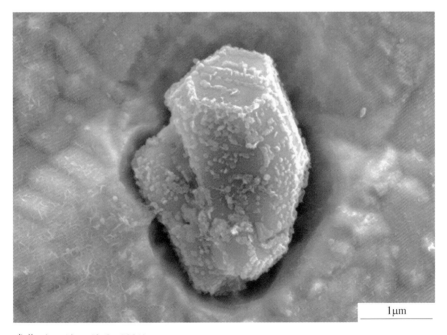

成分（wt%）：Al_2O_3 100%

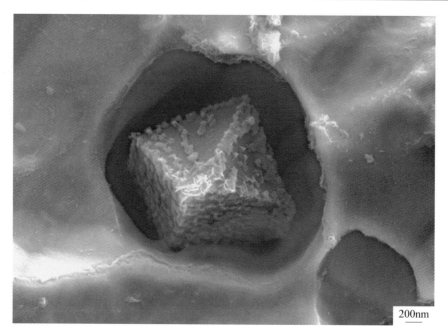

成分（wt%）：Al$_2$O$_3$ 100%

成分（wt%）：Al$_2$O$_3$ 100%

成分（wt%）：Al_2O_3 100%

成分（wt%）：Al_2O_3 100%

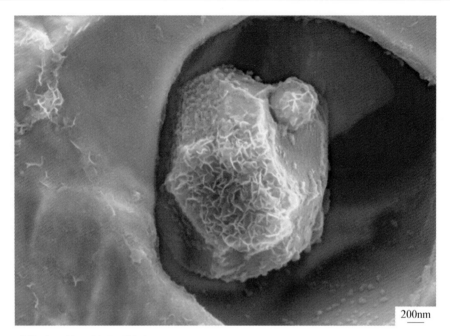

成分（wt%）：Al$_2$O$_3$ 100%

成分（wt%）：Al$_2$O$_3$ 100%

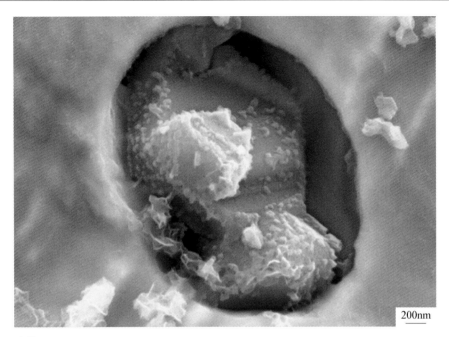

成分（wt%）：Al$_2$O$_3$ 100%

成分（wt%）：Al$_2$O$_3$ 100%

4.9　连铸中间包钢中非金属夹杂物（传统抛光观察）

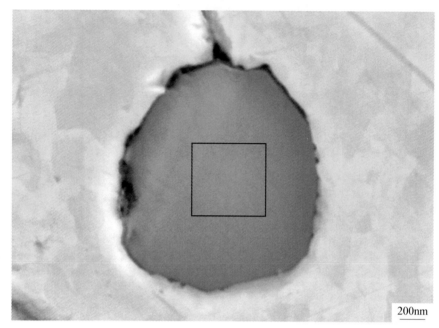

成分（wt%）：Al$_2$O$_3$ 91.10%，MgO 8.9%

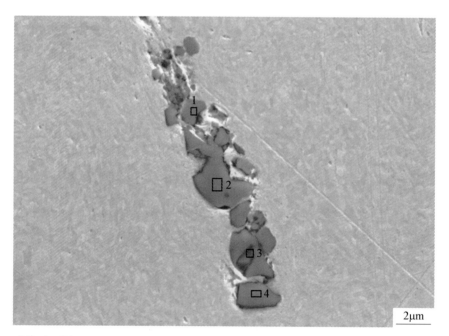

成分（wt%）：

1. Al$_2$O$_3$ 100%

2. Al$_2$O$_3$ 100%

3. Al$_2$O$_3$ 100%

4. Al$_2$O$_3$ 100%

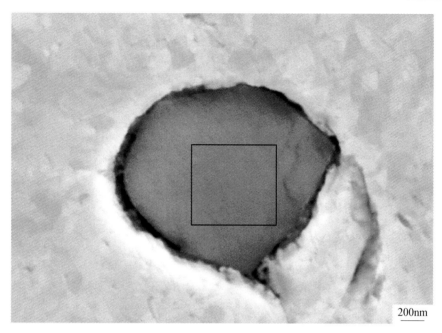

成分（wt%）：Al$_2$O$_3$ 91.76%，MgO 8.24%

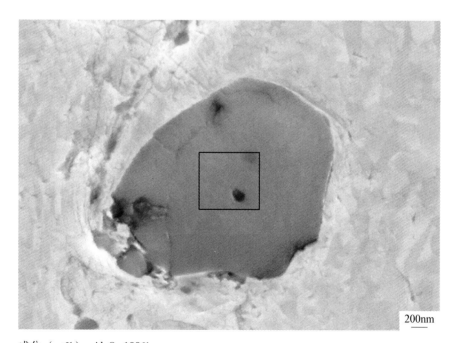

成分（wt%）：Al$_2$O$_3$ 100%

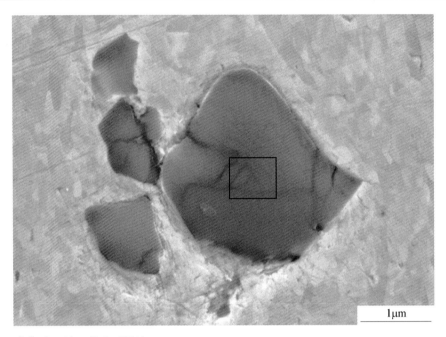

成分（wt%）：Al$_2$O$_3$ 100%

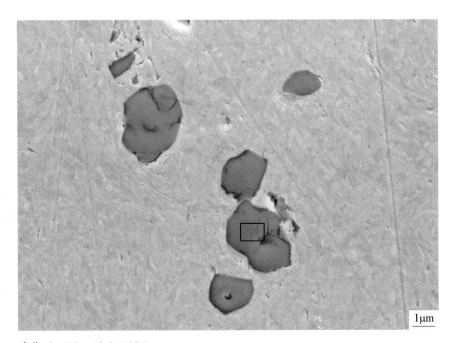

成分（wt%）：Al$_2$O$_3$ 100%

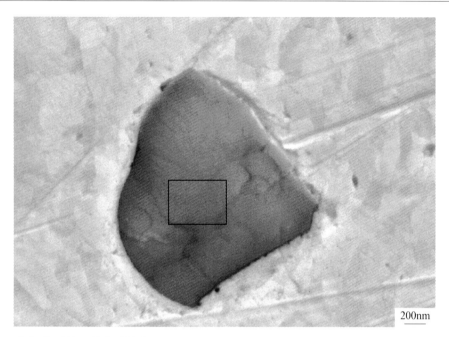

成分（wt%）：Al$_2$O$_3$ 100%

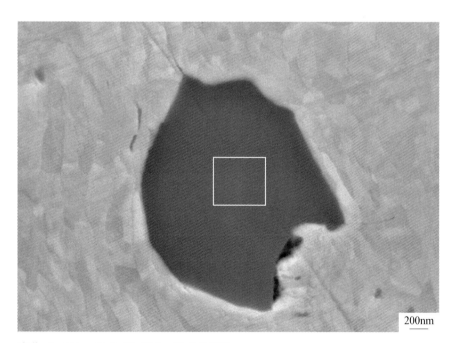

成分（wt%）：Al$_2$O$_3$ 91.77%，MgO 8.23%

4.10　连铸中间包钢中非金属夹杂物（有机溶液电解侵蚀）

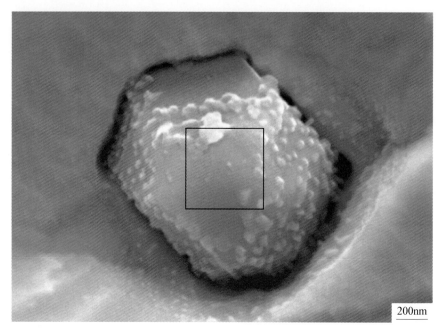

成分（wt%）：Al_2O_3 91.61%，MgO 8.39%

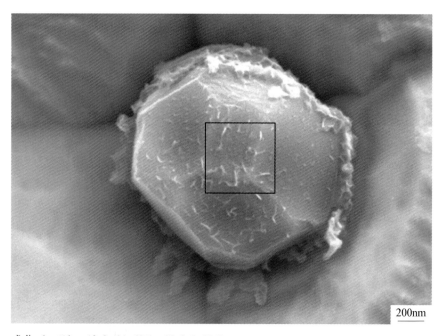

成分（wt%）：Al_2O_3 91.62%，MgO 8.38%

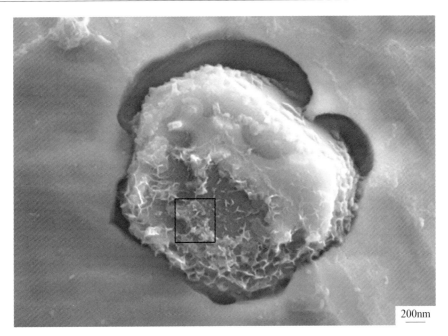

成分（wt%）：Al_2O_3 93.77%，MgO 6.23%

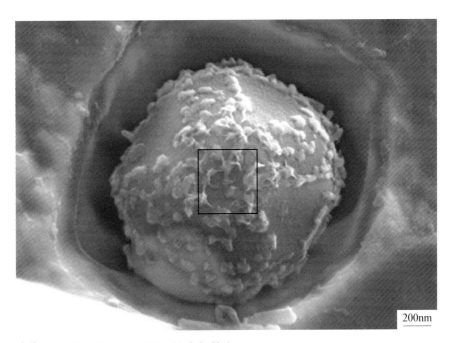

成分（wt%）：Al_2O_3 91.41%，MgO 8.59%

成分（wt%）：Al₂O₃ 100%

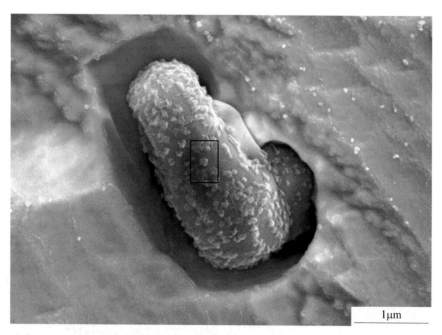

成分（wt%）：Al₂O₃ 90.60%，MgO 9.40%

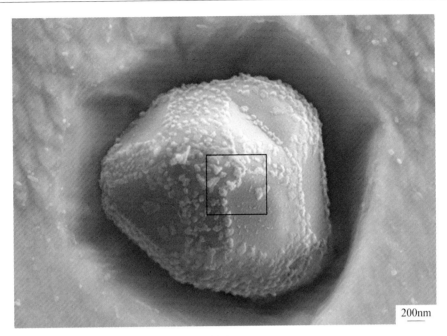

成分（wt%）：Al_2O_3 90.47%，MgO 9.53%

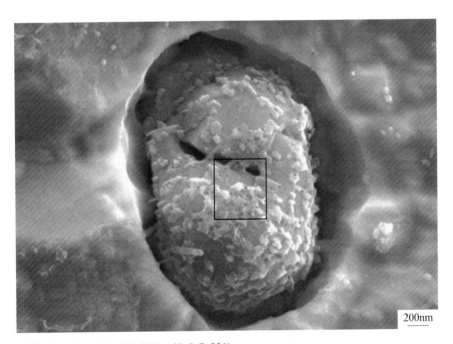

成分（wt%）：Al_2O_3 92.67%，MgO 7.33%

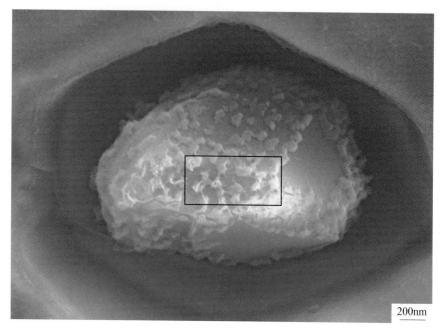

成分（wt%）：Al_2O_3 91.40%，MgO 8.60%

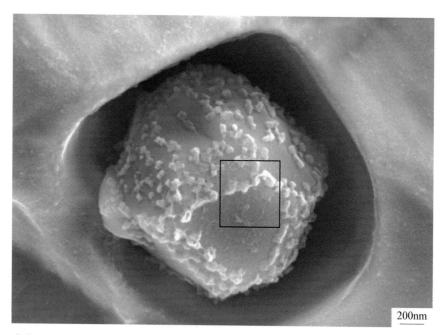

成分（wt%）：Al_2O_3 92.76%，MgO 7.24%

4.11　连铸中间包钢中非金属夹杂物（有机溶液电解）

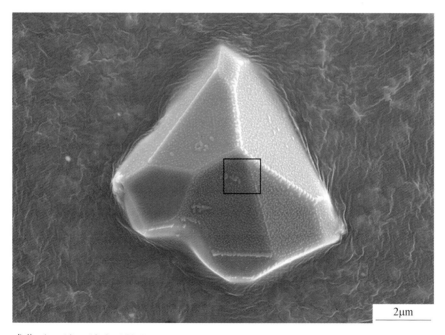

成分（wt%）：Al$_2$O$_3$ 100%

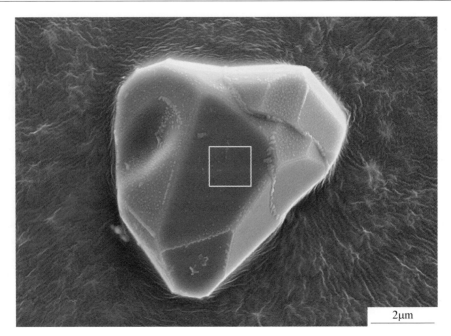

成分（wt%）：Al$_2$O$_3$ 100%

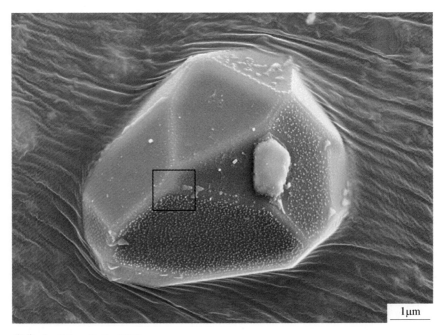

成分（wt%）：Al$_2$O$_3$ 100%

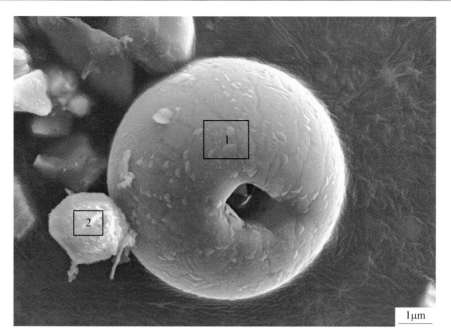

成分（wt%）：

1. Al$_2$O$_3$ 100%

2. Al$_2$O$_3$ 93.14%，MgO 6.86%

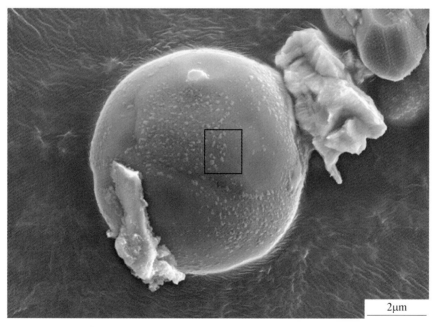

成分（wt%）：Al$_2$O$_3$ 90.87%，MgO 9.13%

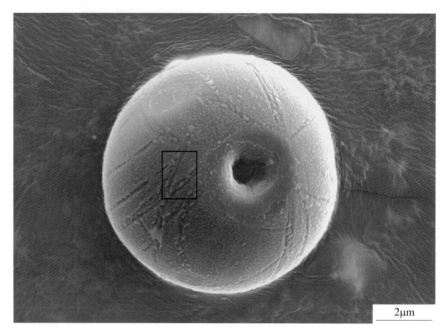

成分（wt%）：Al_2O_3 93.53%，MgO 6.47%

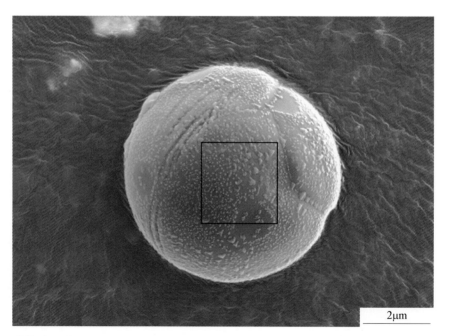

成分（wt%）：Al_2O_3 90.98%，MgO 9.02%

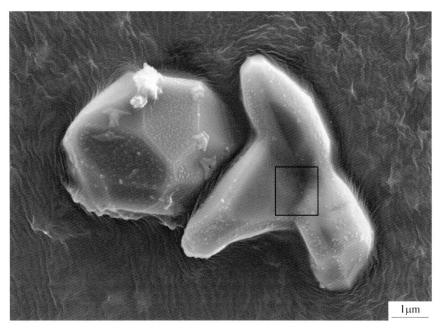

成分（wt%）：Al_2O_3 91.02%，MgO 8.98%

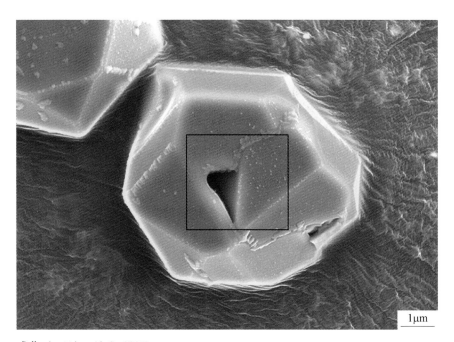

成分（wt%）：Al_2O_3 100%

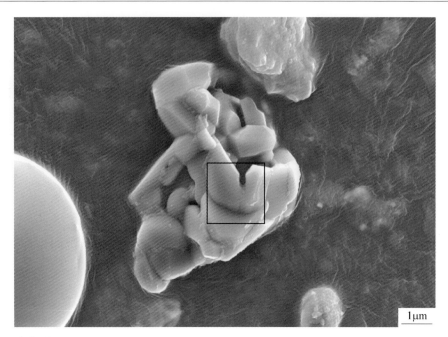

成分（wt%）：Al_2O_3 100%

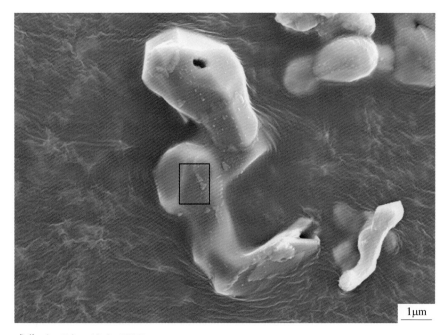

成分（wt%）：Al_2O_3 100%

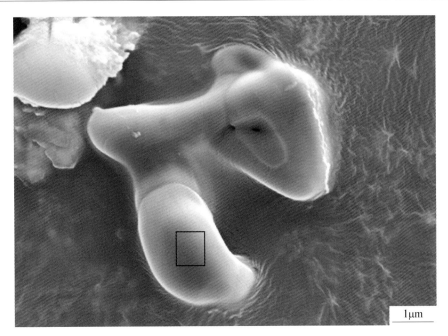

成分（wt%）：Al_2O_3 100%

4.12　连铸坯中非金属夹杂物和析出相（传统抛光观察）

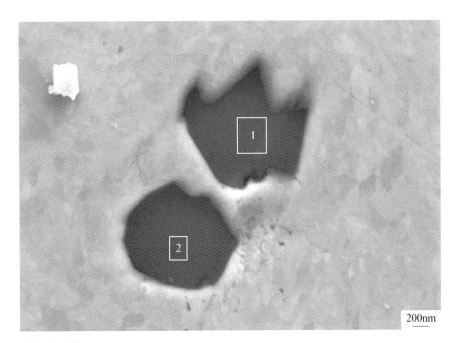

成分（wt%）：

1. Al_2O_3 95.73%，MgO 3.15%，CaO 1.12%

2. Al_2O_3 96.75%，MgO 3.25%

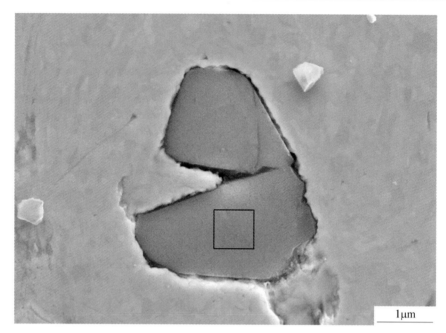

成分（wt%）：Al$_2$O$_3$ 89.97%，MgO 10.03%

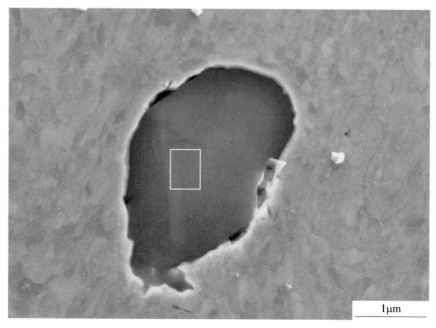

成分（wt%）：Al$_2$O$_3$ 94.36%，MgO 5.64%

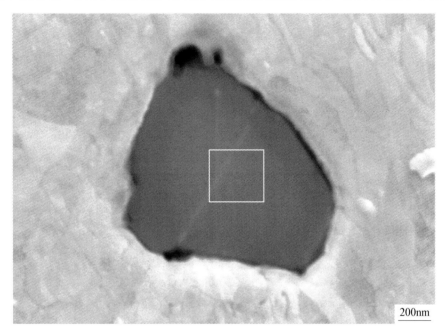

成分（wt%）：Al_2O_3 96.92%，MgO 3.08%

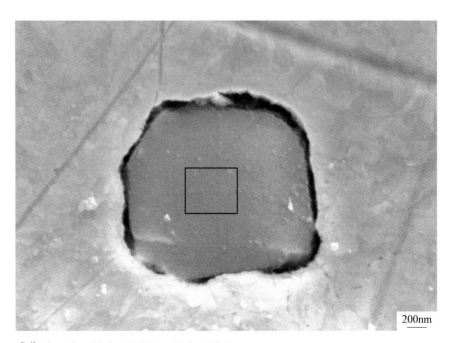

成分（wt%）：Al_2O_3 95.08%，MgO 4.92%

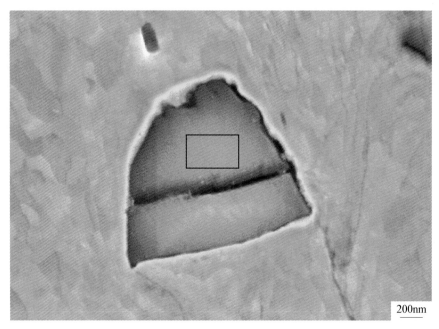

成分（wt%）：Al$_2$O$_3$ 89.43%，MgO 10.57%

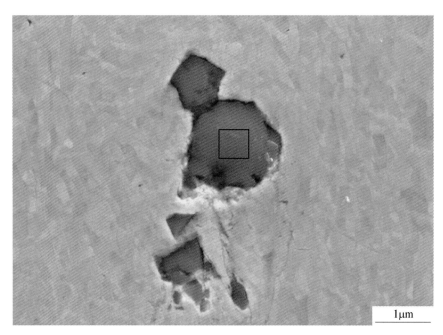

成分（wt%）：Al$_2$O$_3$ 100%

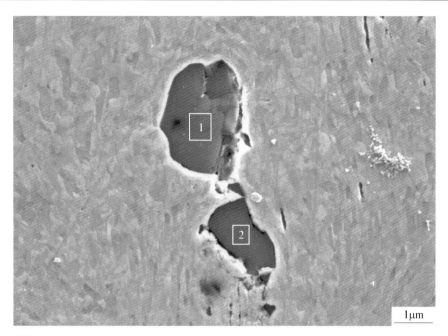

成分（wt%）：

1. Al_2O_3 93.6%，MgO 6.4%

2. Al_2O_3 93.55%，MgO 6.45%

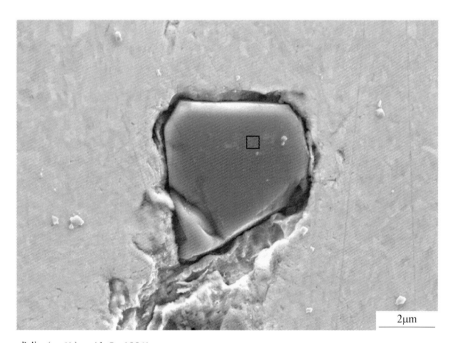

成分（wt%）：Al_2O_3 100%

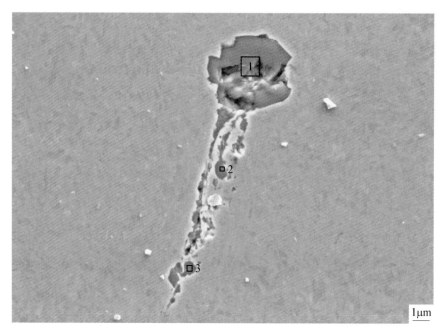

成分（wt%）：

1. Al_2O_3 100%

2. Al_2O_3 100%

3. Al_2O_3 100%

4.13　连铸坯中非金属夹杂物和析出相（酸蚀）

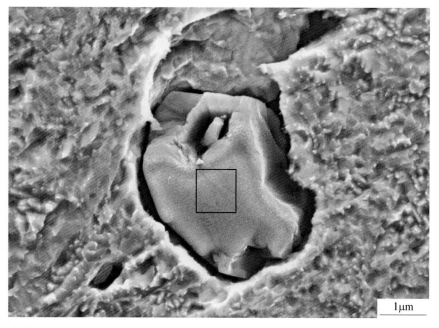

成分（wt%）：Al_2O_3 100%

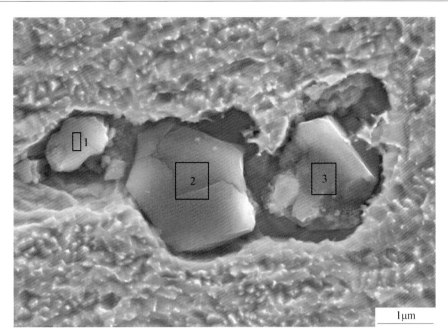

成分（wt%）：

1. Al$_2$O$_3$ 100%

2. Al$_2$O$_3$ 100%

3. Al$_2$O$_3$ 100%

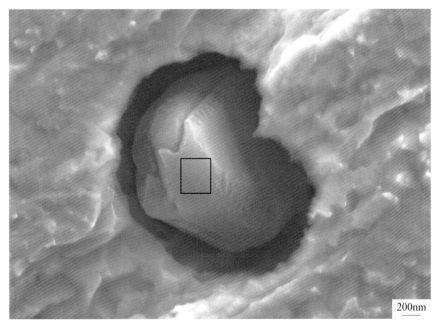

成分（wt%）：Al$_2$O$_3$ 92.71%，MgO 7.29%

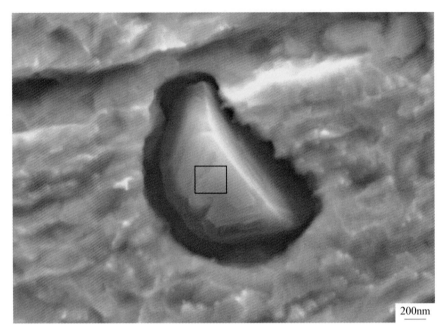

成分（wt%）：Al$_2$O$_3$ 95.41%，MgO 4.59%

成分（wt%）：Al$_2$O$_3$ 96.86%，MgO 3.14%

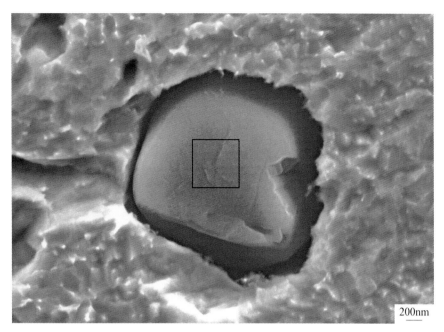

成分（wt%）：Al_2O_3 100%

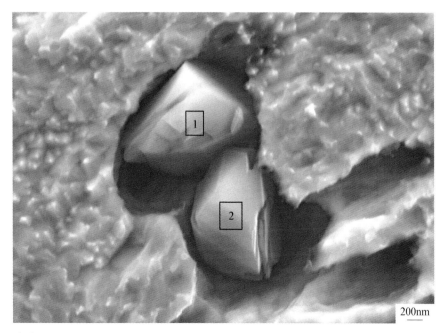

成分（wt%）：
1. Al_2O_3 90.22%，MgO 9.78%
2. Al_2O_3 88.07%，MgO 11.93%

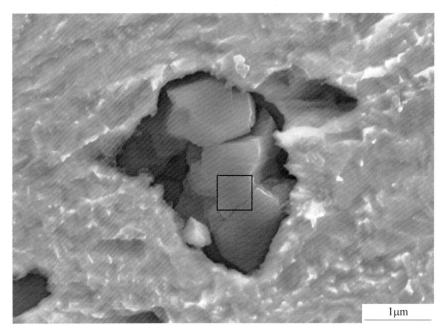

成分（wt%）：Al_2O_3 100%

成分（wt%）：Al_2O_3 96. 82%，MgO 3. 18%

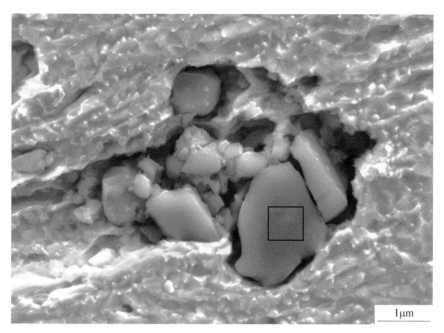

成分（wt%）：Al$_2$O$_3$ 100%

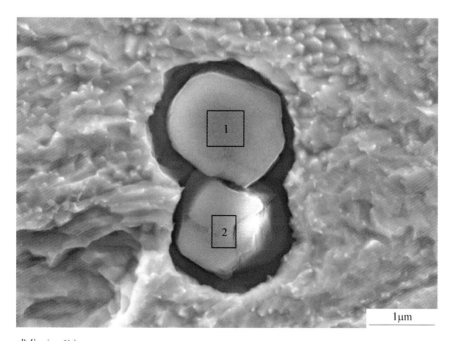

成分（wt%）：

1. Al$_2$O$_3$ 95.49%，MgO 4.51%

2. Al$_2$O$_3$ 89.12%，MgO 10.88%

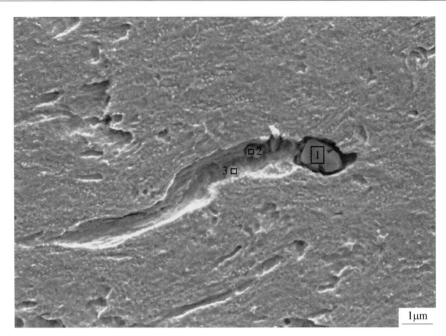

成分（wt%）：

1. Al$_2$O$_3$ 96.09%，MgO 3.91%

2. Al$_2$O$_3$ 100%

3. Al$_2$O$_3$ 95.74%，MgO 4.26%

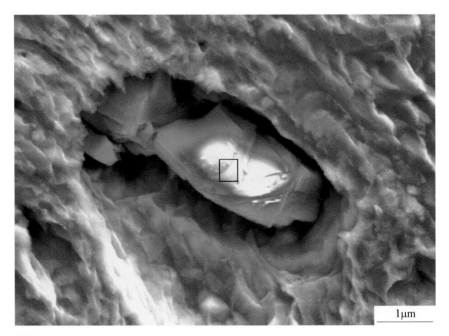

成分（wt%）：Al$_2$O$_3$ 93.58%，MgO 6.42%

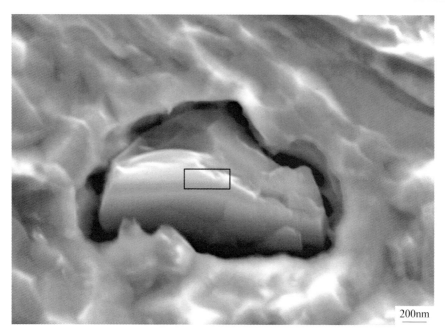

成分（wt%）：Al_2O_3 96.61%，MgO 3.39%

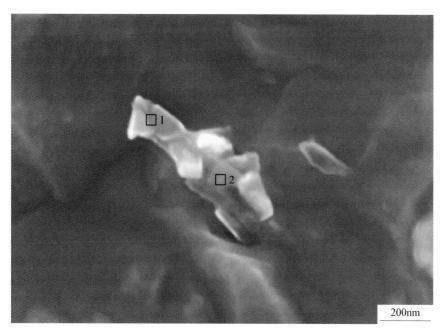

wt%	N	Al	S	Si	Mn	Fe	种类
1	1.26	1.1	3.11	0.87	2.29	91.37	AlN-MnS
2	1.62	0.59	4.69	1.04	1.18	90.88	AlN-MnS

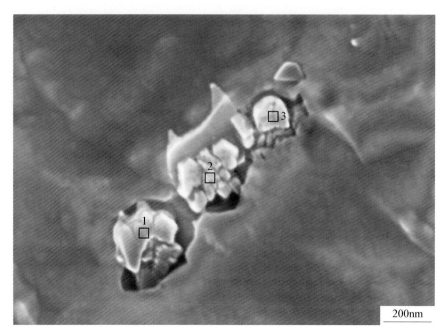

wt%	N	Al	S	Si	Mn	Fe	种类
1	1.97	4.09	0	0.99	0	92.95	AlN
2	0.52	2.73	2.27	1.02	6.83	86.64	AlN-MnS
3	1.69	4.4	0.5	1.38	2.96	89.07	AlN-MnS

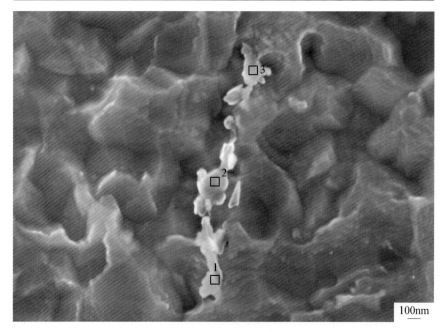

wt%	N	Al	S	Si	Mn	Fe	种类
1	0.73	1.82	1.88	0.83	2.20	92.54	AlN-MnS
2	0.99	2.38	1.33	1.01	0.39	93.90	AlN-MnS
3	0.75	2.49	2.12	0.94	5.52	88.17	AlN-MnS

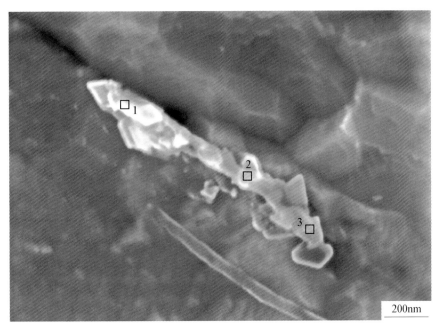

wt%	N	Al	S	Si	Mn	Fe	种类
1	3.26	5.61	1.04	0.96	2.35	86.77	AlN-MnS
2	0.03	0.68	0	1.07	0	98.22	AlN
3	0.74	1.67	0	1.04	0	96.55	AlN

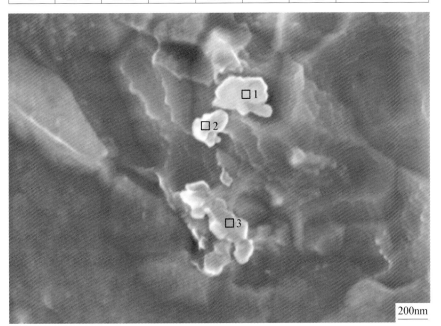

wt%	N	Al	S	Si	Mn	Fe	种类
1	0.95	2.87	1.52	1.07	1.79	91.80	AlN
2	3.30	4.19	3.53	0.92	7.88	80.18	AlN-MnS
3	1.74	3.70	4.27	0.88	6.86	82.55	AlN-MnS

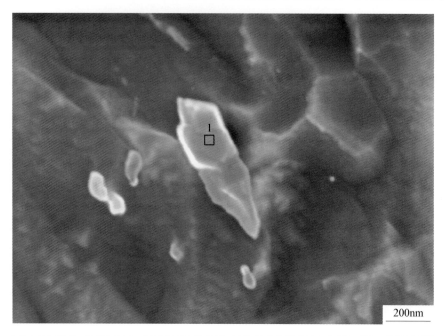

wt%	N	Al	S	Si	Mn	Fe	种类
1	4.04	7.27	0.49	1.09	0	87.11	AlN

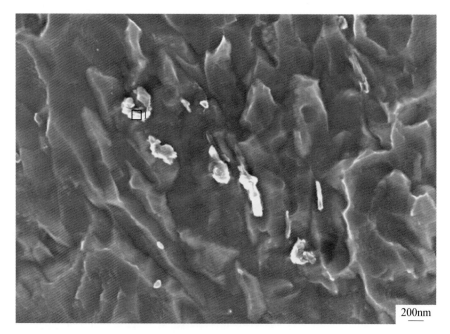

wt%	N	Al	S	Si	Mn	Fe	种类
1	2	3.89	1.66	1.06	1.36	90.04	AlN-MnS

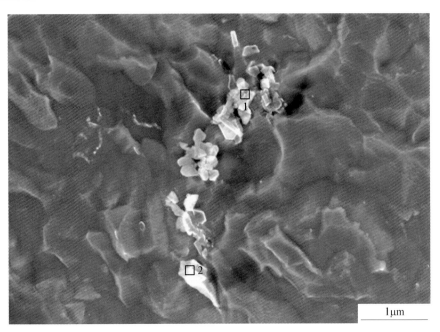

wt%	N	Al	S	Si	Mn	Fe	种类
1	6. 33	11. 63	2. 63	1. 04	2. 97	75. 40	AlN-MnS
2	6. 33	11. 74	1. 53	0. 88	2. 41	77. 12	AlN-MnS

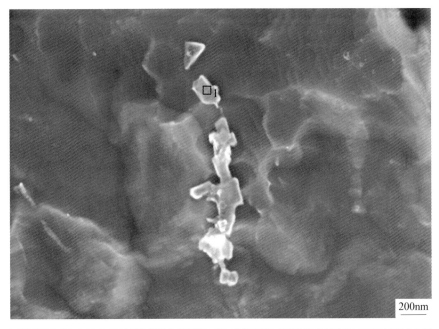

wt%	N	Al	S	Si	Mn	Fe	种类
1	2. 17	4. 49	0. 46	0. 97	0	91. 91	AlN

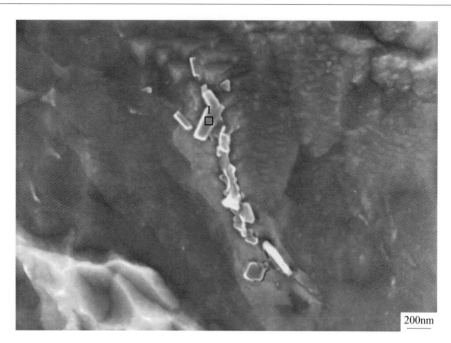

wt%	N	Al	S	Si	Mn	Fe	种类
1	2. 23	4. 19	1. 04	1. 12	0. 66	90. 76	AlN-MnS

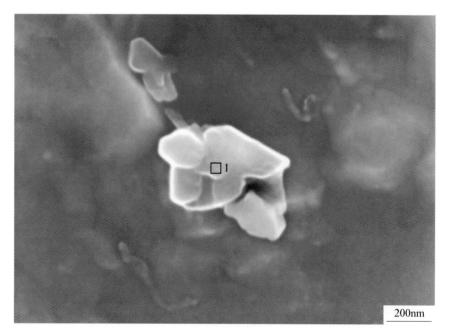

wt%	N	Al	S	Si	Mn	Fe	种类
1	5. 23	11. 93	1. 30	0. 98	2. 80	77. 76	AlN-MnS

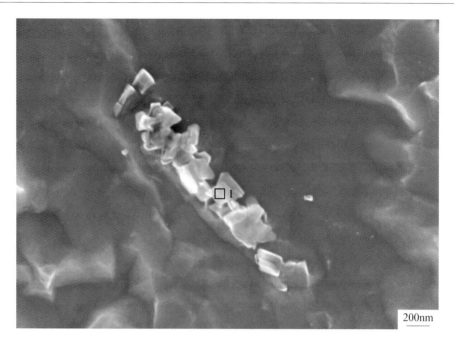

wt%	N	Al	S	Si	Mn	Fe	种类
1	3.96	7.12	0.81	1.19	4.47	82.45	AlN-MnS

4.14 连铸坯中非金属夹杂物和析出相（有机溶液电解侵蚀）

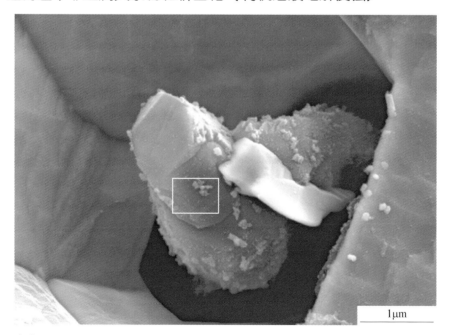

成分（wt%）：Al$_2$O$_3$ 95.91%，MgO 4.09%

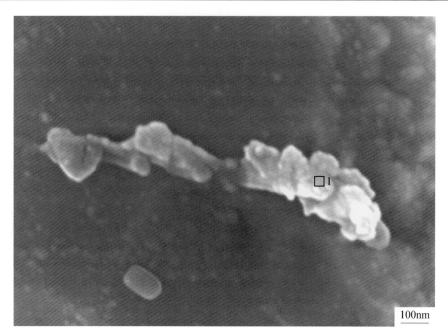

wt%	N	Al	S	Si	Mn	Fe	Cu	种类
1	2.35	3.62	2.63	0.86	0	70.73	19.81	AlN-CuS

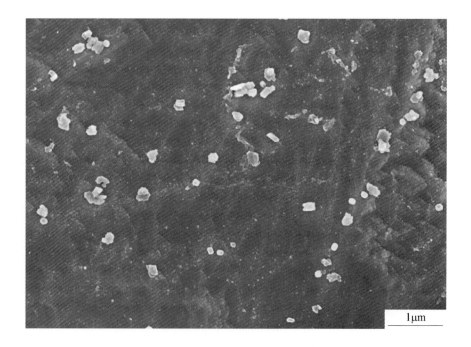

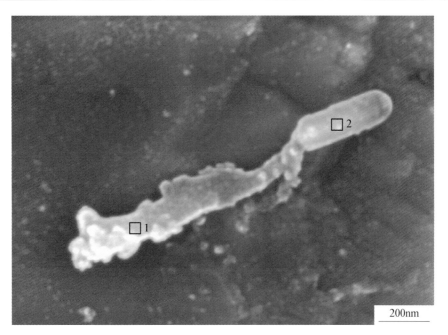

wt%	N	Al	S	Si	Mn	Fe	Cu	种类
1	2.16	4.20	5.37	1.03	9.06	75.70	2.48	AlN-(Mn, Cu)S
2	0	0	4.02	0.76	2.44	92.78	0	MnS

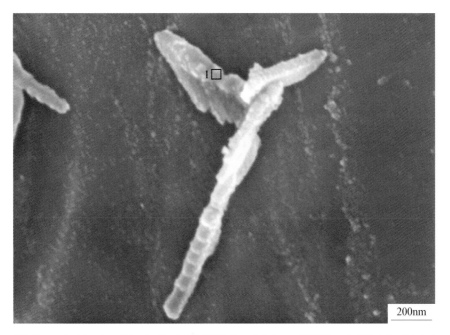

wt%	N	Al	S	Si	Mn	Fe	Cu	种类
1	2.81	6.77	0.87	1.23	0	84.56	3.76	AlN-(Mn, Cu)S

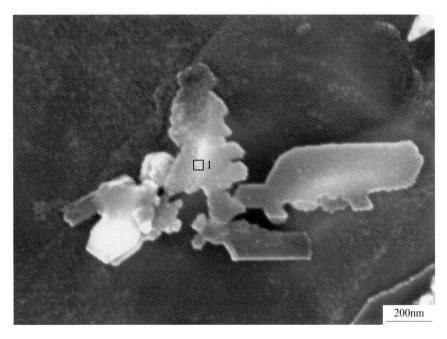

wt%	N	Al	S	Si	Mn	Fe	Cu	种类
1	1.64	3.14	1.59	0.85	2.80	89.98	0	AlN-MnS

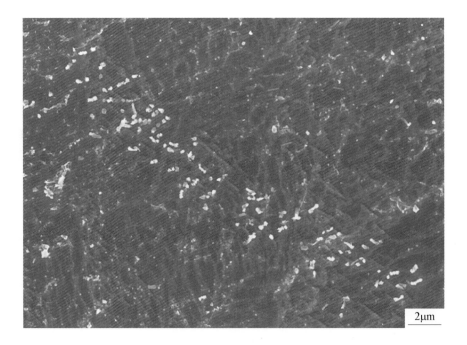

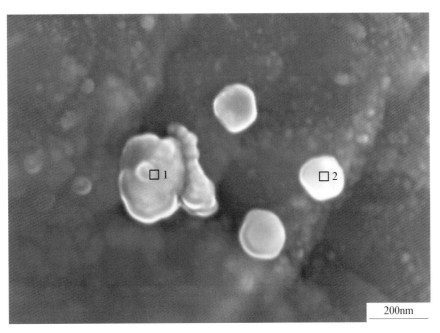

wt%	N	Al	S	Si	Mn	Fe	Cu	种类
1	5.16	6.00	4.10	1.31	0.17	77.95	5.32	AlN-(Mn，Cu)S
2	0.00	0.00	6.42	1.02	4.45	74.44	13.67	(Mn，Cu)S

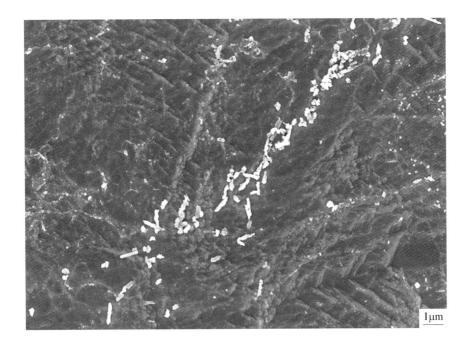

wt%	N	O	S	Mg	Al	Si	Mn	Fe	Cu	种类
1	0.00	45.80	0.00	1.87	52.33	0.00	0.00	0.00	0.00	Al_2O_3-MgO
2	9.35	20.84	4.45	2.08	33.75	0.00	5.57	23.96	0.00	AlN-MnS

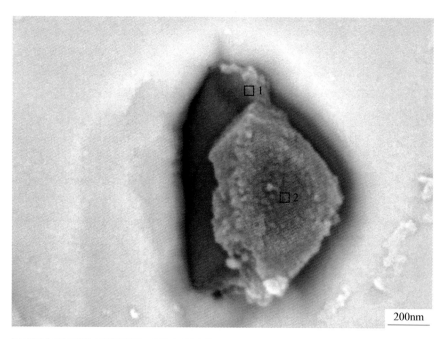

wt%	N	O	S	Mg	Al	Si	Mn	Fe	Cu	种类
1	0.00	14.10	2.40	0.00	17.99	0.73	7.28	57.50	0.00	Al_2O_3
2	11.46	12.54	0.71	0.00	37.09	0.00	0.00	38.20	0.00	AlN

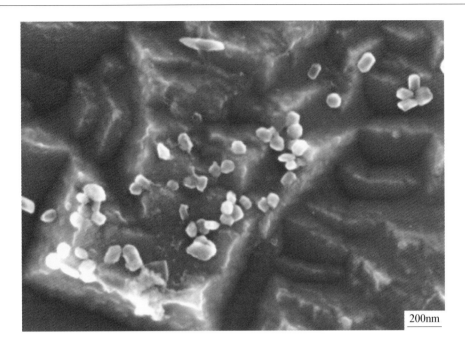

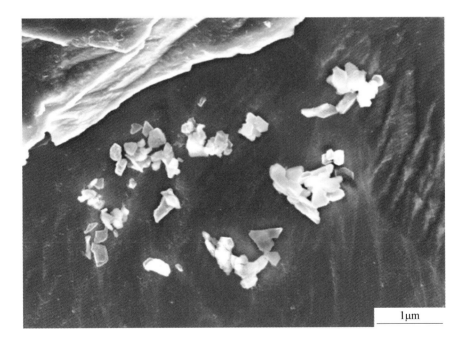

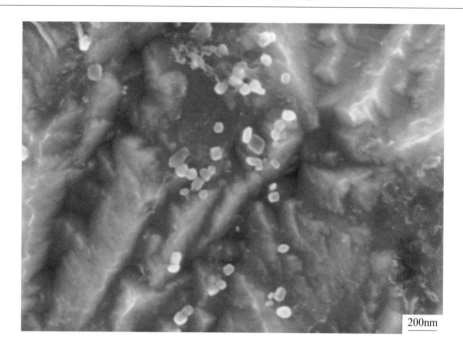

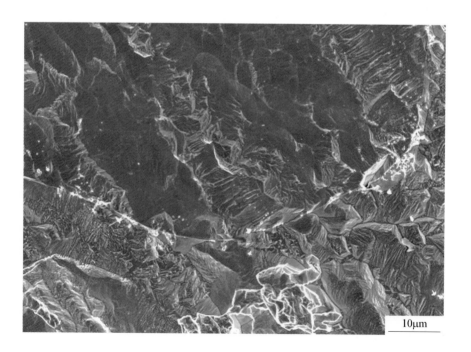

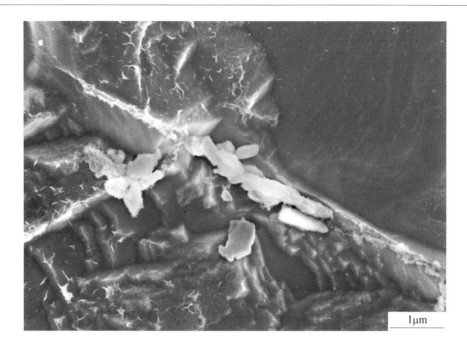

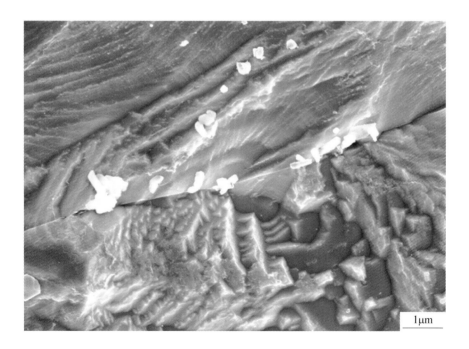

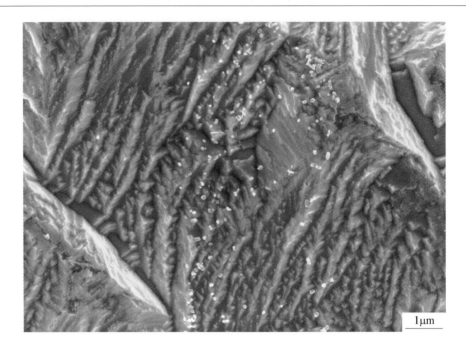

4.15   连铸坯中非金属夹杂物和析出相（有机溶液电解）

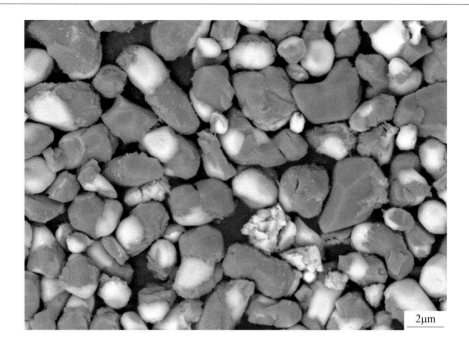

2μm

2μm

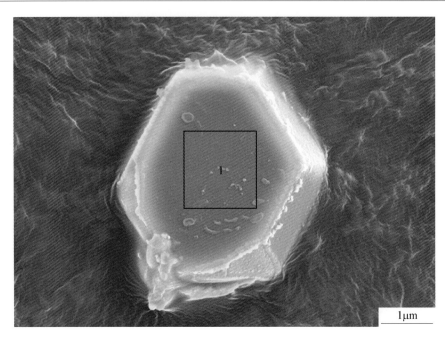

wt%	O	Mg	Al	Ca	S	Mn	Cu	种类
1	48.37	0.00	51.63	0.00	0.00	0.00	0.00	Al_2O_3

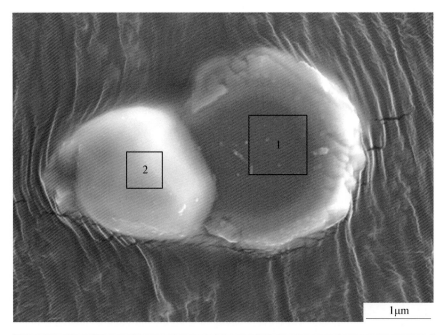

wt%	O	Mg	Al	Ca	S	Mn	Cu	种类
1	44.13	2.55	53.32	0.00	0.00	0.00	0.00	Al_2O_3
2	0.00	12.27	1.88	0.00	36.57	49.28	0.00	$(Mn, Mg)S$

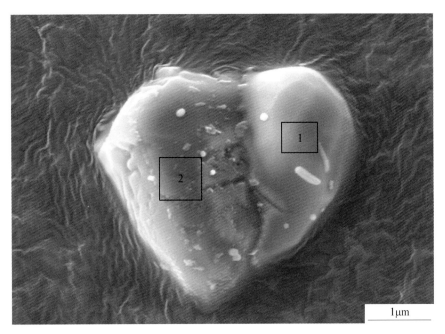

wt%	O	Mg	Al	Ca	S	Mn	Cu	种类
1	3.67	12.12	3.84	1.37	45.69	33.31	0.00	（Mn，Mg）S
2	47.17	6.16	46.67	0.00	0.00	0.00	0.00	Al_2O_3（MgO）

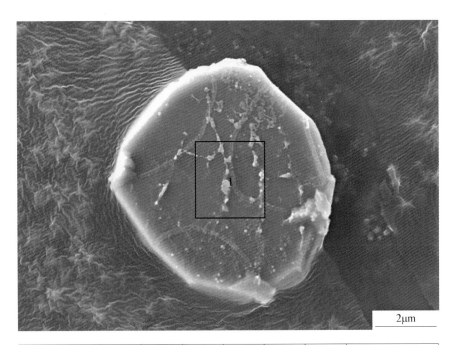

wt%	O	Mg	Al	Ca	S	Mn	Cu	种类
1	48.59	0.00	51.41	0.00	0.00	0.00	0.00	Al_2O_3

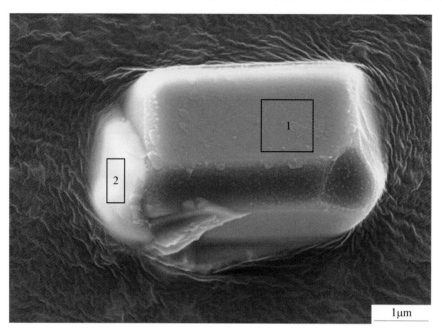

wt%	O	Mg	Al	Ca	S	Mn	Cu	种类
1	51.33	0.00	48.67	0.00	0.00	0.00	0.00	Al_2O_3
2	11.36	0.00	8.55	0.00	19.50	57.77	2.81	（Mn，Cu）S

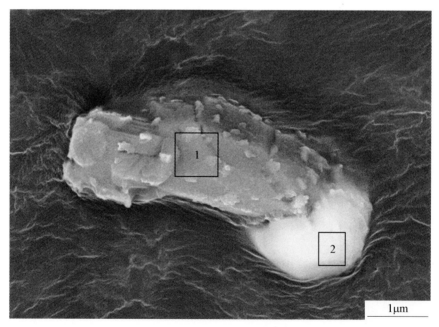

wt%	O	Mg	Al	Ca	S	Mn	Cu	种类
1	48.92	3.27	47.81	0.00	0.00	0.00	0.00	Al_2O_3
2	7.42	10.59	5.58	0.00	43.17	33.24	0.00	（Mn，Mg）S

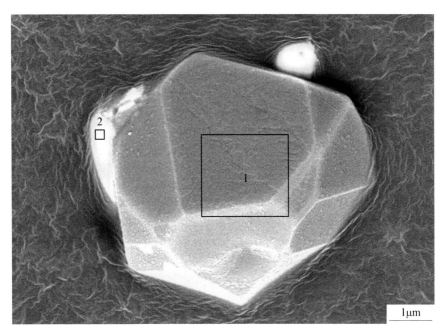

wt%	O	Mg	Al	Ca	S	Mn	Cu	种类
1	48.92	3.27	47.81	0.00	0.00	0.00	0.00	$Al_2O_3(MgO)$
2	16.84	1.40	15.84	0.00	17.38	48.53	0.00	MnS

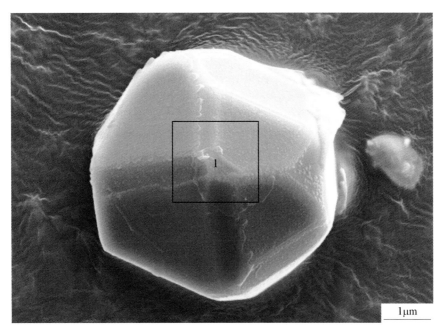

wt%	O	Mg	Al	Ca	S	Mn	Cu	种类
1	54.08	0.00	45.92	0.00	0.00	0.00	0.00	Al_2O_3

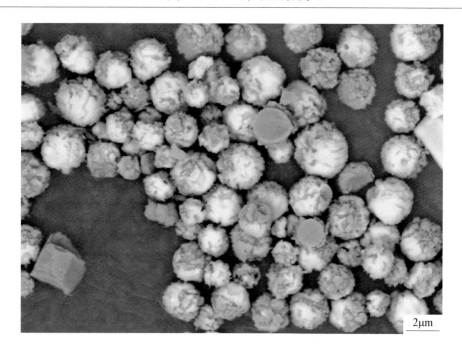

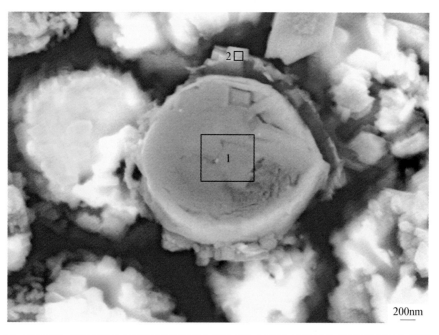

wt%	N	O	Mg	Al	Si	S	Ca	Mn	Cu	种类
1	0.00	47.74	3.02	49.24	0.00	0.00	0.00	0.00	0.00	$Al_2O_3(MgO)$
2	21.23	20.04	0.62	40.15	0.82	7.77	4.38	4.98	0.00	AlN-(Ca, Mn)S

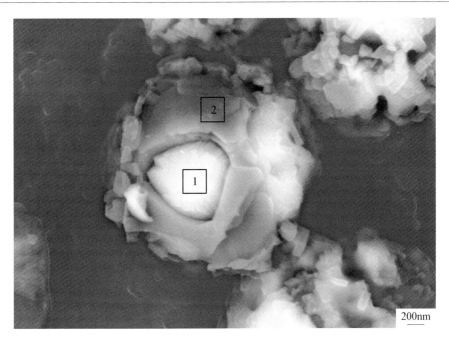

wt%	N	O	Mg	Al	Si	S	Ca	Mn	Cu	种类
1	0.00	24.64	0.00	18.00	0.00	24.38	32.97	0.00	0.00	CaS
2	0.00	51.67	1.42	43.50	0.00	0.00	3.41	0.00	0.00	Al_2O_3

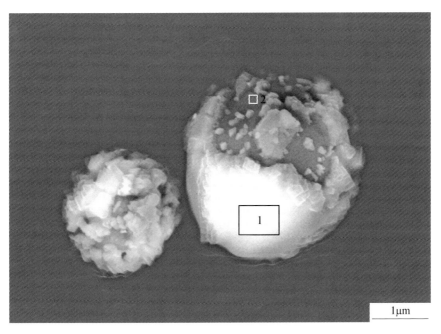

wt%	N	O	Mg	Al	Si	S	Ca	Mn	Cu	种类
1	0.00	5.96	0.00	2.11	0.00	39.25	52.67	0.00	0.00	CaS
2	0.00	45.58	0.92	49.19	0.00	0.00	4.32	0.00	0.00	Al_2O_3

4.16 热轧中间坯中非金属夹杂物和析出相（传统抛光观察）

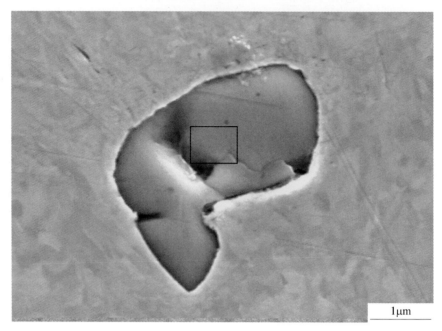

成分（wt%）：Al_2O_3 100%

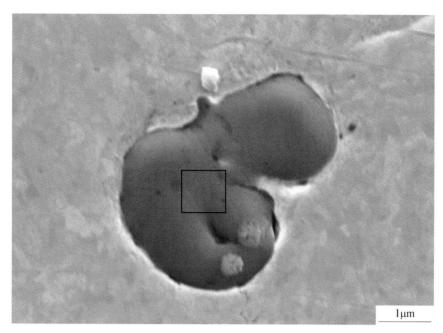

成分（wt%）：Al$_2$O$_3$ 100%

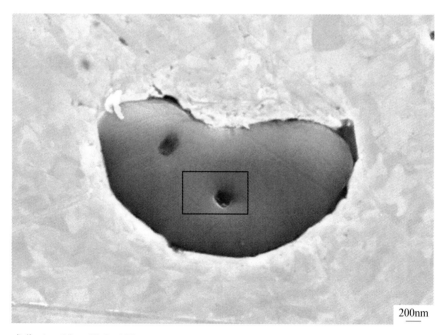

成分（wt%）：Al$_2$O$_3$ 100%

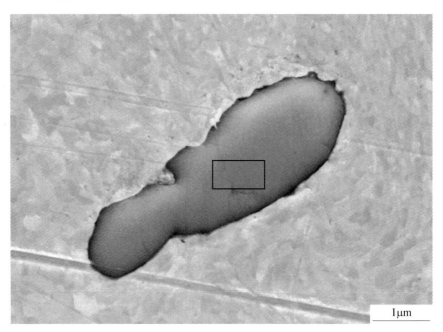

成分（wt%）：Al$_2$O$_3$ 100%

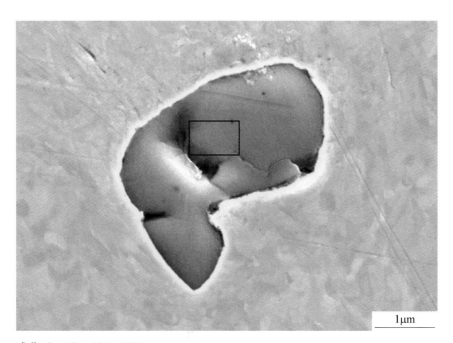

成分（wt%）：Al$_2$O$_3$ 100%

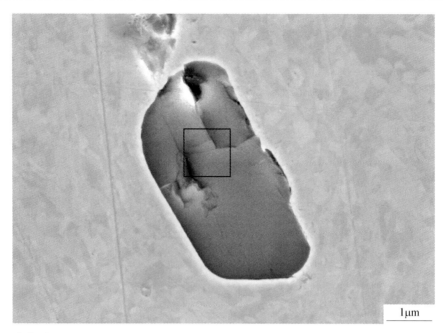

成分（wt%）：Al_2O_3 100%

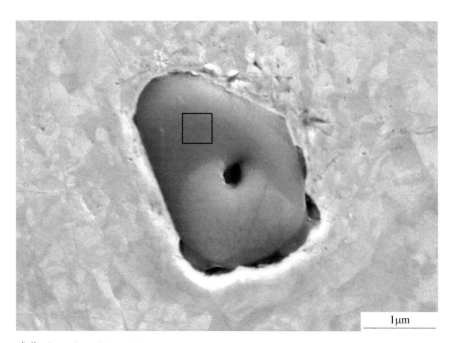

成分（wt%）：Al_2O_3 100%

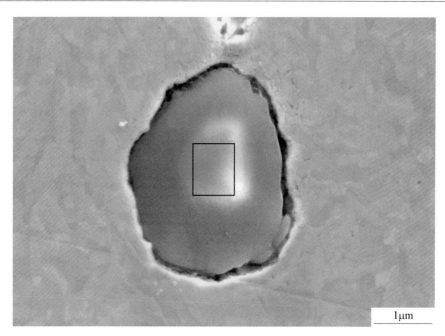

成分（wt%）：Al$_2$O$_3$ 100%

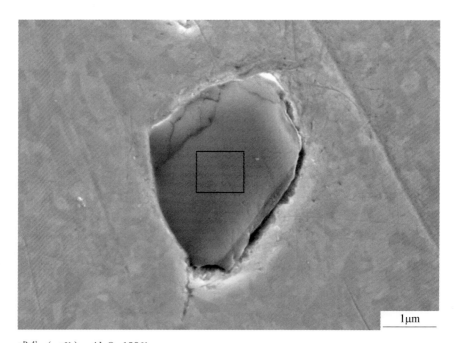

成分（wt%）：Al$_2$O$_3$ 100%

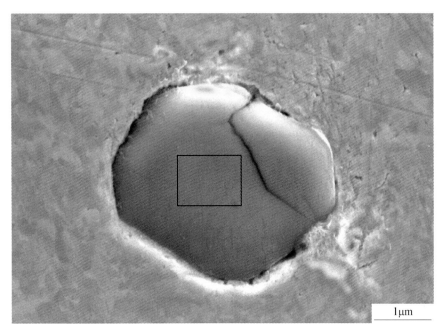

成分（wt%）：Al_2O_3 100%

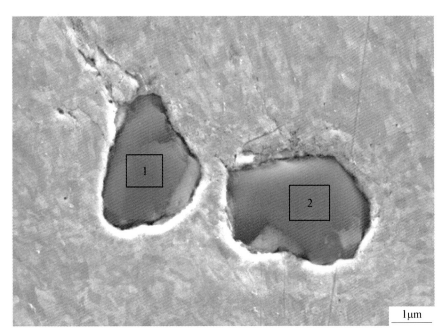

成分（wt%）：
1. Al_2O_3 98.18%， MgO 1.82%
2. Al_2O_3 100%

4.17　热轧中间坯中非金属夹杂物和析出相（酸蚀）

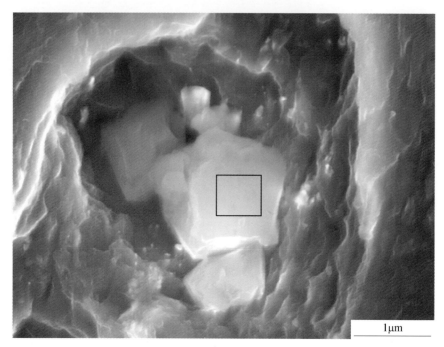

成分（wt%）：Al$_2$O$_3$ 100%

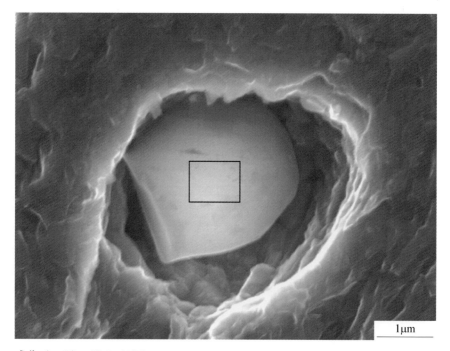

成分（wt%）：Al$_2$O$_3$ 100%

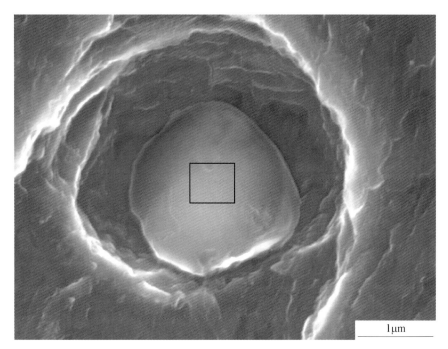

成分（wt%）：Al_2O_3 100%

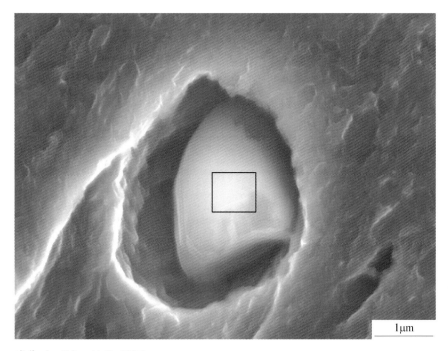

成分（wt%）：Al_2O_3 100%

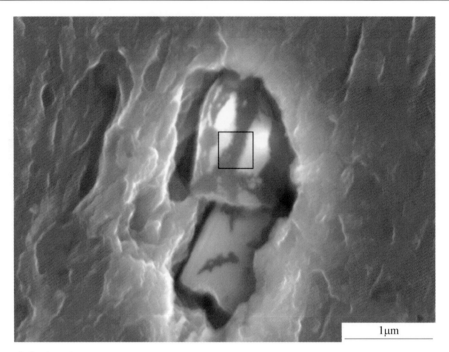

成分（wt%）：Al$_2$O$_3$ 100%

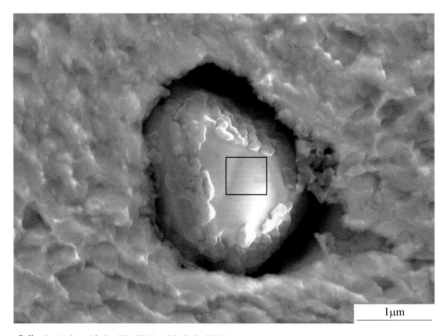

成分（wt%）：Al$_2$O$_3$ 97.50%，MgO 2.50%

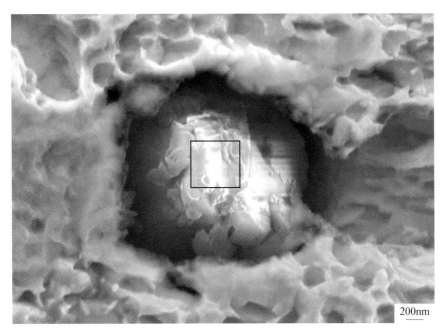

成分（wt%）：Al$_2$O$_3$ 100%

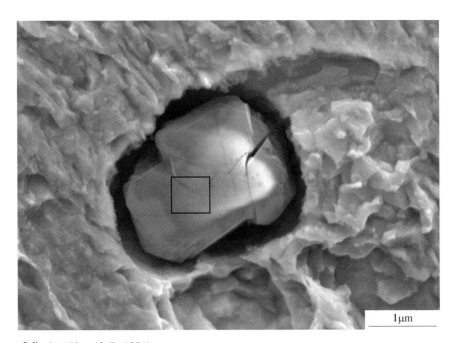

成分（wt%）：Al$_2$O$_3$ 100%

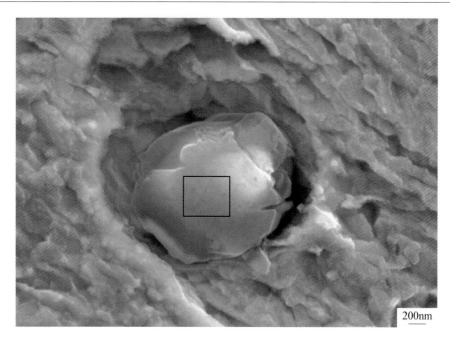

成分（wt%）：Al$_2$O$_3$ 100%

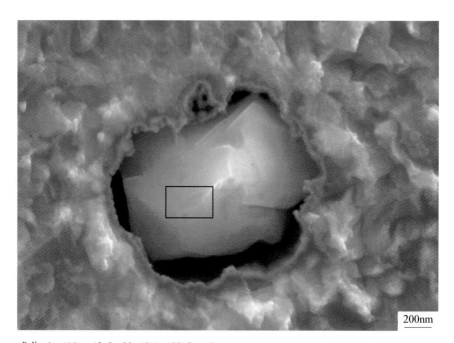

成分（wt%）：Al$_2$O$_3$ 98.49%，MgO 1.51%

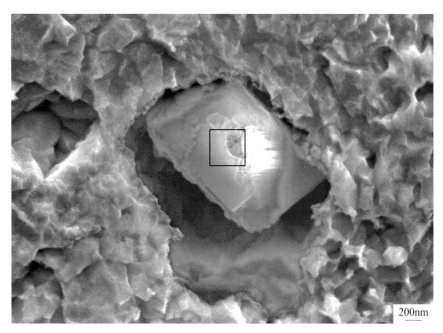

成分（wt%）：Al$_2$O$_3$ 97.39%，MgO 2.61%

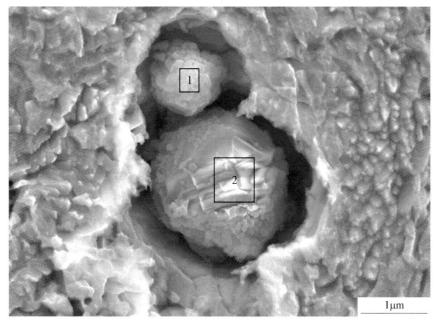

成分（wt%）：

1. Al$_2$O$_3$ 98.23%，MgO 1.77%

2. Al$_2$O$_3$ 100%

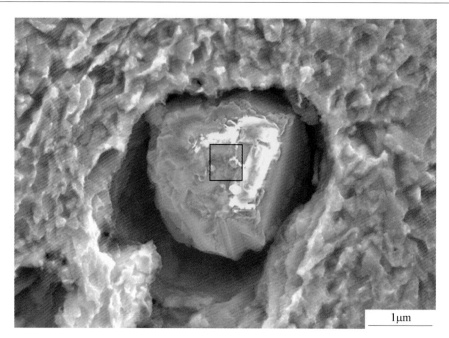

成分（wt%）：Al$_2$O$_3$ 100%

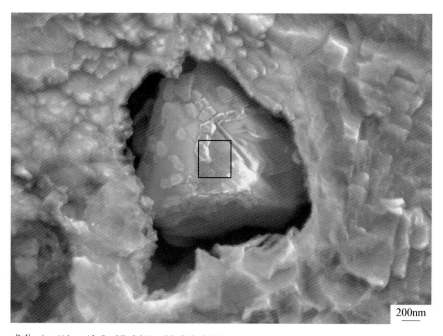

成分（wt%）：Al$_2$O$_3$ 97.96%，MgO 2.04%

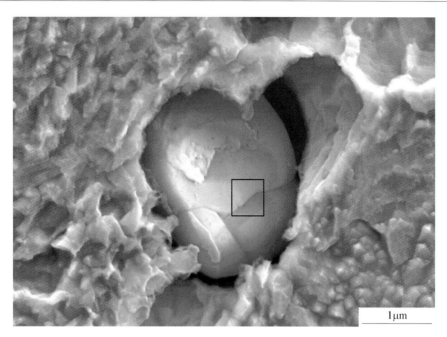

成分（wt%）：Al$_2$O$_3$ 100%

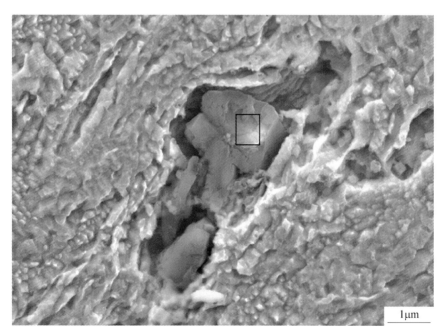

成分（wt%）：Al$_2$O$_3$ 100%

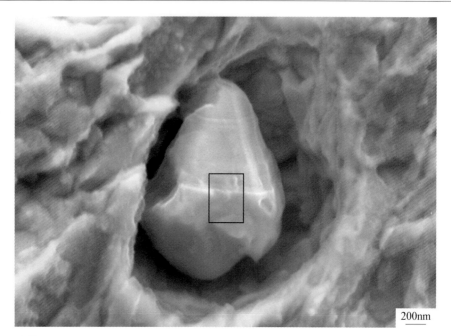

成分（wt%）：Al_2O_3 100%

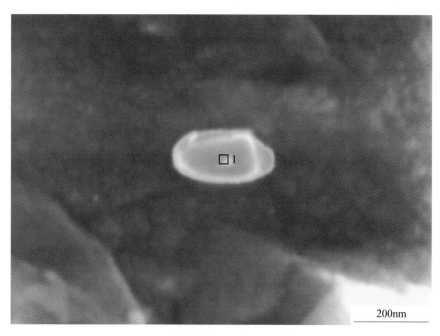

wt%	N	Al	S	Si	Mn	Fe	种类
1	0.00	0.00	2.13	0.00	1.91	95.96	MnS

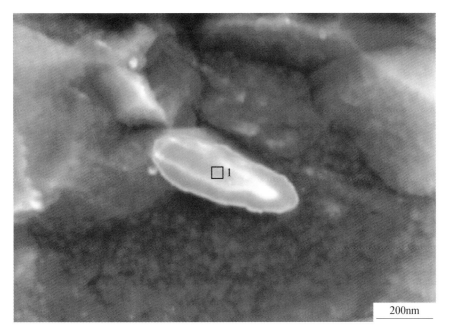

wt%	N	Al	S	Si	Mn	Fe	种类
1	0.00	0.00	2.92	0.00	3.04	94.04	MnS

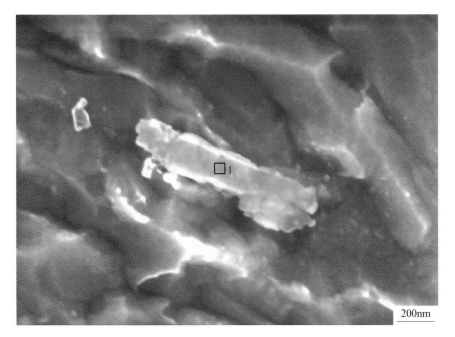

wt%	N	Al	S	Si	Mn	Fe	种类
1	4.46	9.44	1.34	0.00	1.83	82.93	AlN-MnS

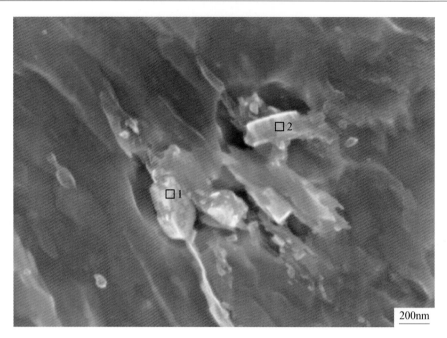

wt%	N	Al	S	Si	Mn	Fe	种类
1	8.49	19.22	0.64	0.00	0.00	71.65	AlN
2	8.28	13.23	0.00	0.00	0.00	78.49	AlN

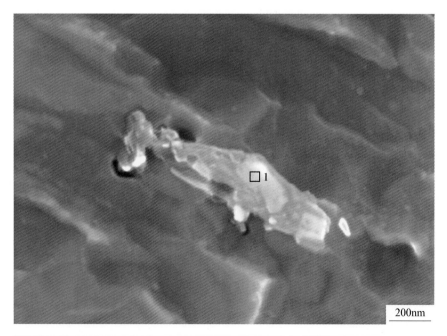

wt%	N	Al	S	Si	Mn	Fe	种类
1	1.26	3.61	3.58	0.34	8.65	82.56	AlN-MnS

wt%	N	Al	S	Si	Mn	Fe	种类
1	10.12	20.1	7.1	0.00	20.06	42.62	AlN-MnS
2	0.74	1.57	2.47	0.00	4.83	90.38	AlN-MnS

4.18 热轧中间坯中非金属夹杂物和析出相（有机溶液电解）

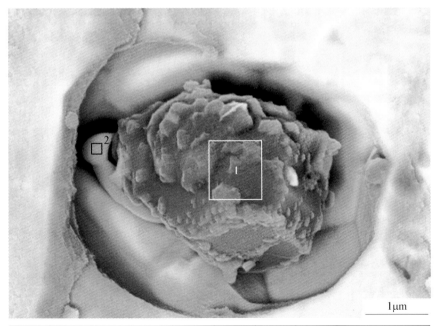

wt%	N	O	Mg	Al	Fe	S	Mn	种类
1	0.00	45.18	0.00	47.03	7.79	0.00	0.00	Al_2O_3
2	0.00	10.52	1.13	13.22	27.32	32.99	14.83	(Mn, Mg)S

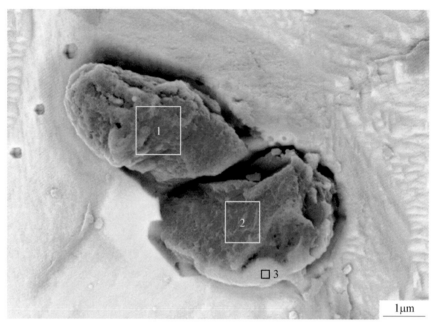

wt%	N	O	Mg	Al	Fe	S	Mn	种类
1	0.00	43.55	0.00	45.23	11.22	0.00	0.00	Al_2O_3
2	0.00	46.63	0.00	53.37	0.00	0.00	0.00	Al_2O_3
3	0.00	19.13	3.01	15.90	24.62	24.19	13.14	（Mn，Mg）S

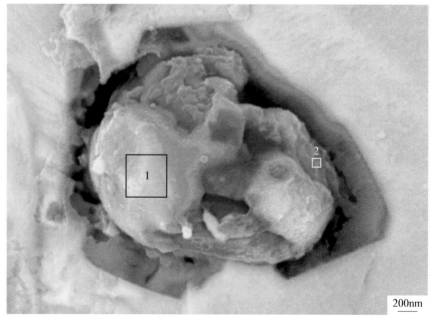

wt%	N	O	Mg	Al	Fe	S	Mn	种类
1	0.00	7.61	2.28	7.34	16.47	25.09	41.21	（Mn，Mg）S
2	0.00	32.52	0.00	32.68	34.02	0.78	0.00	Al_2O_3

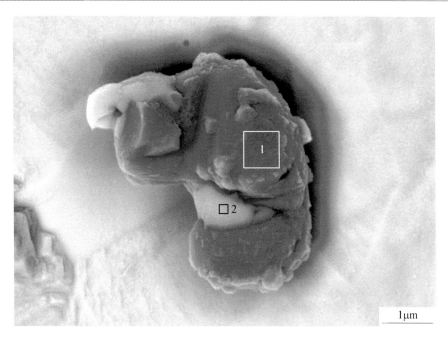

wt%	N	O	Mg	Al	Fe	S	Mn	种类
1	0.00	47.00	0.00	49.12	3.88	0.00	0.00	Al_2O_3
2	0.00	11.12	3.27	24.96	0.00	59.22	1.43	（Mn，Mg）S

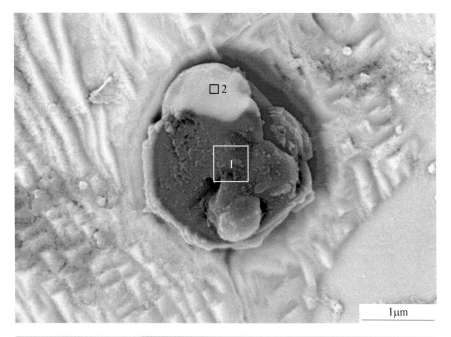

wt%	N	O	Mg	Al	Fe	S	Mn	种类
1	0.00	45.03	0.00	54.97	0.00	0.00	0.00	Al_2O_3
2	0.00	9.37	2.51	9.49	16.31	18.88	43.43	（Mn，Mg）S

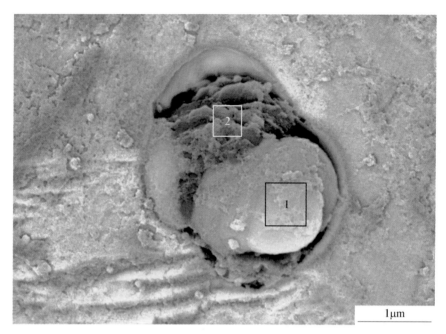

wt%	N	O	Mg	Al	Fe	S	Mn	种类
1	0.00	4.44	9.66	3.00	13.13	31.60	38.16	(Mn, Mg)S
2	0.00	43.96	1.75	40.19	13.51	0.59	0.00	$Al_2O_3(MgO)$

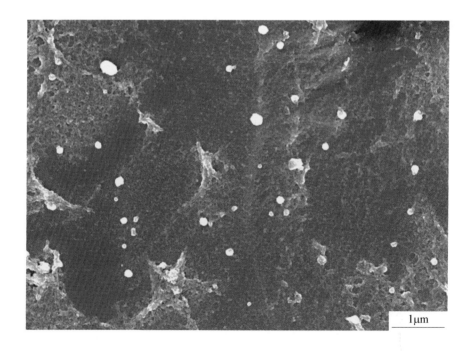

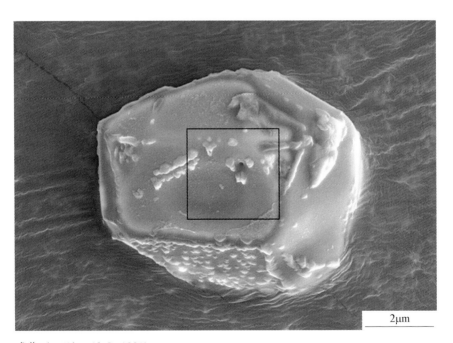

成分（wt%）：Al$_2$O$_3$ 100%

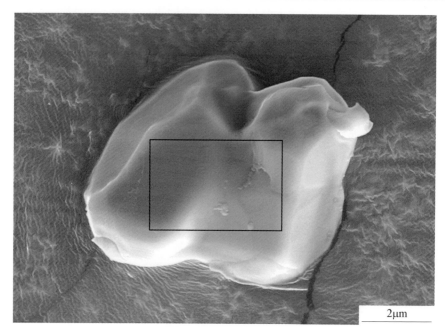

成分（wt%）：Al$_2$O$_3$ 100%

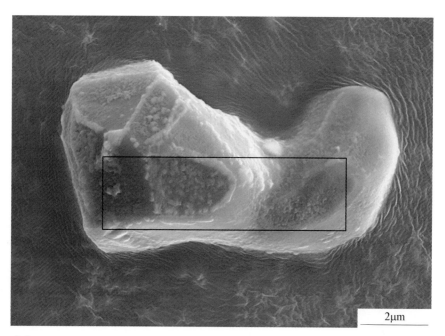

成分（wt%）：Al$_2$O$_3$ 100%

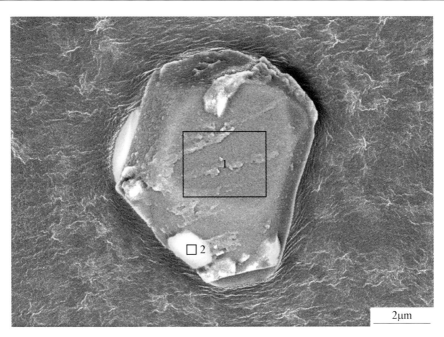

wt%	N	O	Mg	Al	S	Mn	Cu	种类
1	0.00	49.60	0.00	50.40	0.00	0.00	0.00	Al_2O_3
2	0.00	5.10	0.00	7.48	37.75	38.93	10.74	（Mn，Cu）S

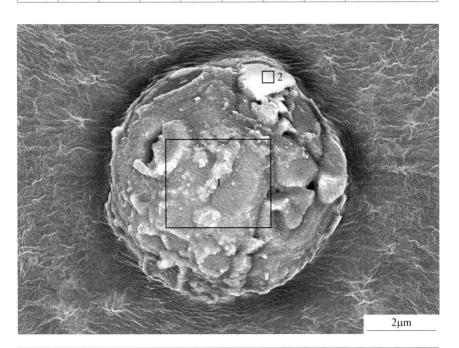

wt%	N	O	Mg	Al	S	Mn	Cu	种类
1	0.00	50.03	0.00	49.97	0.00	0.00	0.00	Al_2O_3
2	0.00	10.34	4.89	7.94	23.17	53.65	0.00	（Mn，Mg）S

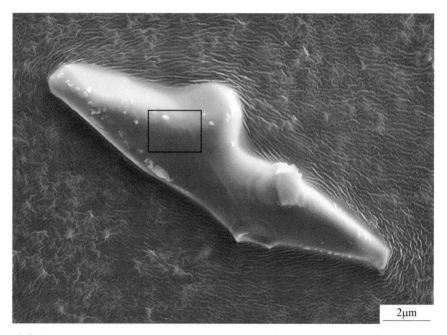

成分（wt%）：Al₂O₃ 100%

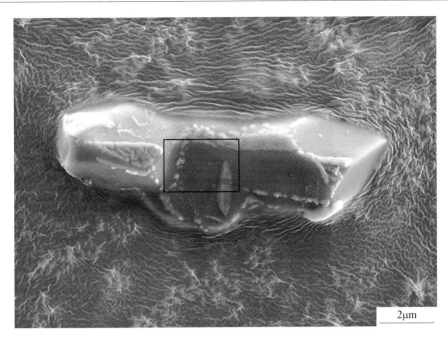

成分（wt%）：Al_2O_3 100%

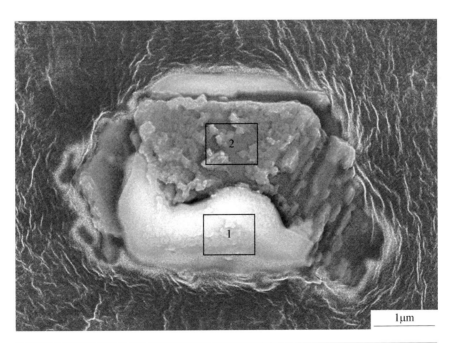

wt%	N	O	Mg	Al	S	Mn	Cu	种类
1	0.00	0.00	7.97	2.93	53.47	35.63	0.00	MnS
2	0.00	46.67	0	53.33	0.00	0.00	0.00	Al_2O_3

4.19　热轧板中非金属夹杂物和析出相（酸蚀）

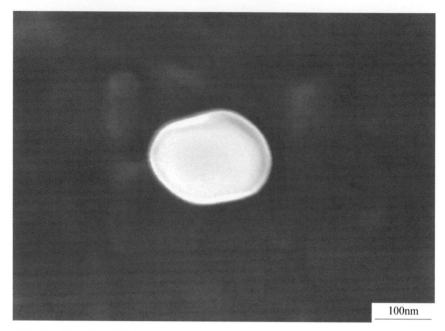

100nm

成分（wt%）：MnS 100%

200nm

成分（wt%）：MnS 100%

成分（wt%）：AlN 100%

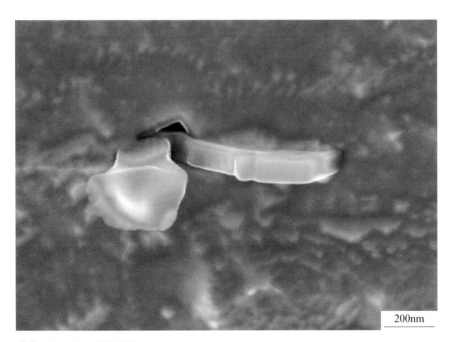

成分（wt%）：AlN 100%

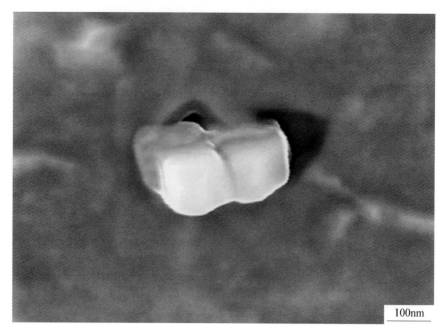

成分（wt%）：AlN 100%

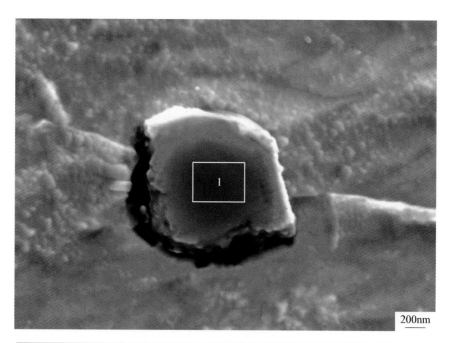

wt%	N	O	Mg	Al	Si	S	Ca	Mn	Fe	种类
1	0.00	48.11	1.77	49.16	0.00	0.00	0.96	0.00	0.00	Al_2O_3-MgO-CaO

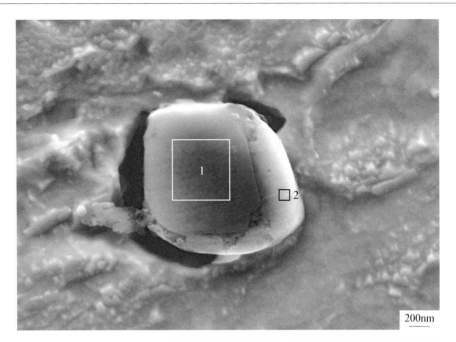

wt%	N	O	Mg	Al	Si	S	Ca	Mn	Fe	种类
1	0.00	49.74	1.56	48.70	0.00	0.00	0.00	0.00	0.00	Al_2O_3-MgO
2	0.00	11.95	4.85	14.92	0.00	18.81	0.00	26.77	22.70	（Mn，Mg）S

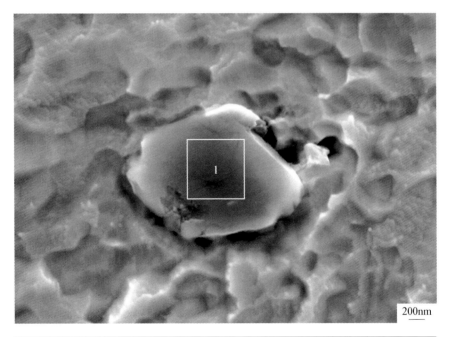

wt%	N	O	Mg	Al	Si	S	Ca	Mn	Fe	种类
1	0.00	34.57	1.60	38.46	0.00	0.00	0.00	0.00	25.37	Al_2O_3-MgO

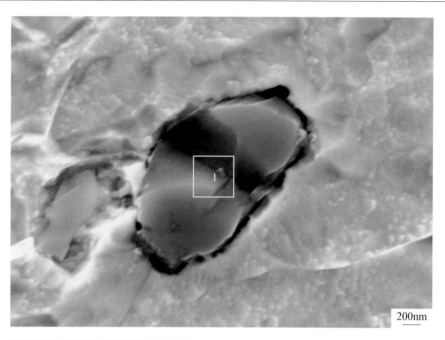

wt%	N	O	Mg	Al	Si	S	Ca	Mn	Fe	种类
1	0.00	48.16	2.30	49.53	0.00	0.00	0.00	0.00	0.00	Al_2O_3-MgO

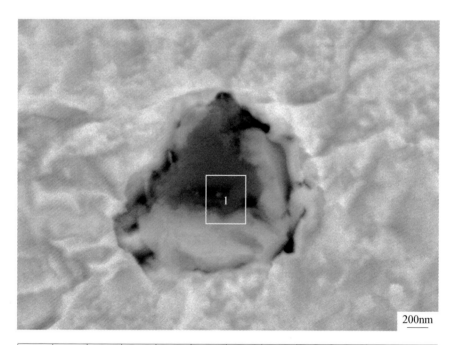

wt%	N	O	Mg	Al	Si	S	Ca	Mn	Fe	种类
1	0.00	43.01	1.78	51.98	0.00	3.23	0.00	0.00	0.00	Al_2O_3-MgO

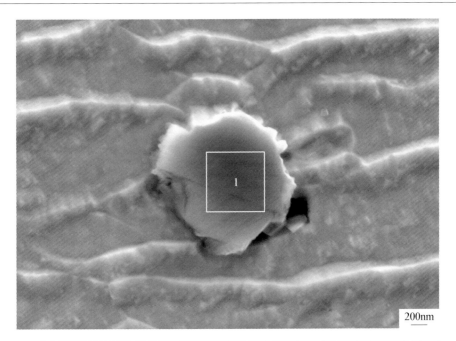

wt%	N	O	Mg	Al	Si	S	Ca	Mn	Fe	种类
1	0.00	48.56	1.49	49.95	0.00	0.00	0.00	0.00	0.00	Al_2O_3-MgO

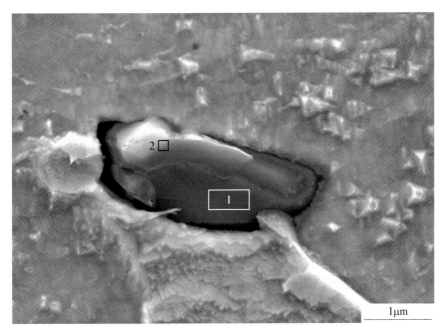

wt%	N	O	Mg	Al	Si	S	Ca	Mn	Fe	种类
1	0.00	47.27	0.00	52.73	0.00	0.00	0.00	0.00	0.00	Al_2O_3
2	9.18	15.73	2.79	23.46	0.00	17.48	0.85	23.16	7.34	(Mn, Mg, Ca)S

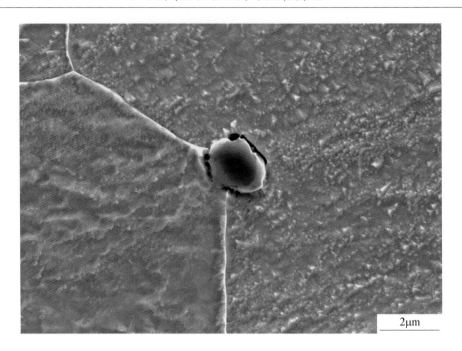

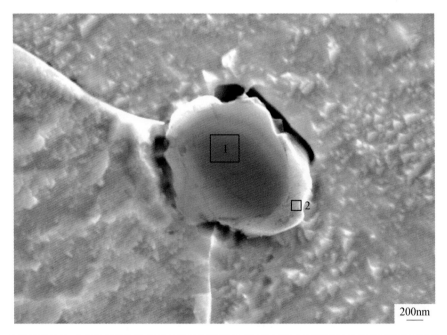

wt%	N	O	Mg	Al	Si	S	Ca	Mn	Fe
1	0.00	49.29	2.09	48.62	0.00	0.00	0.00	0.00	0.00
2	7.89	20.27	0.83	27.31	0.00	4.09	0.00	14.61	24.99

4.20 热轧板中非金属夹杂物和析出相（有机溶液电解）

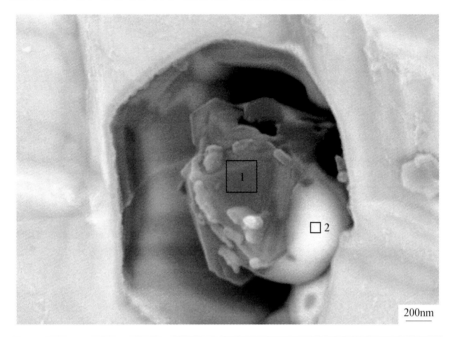

wt%	O	Mg	Al	Ca	Si	Fe	S	Mn	种类
1	50.94	1.65	46.44	0.00	0.00	0.00	0.97	0.00	Al_2O_3（MgO）
2	8.84	3.74	9.03	0.00	0.00	13.38	28.67	36.34	（Mn, Mg）S

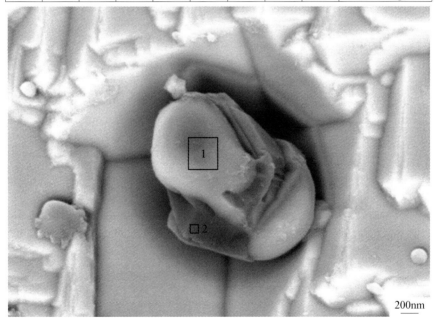

wt%	O	Mg	Al	Ca	Si	Fe	S	Mn	种类
1	13.35	5.77	14.65	0.00	0.00	0.00	24.32	41.90	（Mn, Mg）S
2	14.13	1.28	39.67	0.00	0.00	44.92	0.00	0.00	Al_2O_3（MgO）

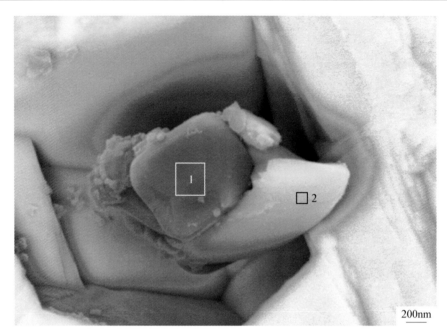

200nm

wt%	O	Mg	Al	Ca	Si	Fe	S	Mn	Cu	种类
1	51.51	1.20	47.29	0.00	0.00	0.00	0.00	0.00	0.00	$Al_2O_3(MgO)$
2	0.00	5.01	0.71	0.00	0.00	39.51	23.29	27.94	3.53	(Mn, Mg, Cu)S

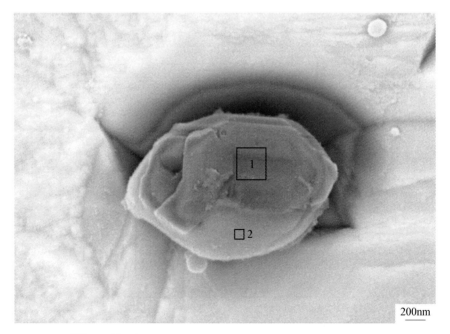

200nm

wt%	O	Mg	Al	Ca	Si	Fe	S	Mn	种类
1	46.27	1.99	50.14	0.00	0.00	0.00	1.60	0.00	Al_2O_3 (MgO)
2	6.80	7.24	4.98	0.00	0.00	44.61	31.12	5.26	(Mn, Mg)S

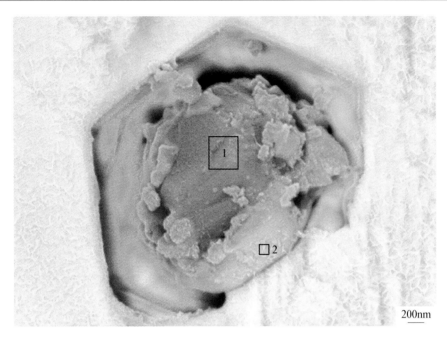

wt%	O	Mg	Al	Ca	Si	Fe	S	Mn	种类
1	52.00	2.15	45.85	0.00	0.00	0.00	0.00	0.00	Al_2O_3（MgO）
2	6.50	7.98	10.69	0.00	0.00	32.53	36.38	5.91	（Mn，Mg）S

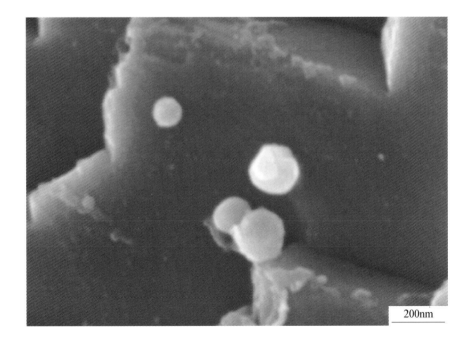

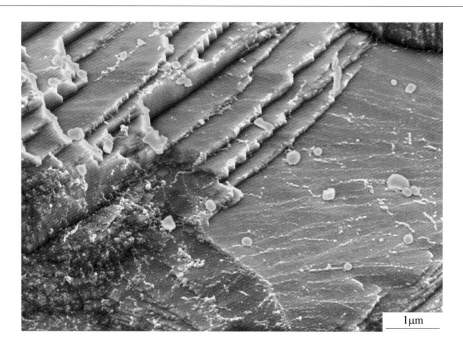

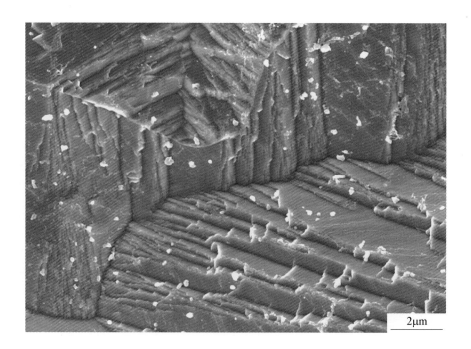

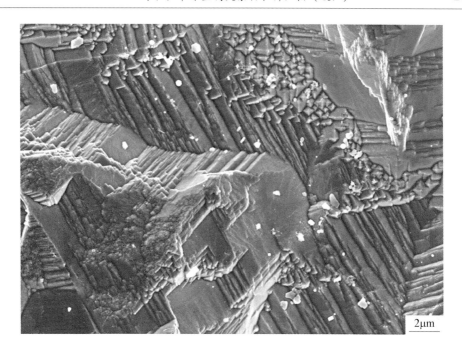

4.21 冷轧板中非金属夹杂物和析出相（酸蚀）

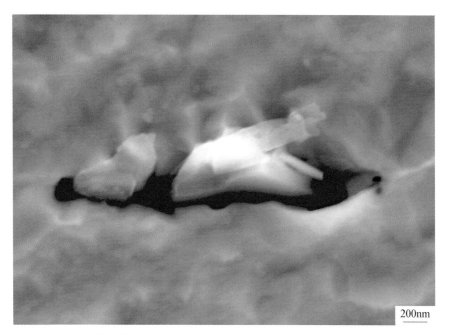

成分（wt%）：AlN 100%

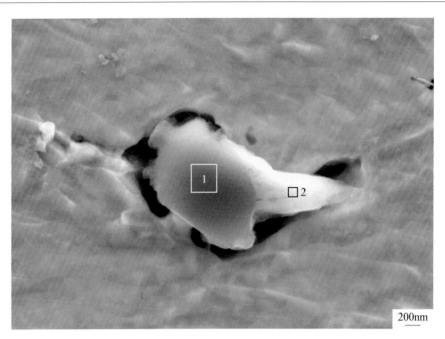

wt%	N	O	Mg	Al	Si	S	Ca	Mn	Fe	种类
1	0.00	48.71	1.14	50.15	0.00	0.00	0.00	0.00	0.00	Al_2O_3
2	0.00	0.00	3.34	1.83	0.00	19.97	0.00	32.25	42.62	（Mn，Mg）S

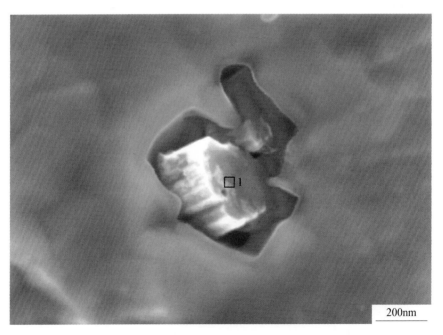

wt%	N	O	Mg	Al	Si	S	Ca	Mn	Fe	种类
1	12.66	0.00	0.00	24.05	0.62	1.96	0.00	8.56	52.15	AlN-MnS

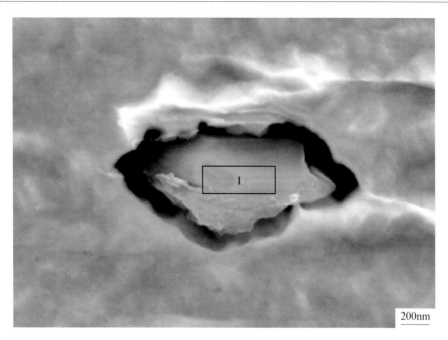

wt%	N	O	Mg	Al	Si	S	Ca	Mn	Fe	种类
1	0.00	36.80	0.00	37.18	0.00	1.59	0.00	0.00	24.43	Al_2O_3

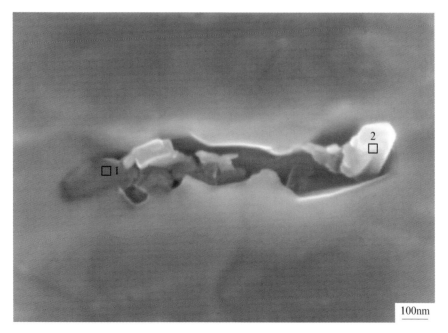

wt%	N	O	Mg	Al	Si	S	Ca	Mn	Fe	种类
1	3.17	0.00	0.00	11.24	0.85	2.84	0.00	11.30	70.60	AlN-MnS
2	5.27	0.00	0.00	13.15	1.62	0.00	0.00	0.00	79.96	AlN

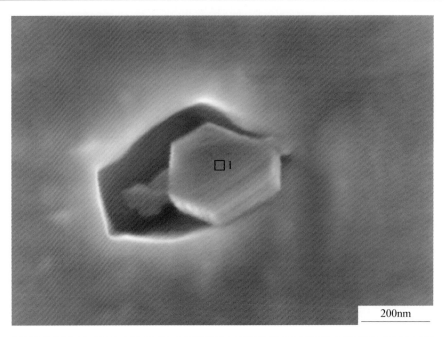

wt%	N	O	Mg	Al	Si	S	Ca	Mn	Fe	种类
1	6.15	0.00	0.00	11.99	0.00	1.39	0.00	6.45	74.02	AlN-MnS

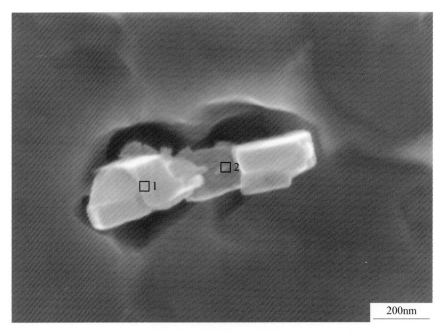

wt%	N	O	Mg	Al	Si	S	Ca	Mn	Fe	种类
1	8.49	0.00	0.00	16.23	0.00	3.46	0.00	7.04	64.78	AlN-MnS
2	11.37	0.00	0.00	23.09	1.44	2.60	0.00	0.00	61.50	AlN

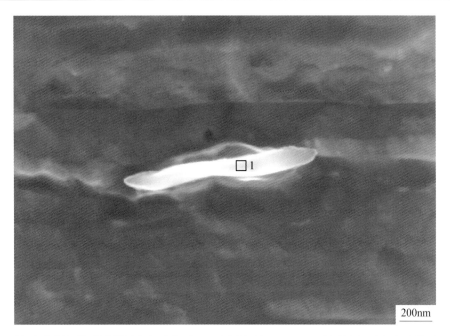

wt%	N	O	Mg	Al	Si	S	Ca	Mn	Fe	种类
1	0.00	0.00	0.00	0.00	0.73	6.30	0.00	8.64	84.33	MnS

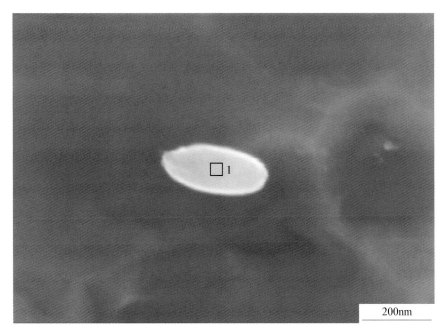

wt%	N	O	Mg	Al	Si	S	Ca	Mn	Fe	种类
1	0.00	0.00	0.00	0.00	0.83	6.89	0.00	12.40	79.88	MnS

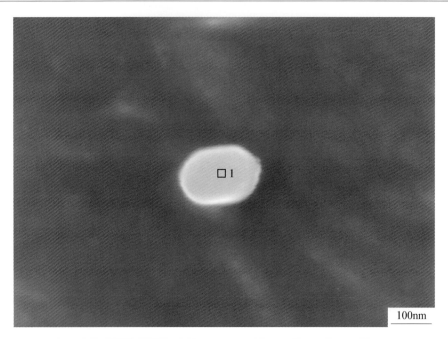

wt%	N	O	Mg	Al	Si	S	Ca	Mn	Fe	种类
1	0.00	0.00	0.00	0.00	0.73	7.50	0.00	11.35	80.42	MnS

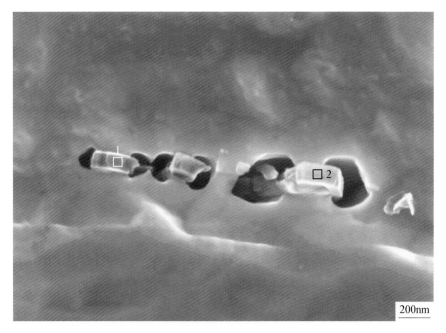

wt%	N	O	Mg	Al	Si	S	Ca	Mn	Fe	种类
1	9.46	0.00	0.00	19.11	0.00	0.00	0.00	0.00	71.43	AlN
2	14.90	0.00	0.00	22.15	0.00	0.00	0.00	0.00	62.95	AlN

4.22　冷轧板中非金属夹杂物和析出相（有机溶液电解）

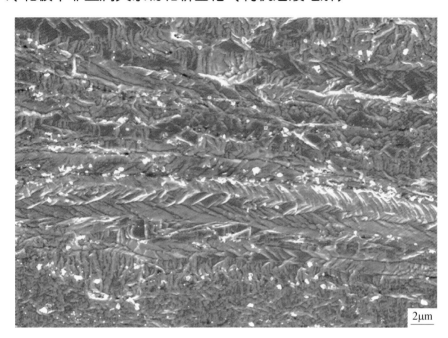

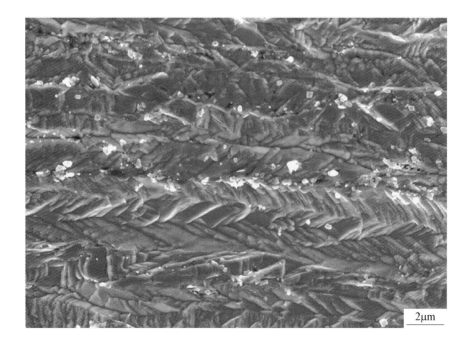

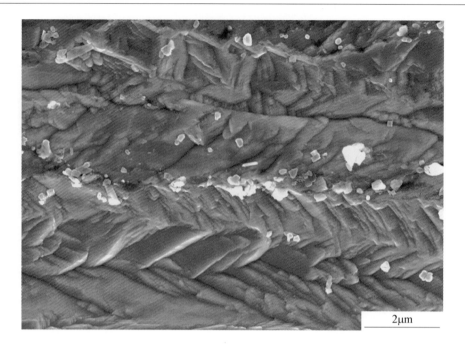

2μm

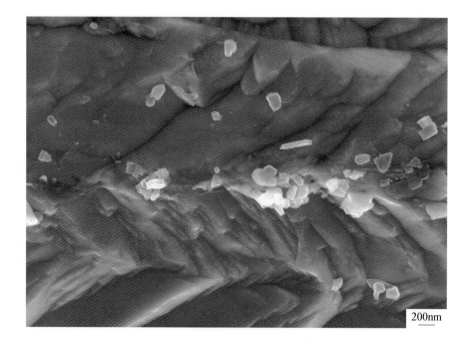

200nm

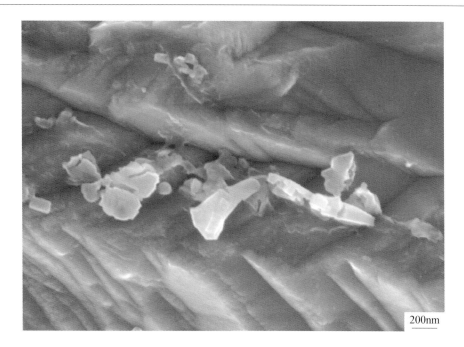

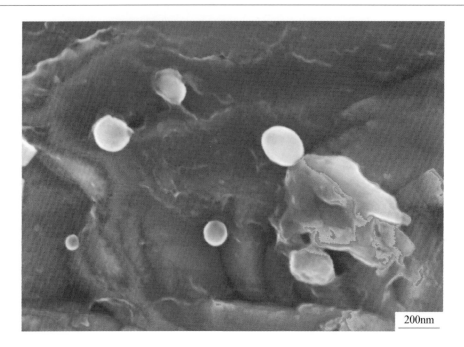

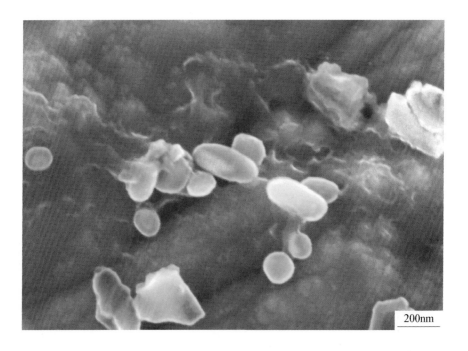

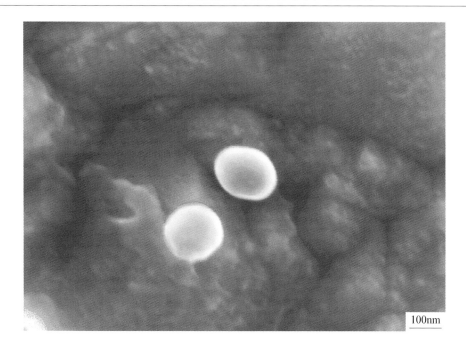

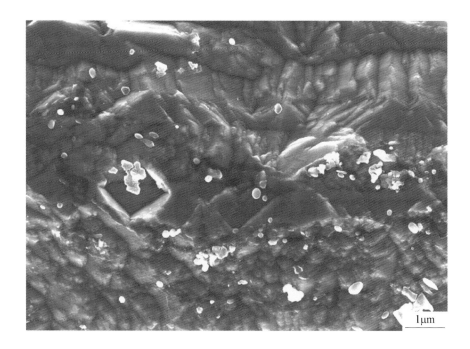

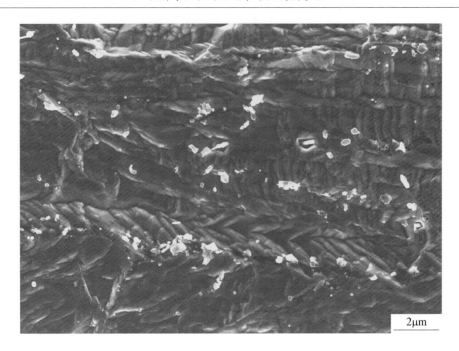

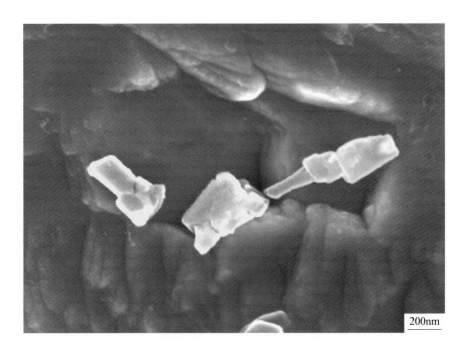

4.23　退火板中非金属夹杂物和析出相（酸蚀）

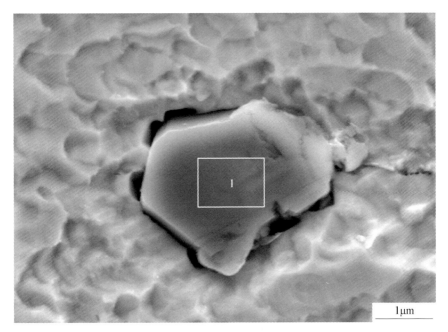

wt%	N	O	Mg	Al	Si	S	Ca	Mn	Fe	种类
1	0.00	48.93	2.36	48.71	0.00	0.00	0.00	0.00	0.00	$Al_2O_3(MgO)$

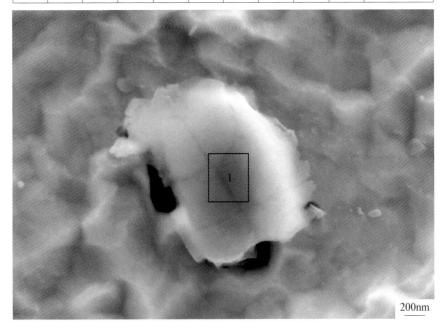

wt%	N	O	Mg	Al	Si	S	Ca	Mn	Fe	种类
1	0.00	39.10	2.24	40.37	0.00	4.88	0.00	0.00	13.42	$Al_2O_3(MgO)$

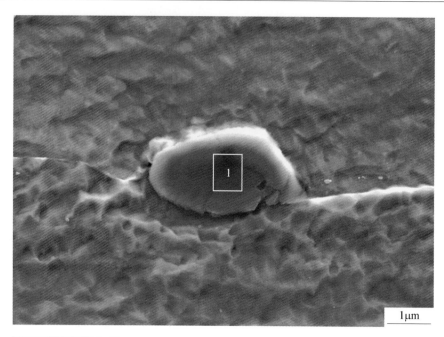

wt%	N	O	Mg	Al	Si	S	Ca	Mn	Fe	种类
1	0.00	39.03	0.00	44.16	0.00	0.00	0.00	0.00	16.81	Al_2O_3

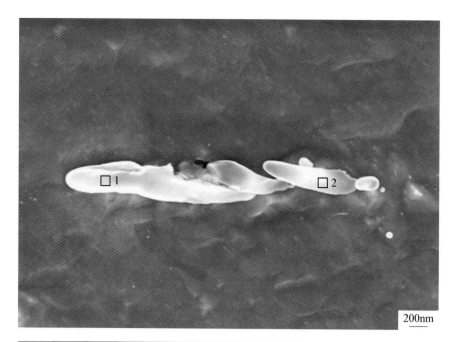

wt%	N	O	Mg	Al	Si	S	Ca	Mn	Fe	种类
1	0.00	0.00	0.72	0.00	0.00	16.26	0.00	35.33	47.68	(Mg, Mn)S
2	0.00	0.00	0.00	1.52	0.85	4.79	0.00	7.99	84.85	MnS

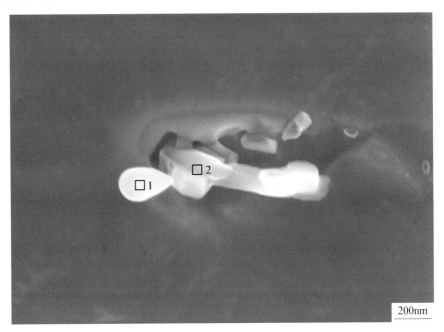

wt%	N	O	Mg	Al	Si	S	Ca	Mn	Fe	种类
1	0.69	0.00	0.00	1.07	0.82	3.87	0.00	6.56	86.98	AlN-MnS
2	0.92	0.00	0.00	3.19	1.10	0.00	0.00	0.00	94.80	AlN-MnS

wt%	N	O	Mg	Al	Si	S	Ca	Mn	Fe	种类
1	12.90	0.00	0.00	24.50	0.00	0.00	0.00	0.00	62.60	AlN

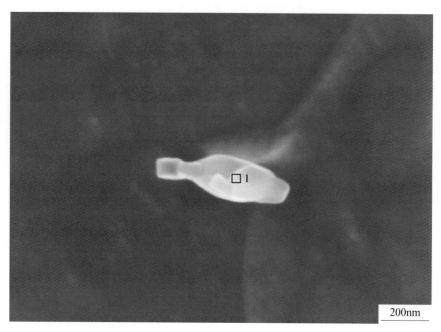

wt%	N	O	Mg	Al	Si	S	Ca	Mn	Fe	种类
1	0.00	0.00	0.00	0.69	1.00	2.62	0.00	3.41	92.27	MnS

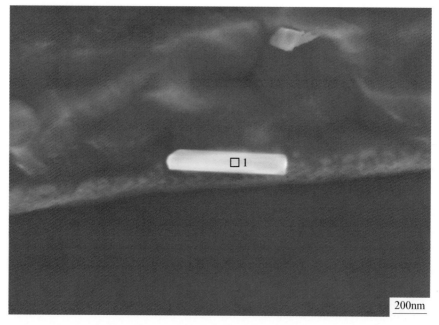

wt%	N	O	Mg	Al	Si	S	Ca	Mn	Fe	种类
1	5.32	0.00	0.00	8.81	0.00	0.00	0.00	0.00	85.87	AlN

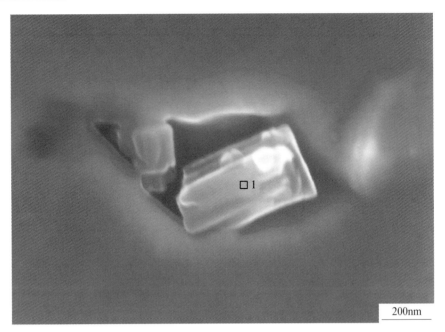

200nm

wt%	N	O	Mg	Al	Si	S	Ca	Mn	Fe	种类
1	11.32	0.00	0.00	18.38	1.21	0.00	0.00	0.00	69.09	AlN

200nm

wt%	N	O	Mg	Al	Si	S	Ca	Mn	Fe	种类
1	7.82	0.00	0.00	18.19	1.18	1.25	0.00	0.00	71.56	AlN
2	5.49	0.00	0.00	13.26	0.00	0.00	0.00	0.00	81.25	AlN

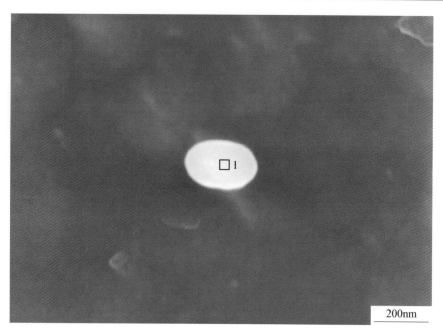

wt%	N	O	Mg	Al	Si	S	Ca	Mn	Fe	种类
1	0.00	0.00	0.00	0.00	0.90	7.27	0.00	11.22	80.61	MnS

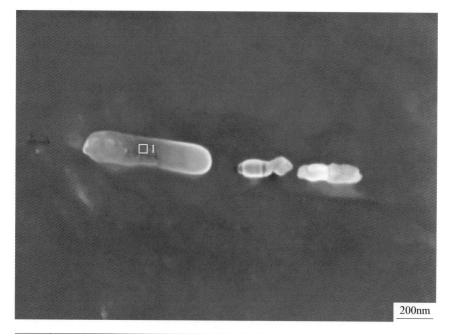

wt%	N	O	Mg	Al	Si	S	Ca	Mn	Fe	种类
1	0.00	0.00	0.00	0.00	0.00	7.92	0.00	20.04	72.04	MnS

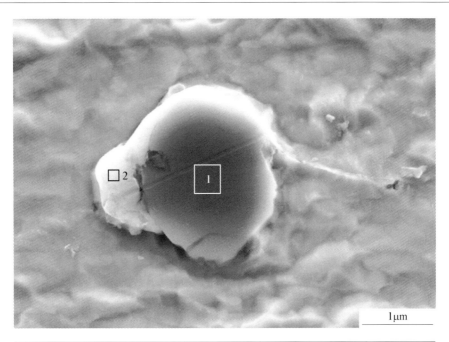

wt%	N	O	Mg	Al	Si	S	Ca	Mn	Fe	种类
1	0.00	48.94	2.60	48.45	0.00	0.00	0.00	0.00	0.00	$Al_2O_3(MgO)$
2	0.00	0.00	13.97	3.22	0.00	45.57	0.00	37.24	0.00	（Mn，Mg）S

4.24 退火板中非金属夹杂物和析出相（有机溶液电解）

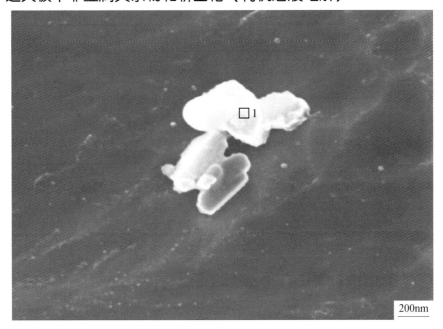

wt%	N	Al	Si	S	Mn	Fe	Cu	种类
1	6.45	11.92	0.94	4.00	1.64	68.1	6.95	AlN-（Mn，Cu）S

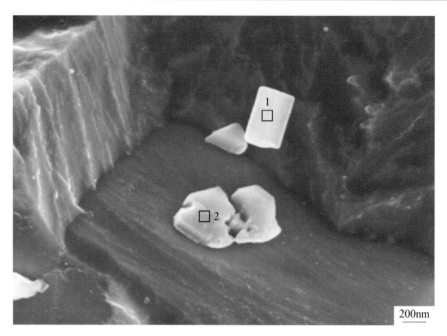

wt%	N	Al	Si	S	Mn	Fe	Cu	种类
1	9.82	22.51	0.71	2.05	0.00	61.56	3.35	AlN-CuS
2	8.67	15.71	0.89	0.85	0.00	70.82	3.06	AlN-CuS

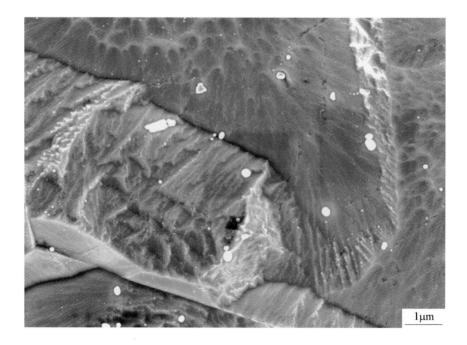

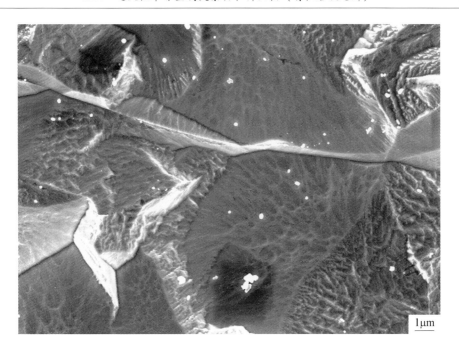

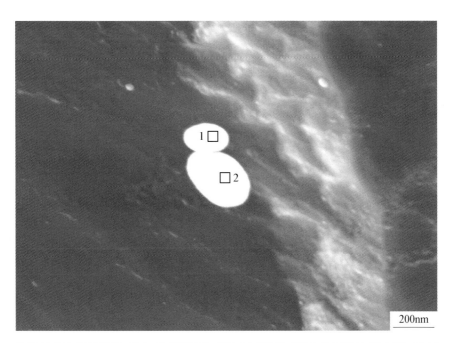

wt%	N	Al	Si	S	Mn	Fe	Cu	种类
1	0.00	0.00	1.33	1.74	0.00	88.84	8.09	CuS
2	0.00	0.00	0.00	5.93	7.16	79.24	7.67	（Mn，Cu）S

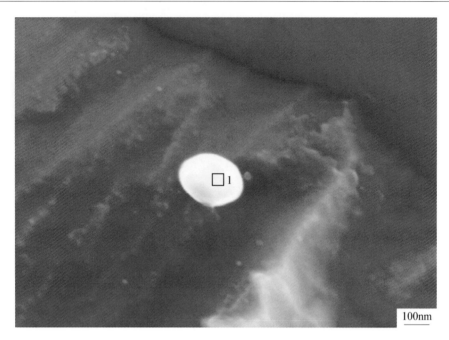

wt%	N	Al	Si	S	Mn	Fe	Cu	种类
1	0.00	0.00	0.99	2.10	1.00	92.20	3.71	(Mn，Cu)S

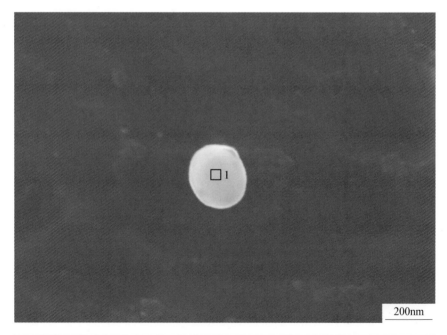

wt%	N	Al	Si	S	Mn	Fe	Cu	种类
1	0.00	0.00	0.96	1.89	1.76	90.76	4.63	(Mn，Cu)S

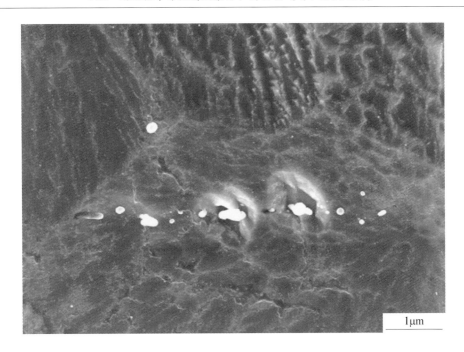

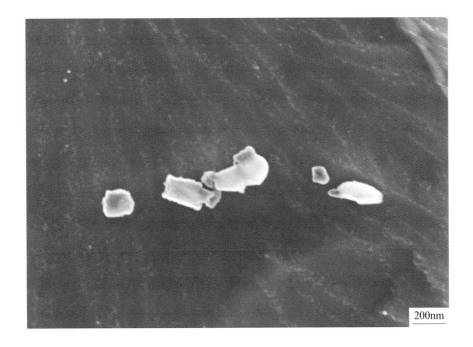

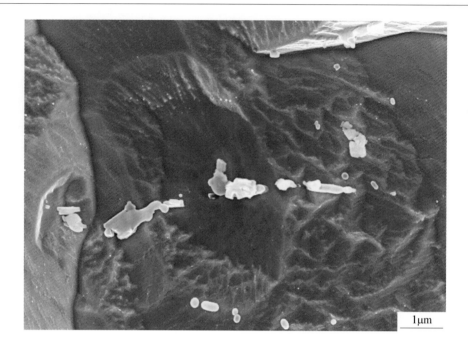

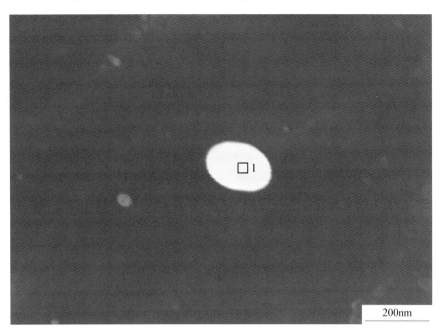

wt%	N	Al	Si	S	Mn	Fe	Cu	种类
1	0.00	0.00	0.67	3.36	6.21	89.76	0.00	（Mn，Cu）S

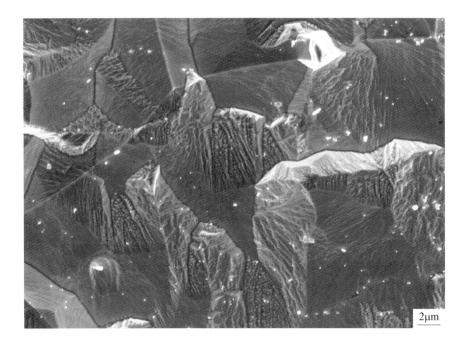

5 高牌号无取向硅钢中非金属夹杂物

无取向硅钢基本化学成分为：$C \leqslant 25ppm$，$T.S \leqslant 15ppm$，$T.O \leqslant 15ppm$，$T.Al \leqslant 0.5\%$，$Si = 2.8\% \sim 3.2\%$。高牌号无取向硅钢的生产工艺流程采用传统的一次冷轧技术工艺，硅钢凝固过程及冷却过程中有连铸→热轧→常化→冷轧→退火五个工序。硅钢连铸坯经 5 道次轧制到目标厚度 2.6mm，开轧温度为 1090℃，终轧温度为 860℃，空冷到 590℃后卷取；再将热轧板在加热炉中 880℃下保温进行 2min 常化处理；随后常化的热轧板经 5 道次再轧制到 0.35mm 厚，最后采用 20% H_2+80% N_2 充入退火炉中进行 950℃保温 3min 的最终连续退火。

5.1 RH 精炼前钢液中非金属夹杂物（有机溶液电解）

50μm

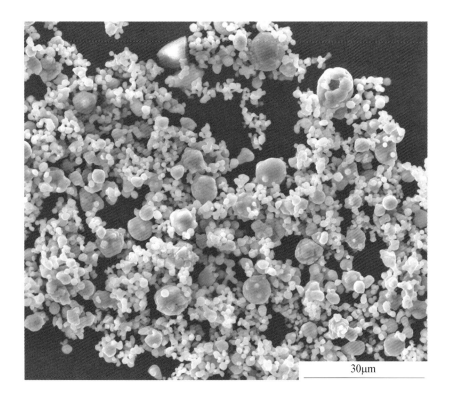

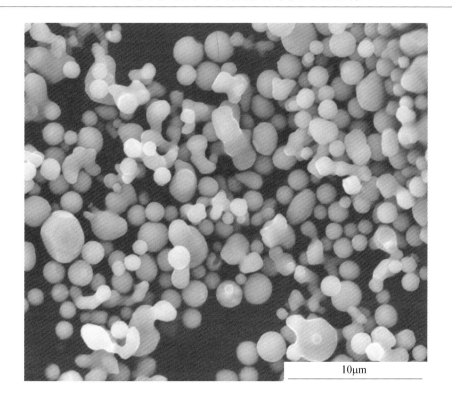

10μm

10μm

10μm

5μm

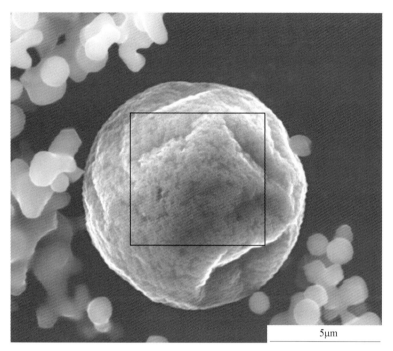

成分（wt%）：Al_2O_3 100%

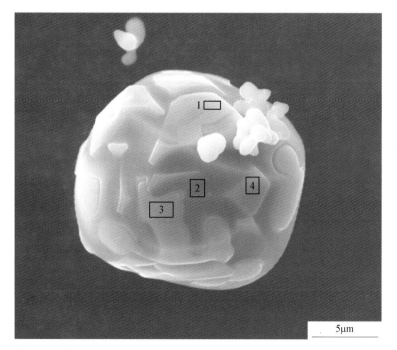

成分（wt%）：

1. Al_2O_3 90.99%，SiO_2 4.13%，MnO 4.89%

2. Al_2O_3 63.52%，SiO_2 27.39%，MnO 9.09%

3. Al_2O_3 70.14%，SiO_2 29.86%

4. Al_2O_3 85.86%，SiO_2 6.98%，MnO 7.16%

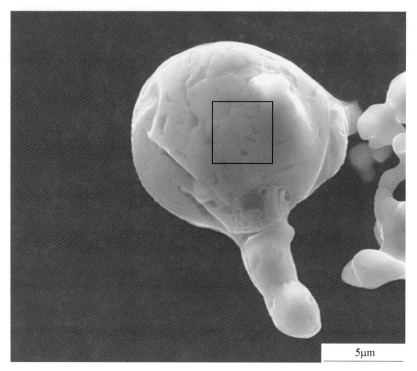

成分（wt%）：Al_2O_3 93.23%，MnO 6.77%

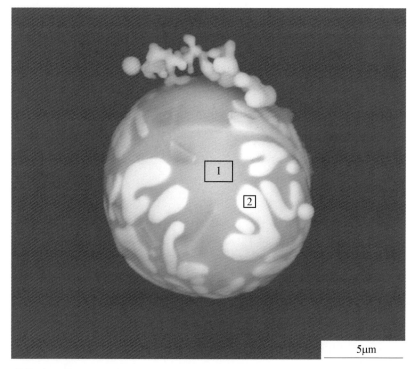

成分（wt%）：

1. Al_2O_3 14.21%，SiO_2 49.43%，CaO 22.80%，MgO 8.45%，MnO 5.11%

2. Al_2O_3 15.46%，SiO_2 31.57%，CaO 14.32%，MgO 23.98%，MnO 14.67%

成分（wt%）：Al$_2$O$_3$ 85.78%，MgO 8.52 %，MnO 5.70%

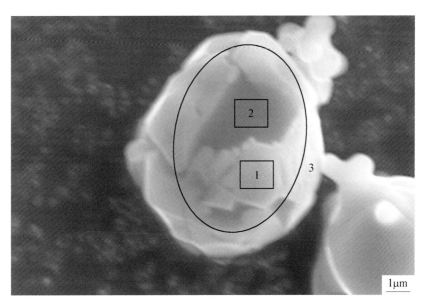

成分（wt%）：

1. Al$_2$O$_3$ 84.97 %，CaO 1.89%，MgO 6.64%，MnO 6.50%

2. Al$_2$O$_3$ 58.87%，SiO$_2$ 12.22%，CaO 18.13%，MgO 3.83%，MnO 6.95%

3. Al$_2$O$_3$ 76.34%，SiO$_2$ 3.72%，CaO 6.47%，MgO 6.70%，MnO 6.77%

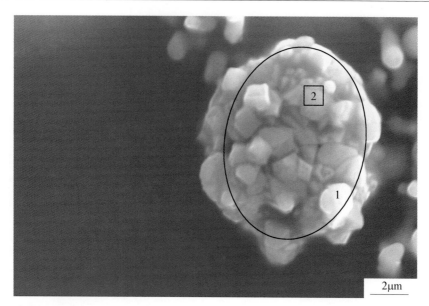

成分（wt%）：

1. Al$_2$O$_3$ 96.20%，MnO 3.80%
2. Al$_2$O$_3$ 93.56%，MnO 6.44%

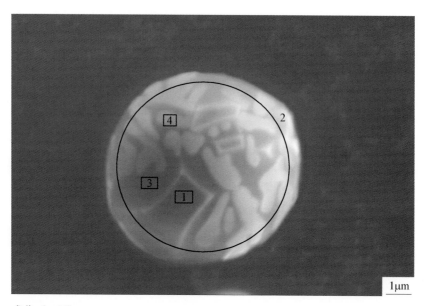

成分（wt%）：

1. Al$_2$O$_3$ 76.15%，SiO$_2$ 3.03%，CaO 1.20%，MgO 17.19%，MnO 2.42%
2. Al$_2$O$_3$ 46.61%，SiO$_2$ 16.94%，CaO 15.97%，MgO 13.00%，MnO 7.48%
3. Al$_2$O$_3$ 52.48%，SiO$_2$ 16.93%，CaO 13.37%，MgO 12.23%，MnO 5.00%
4. Al$_2$O$_3$ 27.79%，SiO$_2$ 27.44%，CaO 26.68%，MgO 10.19%，MnO 7.90%

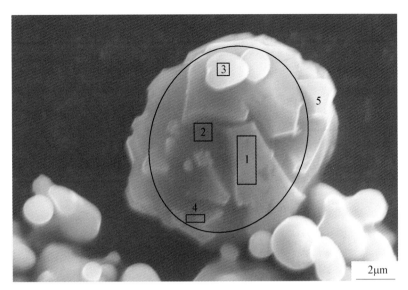

成分（wt%）：

1. Al_2O_3 78.29%，SiO_2 1.35%，CaO 1.64%，MgO 14.96%，MnO 3.75%

2. Al_2O_3 67.05%，SiO_2 14.56%，CaO 1.66%，MgO 11.60%，MnO 5.13%

3. Al_2O_3 89.58%，MnO 10.42%

4. Al_2O_3 83.08%，CaO 5.03%，MgO 6.30%，MnO 5.59%

5. Al_2O_3 68.83%，SiO_2 7.08%，CaO 8.15%，MgO 11.48%，MnO 4.46%

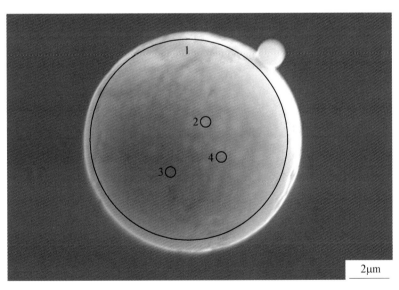

成分（wt%）：

1. Al_2O_3 43.55%，SiO_2 25.83%，CaO 20.55%，MgO 3.87%，MnO 6.20%

2. Al_2O_3 47.61%，SiO_2 31.24%，CaO 1.91%，MgO 13.34%，MnO 5.90%

3. Al_2O_3 43.23%，SiO_2 25.14%，CaO 20.06%，MgO 3.80%，MnO 7.77%

4. Al_2O_3 39.93%，SiO_2 27.83%，CaO 23.44%，MgO 3.74%，MnO 5.07%

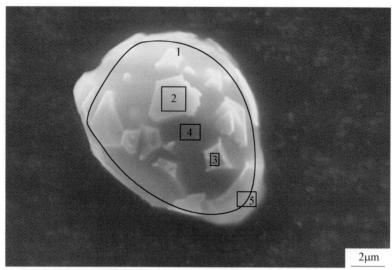

成分（wt%）：

1. Al_2O_3 51.37%，SiO_2 14.88%，CaO 14.90%，MgO 11.35%，MnO 7.51%

2. Al_2O_3 73.71%，SiO_2 6.85%，CaO 3.64%，MgO 15.80%

3. Al_2O_3 69.99%，SiO_2 6.36%，CaO 4.63%，MgO 14.58%，MnO 4.44%

4. Al_2O_3 50.34%，SiO_2 18.84%，CaO 13.70%，MgO 12.39%，MnO 4.73%

5. Al_2O_3 82.18%，MgO 12.39%，MnO 5.44%

5.2　RH 精炼破真空后钢液中非金属夹杂物（有机溶液电解）

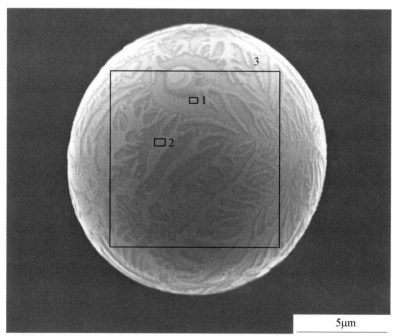

成分（wt%）：

1. Al_2O_3 62.57%，CaO 30.18%，MgO 7.25%

2. Al_2O_3 59.52%，CaO 34.08%，MgO 6.40%

3. Al_2O_3 59.15%，CaO 33.94%，MgO 6.91%

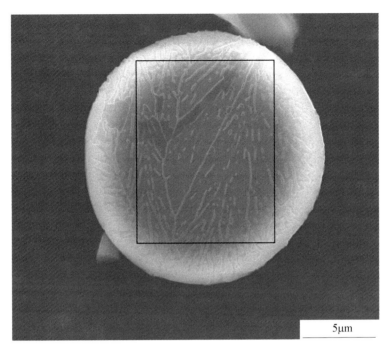

成分（wt%）：Al_2O_3 60. 76%，CaO 32. 60%，MgO 6. 64%

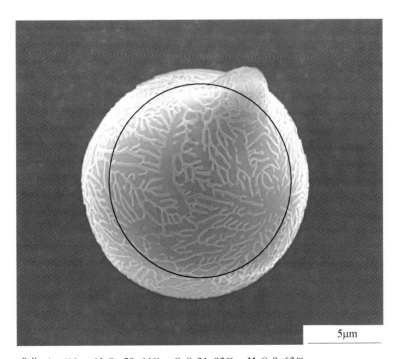

成分（wt%）：Al_2O_3 59. 44%，CaO 31. 93%，MgO 8. 63%

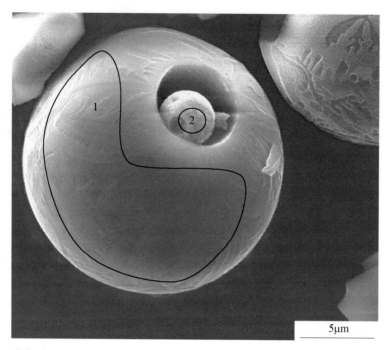

5μm

成分（wt%）：

1. Al$_2$O$_3$ 57.58%，SiO$_2$ 1.94%，CaO 38.17%，MgO 2.31%
2. Al$_2$O$_3$ 62.21%，SiO$_2$ 14.03%，CaO 20.36%，MgO 3.40%

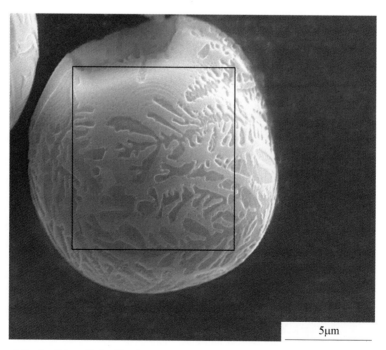

5μm

成分（wt%）：Al$_2$O$_3$ 57.03%，CaO 36.93%，MgO 6.04%

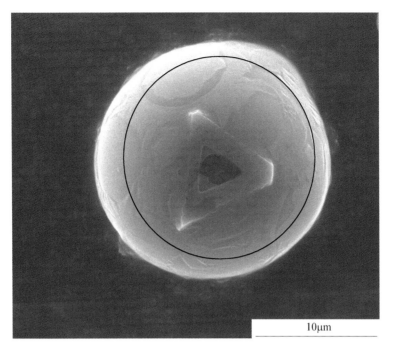

成分（wt%）：Al_2O_3 65.88%，CaO 25.34%，MgO 8.77%

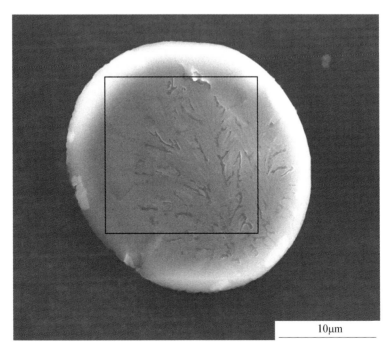

成分（wt%）：Al_2O_3 39.28%，CaO 56.84%，MgO 3.88%

5.3　连铸中间包钢液中非金属夹杂物（缓冷样，溶液电解）

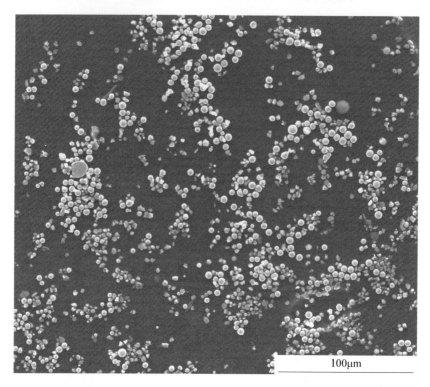

100μm

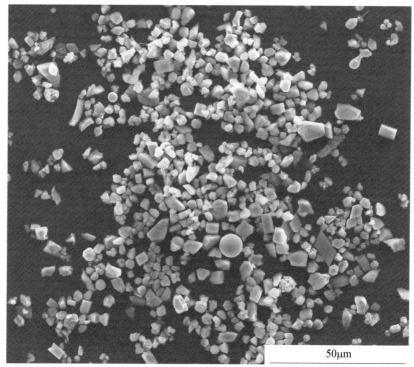

50μm

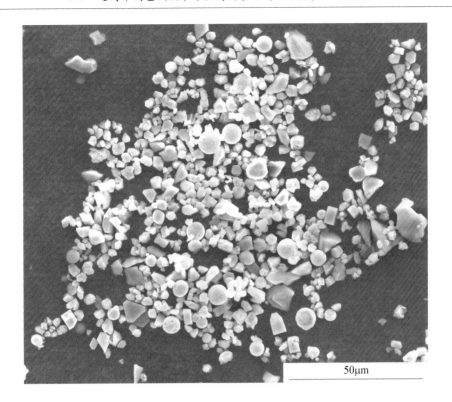

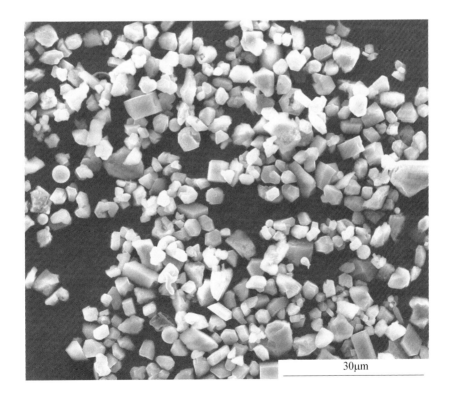

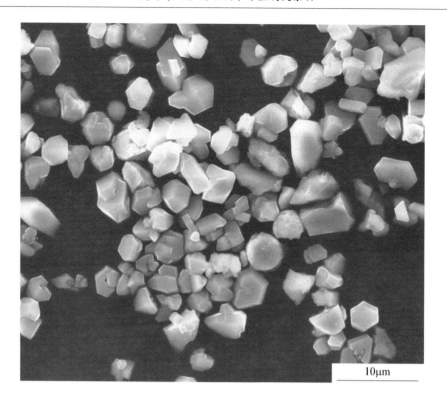

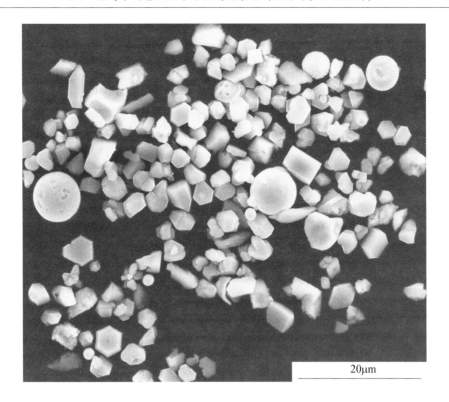

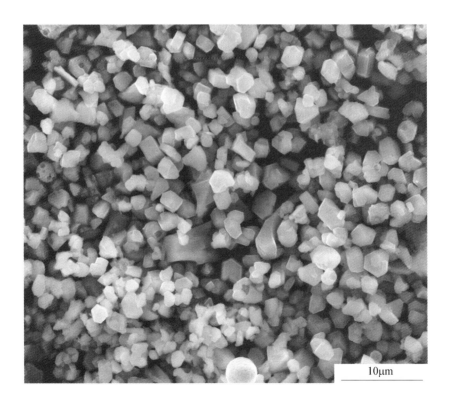

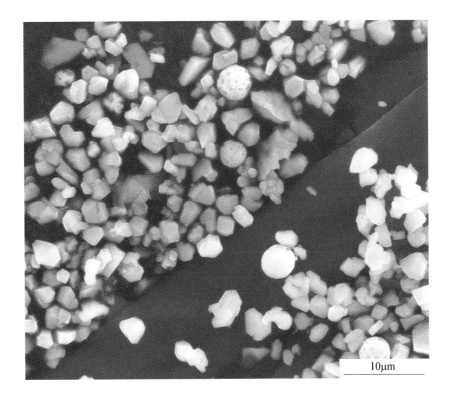

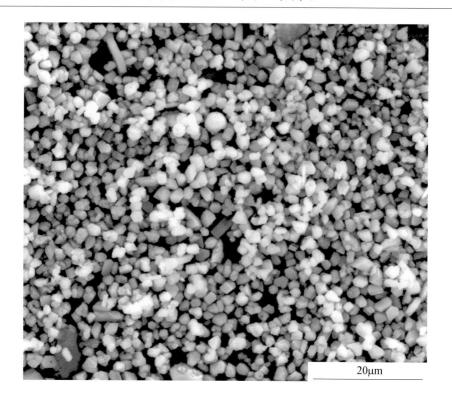

20μm

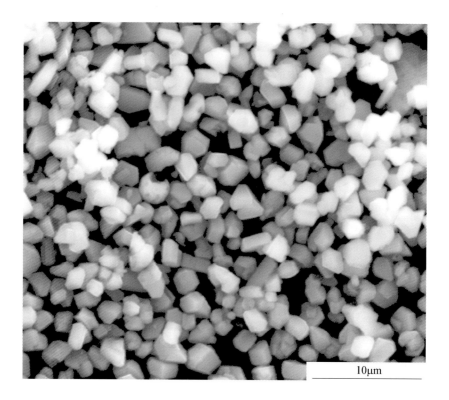

10μm

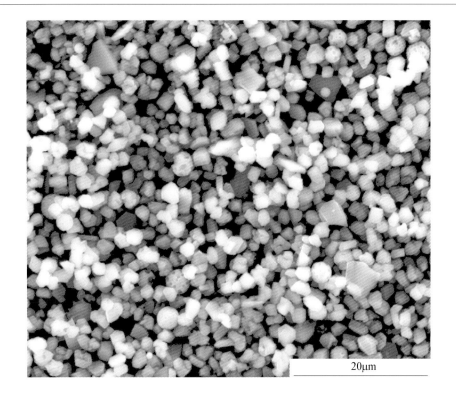

20μm

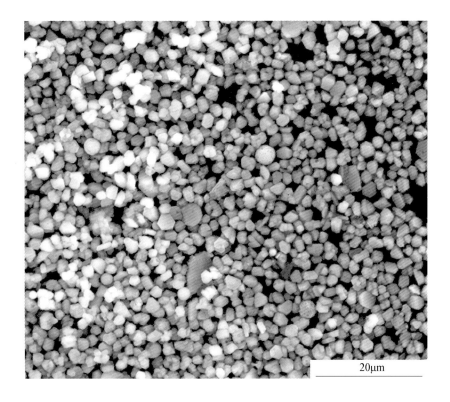

20μm

5μm

10μm

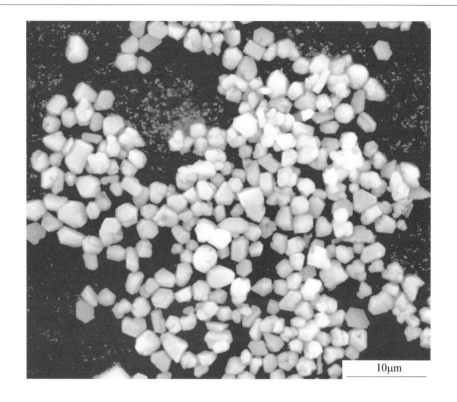

5μm

5μm

5μm

5μm

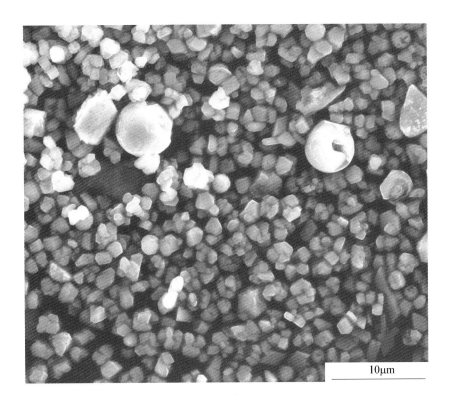

20μm

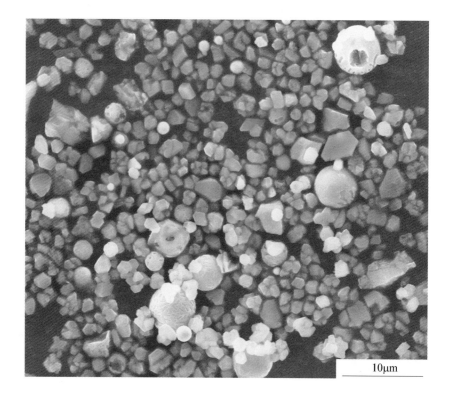

10μm

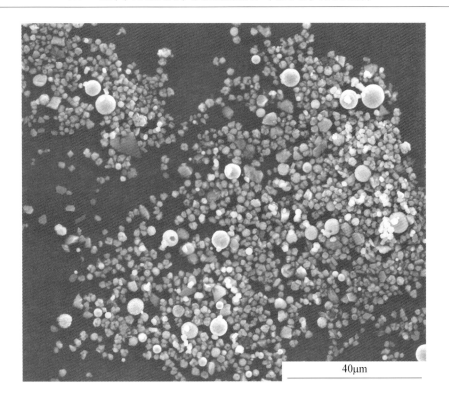

40μm

10μm

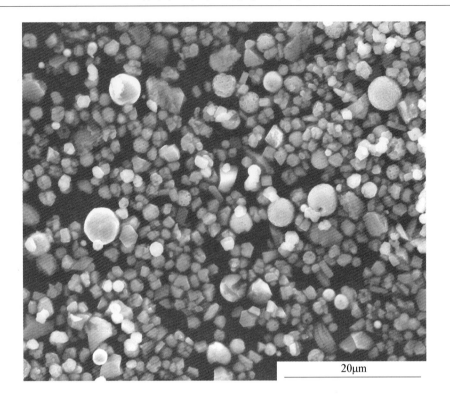

5μm

5μm

成分（wt%）：

1. Al_2O_3 76.94%，SiO_2 17.87%，CaS 5.19%
2. Al_2O_3 74.78%，SiO_2 25.22%

成分（wt%）：Al_2O_3 64.66%，CaO 29.69%，MgO 5.64%

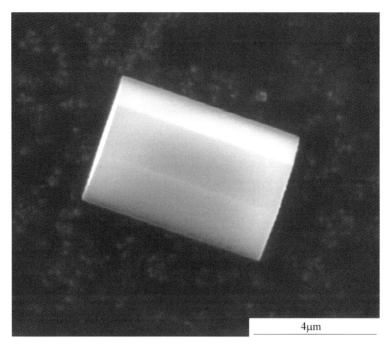

成分（wt%）：AlN 100%

成分（wt%）：AlN 100%

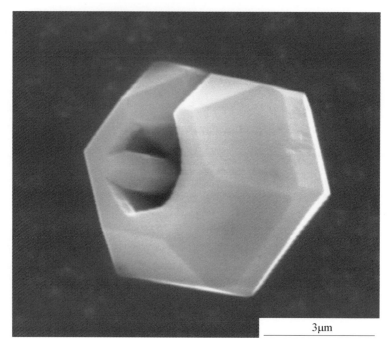

成分（wt%）：AlN 100%

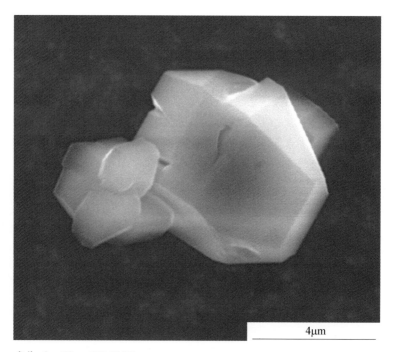

成分（wt%）：AlN 100%

成分（wt%）：AlN 100%

成分（wt%）：AlN 100%

成分（wt%）：AlN 100%

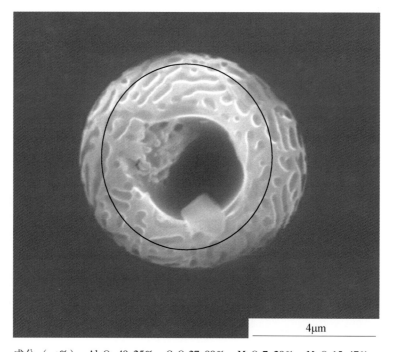

成分（wt%）：Al_2O_3 49.25%，CaO 27.99%，MgO 7.29%，MnO 15.47%

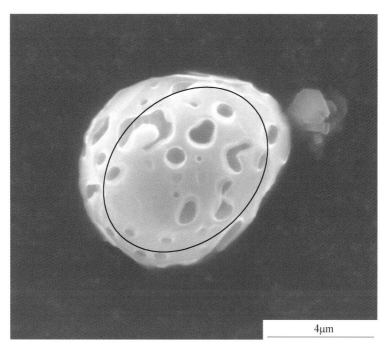

4μm

成分（wt%）：Al₂O₃ 61.48%，CaO 27.00%，MgO 11.52%

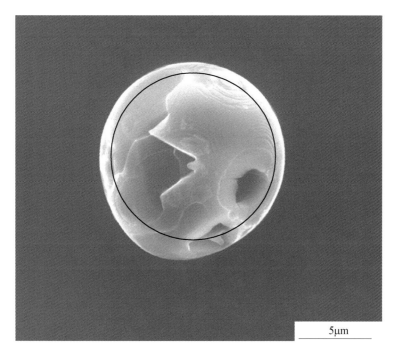

5μm

成分（wt%）：Al₂O₃ 39.73%，CaO 51.66%，MgO 8.62%

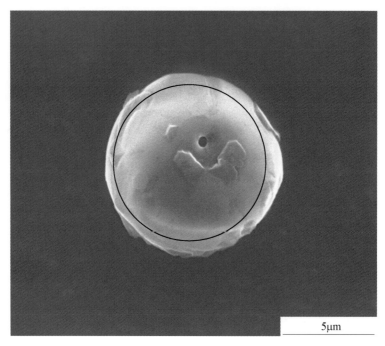

成分（wt%）：Al_2O_3 72.29%，MgO 27.72%

5.4　连铸结晶器钢液中非金属夹杂物（缓冷样，有机溶液电解）

5μm

4μm

4μm

4μm

4μm

5μm

5μm

5μm

10μm

5μm

5μm

5μm

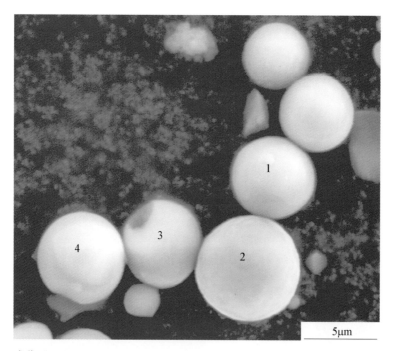

成分（wt%）：

1. Al_2O_3 61.84%，CaO 31.62%，MgO 6.54%

2. Al_2O_3 73.88%，MgO 26.12%

3. Al_2O_3 25.08%，CaO 65.18%，MgO 9.74%

4. Al_2O_3 32.10%，CaO 61.75%，MgO 6.15%

成分（wt%）：
1. Al_2O_3 62.34%，CaO 31.68%，MgO 5.98%
2. Al_2O_3 59.98%，CaO 19.80%，MgO 11.55%，SiO_2 8.67%
3. Al_2O_3 61.29%，CaO 33.32%，MgO 5.39%
4. Al_2O_3 60.49%，CaO 30.03%，MgO 6.99%，SiO_2 2.49%
5. Al_2O_3 57.10%，CaO 36.03%，MgO 5.21%，SiO_2 1.66%
6. Al_2O_3 60.71%，CaO 30.39%，MgO 6.05%，SiO_2 2.85%
7. Al_2O_3 6.65%，CaO 32.24%，MgO 7.64%，SiO_2 53.47%
8. Al_2O_3 61.54%，CaO 30.86%，MgO 4.72%，SiO_2 2.88%
9. Al_2O_3 61.65%，CaO 31.93%，MgO 6.42%
10. Al_2O_3 74.06%，MgO 25.94%

成分（wt%）：Al_2O_3 67.99%，SiO_2 3.01%，CaO 12.74%，MgO 16.26%

成分（wt%）：

1. Al_2O_3 62.16%，CaO 32.46%，MgO 5.38%
2. Al_2O_3 62.23%，CaO 31.39%，MgO 6.38%
3. Al_2O_3 62.91%，CaO 30.97%，MgO 6.12%
4. Al_2O_3 75.74%，MgO 24.56%
5. Al_2O_3 72.29%，CaO 1.27%，MgO 26.44%
6. Al_2O_3 62.19%，CaO 30.52%，MgO 7.48%

成分（wt%）：

1. Al_2O_3 74.08%，MgO 25.92%
2. Al_2O_3 70.05%，CaO 8.64%，MgO 21.30%
3. Al_2O_3 74.44%，MgO 25.56%

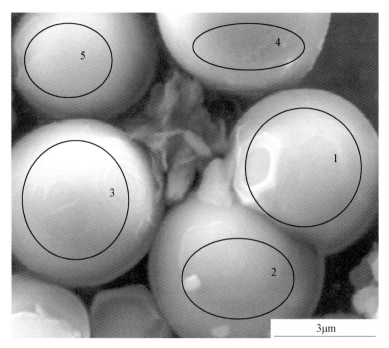

成分（wt%）：

1. Al_2O_3 63.82%，CaO 27.36%，MgO 8.82%

2. Al_2O_3 57.25%，SiO_2 2.20%，CaO 32.74%，MgO 7.81%

3. Al_2O_3 63.26%，CaO 25.55%，MgO 11.19%

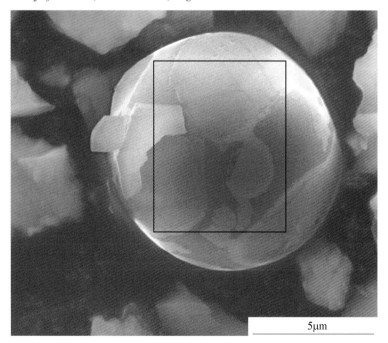

成分（wt%）：Al_2O_3 60.69%，SiO_2 4.55%，CaO 32.75%，MgO 2.01%

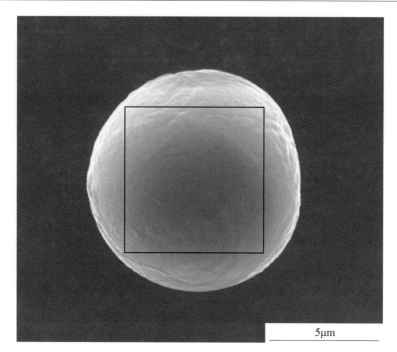

成分（wt%）：Al$_2$O$_3$ 72.99%，MgO 27.01%

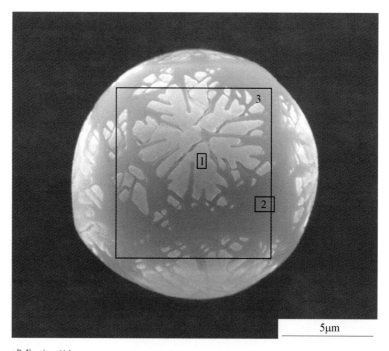

成分（wt%）：

1. Al$_2$O$_3$ 62.36%，CaO 34.89%，MgO 2.75%

2. Al$_2$O$_3$ 68.12%，CaO 29.21%，MgO 2.67%

3. Al$_2$O$_3$ 70.45%，CaO 27.81%，MgO 1.74%

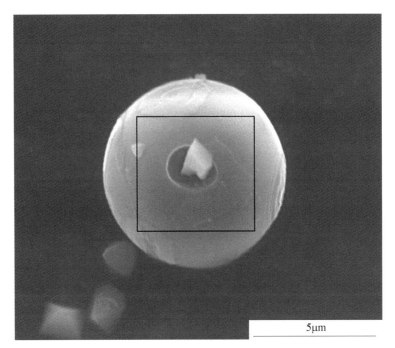

成分（wt%）：Al_2O_3 60.44%，CaO 32.28%，MgO 7.27%

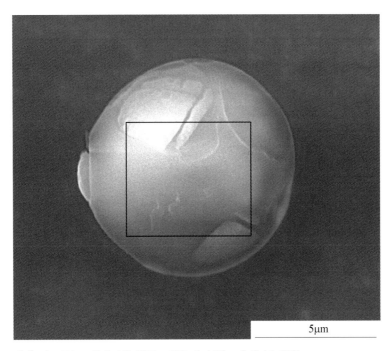

成分（wt%）：Al_2O_3 78.73%，SiO_2 5.14%，CaO 16.13%

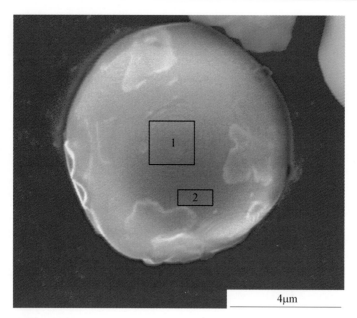

成分（wt%）：

1. Al_2O_3 67.62%，CaO 29.77%，MgO 2.62%
2. Al_2O_3 65.97%，CaO 31.51%，MgO 2.52%

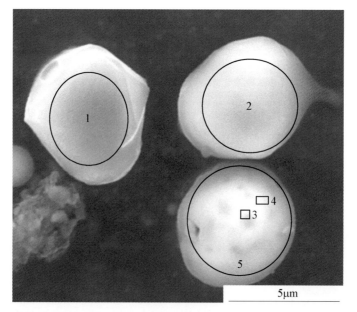

成分（wt%）：

1. Al_2O_3 70.16%，CaO 7.84%，MgO 22.00%
2. Al_2O_3 62.37%，CaO 32.04%，MgO 5.59%
3. Al_2O_3 46.31%，SiO_2 53.69%
4. Al_2O_3 45.73%，SiO_2 54.27%
5. Al_2O_3 47.02%，SiO_2 52.98%

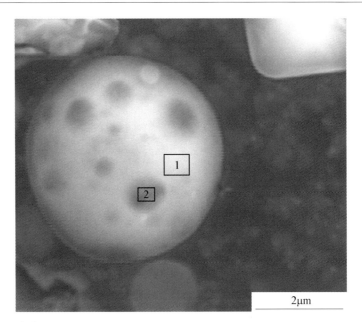

成分（wt%）：

1. Al_2O_3 45.85%，SiO_2 52.76%，MgO 1.38%
2. Al_2O_3 46.69%，CaO 51.86%，MgO 1.45%

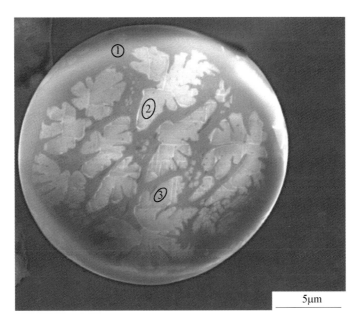

成分（wt%）：

1. Al_2O_3 65.98%，SiO_2 26.78%，CaO 5.10%，MgO 2.14%
2. Al_2O_3 51.31%，CaO 46.83%，MgO 1.86%
3. Al_2O_3 58.15%，CaO 40.06%，MgO 1.79%

成分（wt%）：

1. Al$_2$O$_3$ 58.16%，CaO 37.48%，MgO 4.36%

2. Al$_2$O$_3$ 60.49%，CaO 32.50%，MgO 7.02%

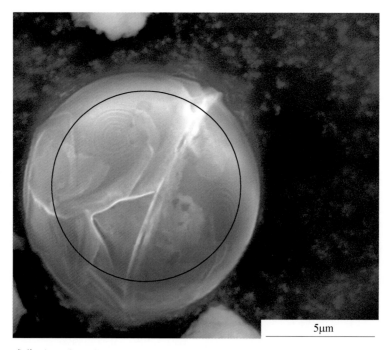

成分（wt%）：Al$_2$O$_3$ 71.46%，CaO 26.38%，MgO 2.16%

5.5 连铸坯中非金属夹杂物和析出相（有机溶液电解）

成分（wt%）：Al（少量 Mg）N 100%

成分（wt%）：
1. Al（少量 Mg）N 100%
2. AlN+MgS 100%

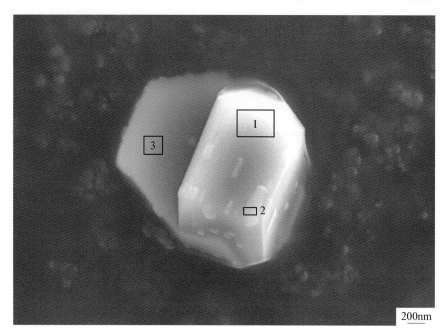

成分（wt%）：

1. Al（少量 Mg）N 100%
2. AlN+MgS 100%
3. Al（少量 Mg）N 100%

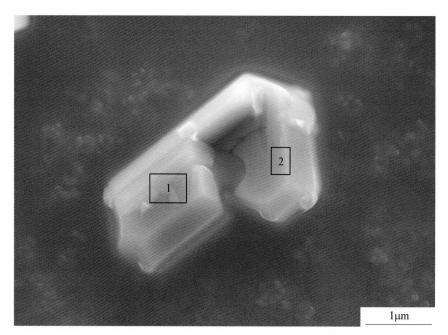

成分（wt%）：

1. Al（少量 Mg）N 100%
2. Al（少量 Mg）N 100%

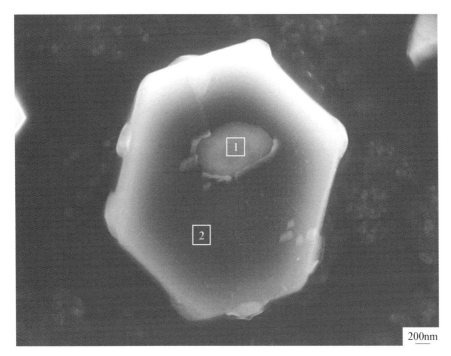

成分（wt%）：

1. AlN +MgS 100%

2. Al（少量 Mg）N 100%

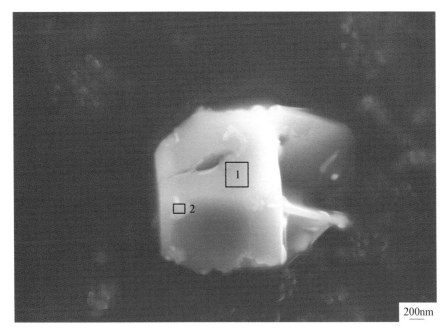

成分（wt%）：

1. Al（少量 Mg）N 100%

2. AlN+MgS 100%

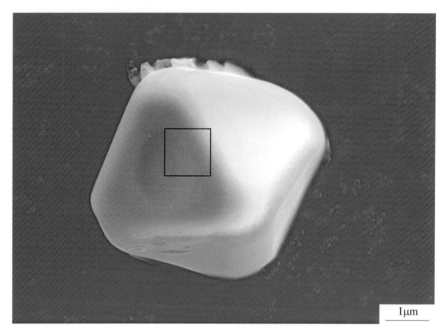

成分（wt%）：Al_2O_3 72.59%，MgO 27.41%

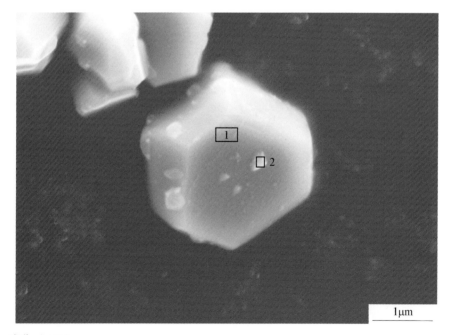

成分（wt%）：

1. Al（少量 Mg）N 100%

2. Al_2O_3 60.49%，CaO 32.50%，MgO 7.02%

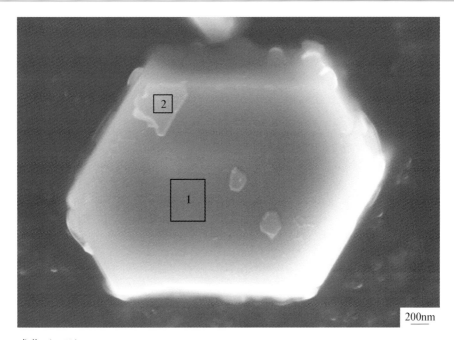

成分（wt%）：
1. Al（少量 Mg）N 100%
2. AlN+MgS 100%

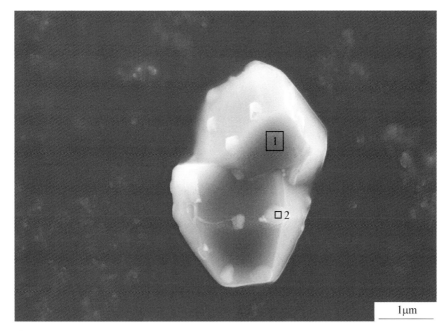

成分（wt%）：
1. Al（少量 Mg）N 100%
2. AlN+MgS 100%

成分（wt%）：
1. Al（少量 Mg）N 100%
2. AlN+MgS 100%

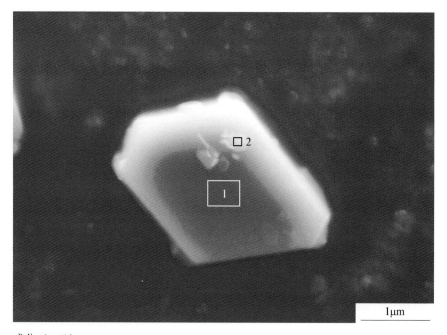

成分（wt%）：
1. Al（少量 Mg）N 100%
2. AlN+MgS 100%

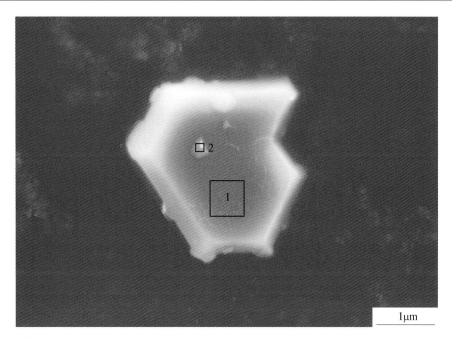

成分（wt%）：
1. Al（少量 Mg）N 100%
2. AlN+MgS 100%

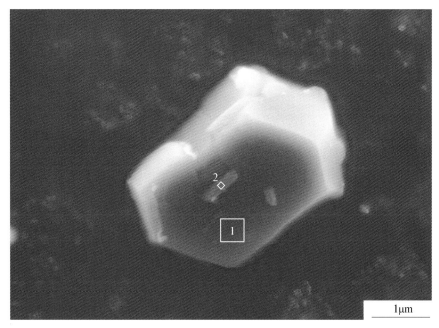

成分（wt%）：
1. Al（少量 Mg）N 100%
2. AlN+MgS 100%

6 高硫齿轮钢（FAS3420H）中非金属夹杂物

　　高硫齿轮钢（FAS34201-1）基本化学成分为：C 0.18%~0.23%，Si 0.15%~0.35%，Mn 0.70%~0.90%，P≤0.030%，T.S 0.017%~0.032%，Ni 0.40%~0.70%，Cr 0.40%~0.60%，Mo 0.15%~0.25%，T.Al 0.03%，T.O≤0.0018%。某厂高硫齿轮钢3420H采用"EAF→LF→VD→CC→热轧"工艺生产，铸坯断面尺寸为240mm×240mm。LF精炼过程主要是进行脱氧合金化，以及造渣和升温，进站时氩气流量为500NL/min，精炼过程为200NL/min。VD进站前，首先进行扒渣处理。入缸后先进行喂线处理，分别喂入铝线、碳线和硅钙线。之后进行真空操作，VD的工作真空度为67Pa，真空时间大于15min。破空后软吹，吹氩流量为220NL/min，并通过补加硫线和碳线来调节成分。

6.1 LF处理前钢液中非金属夹杂物（传统抛光观察）

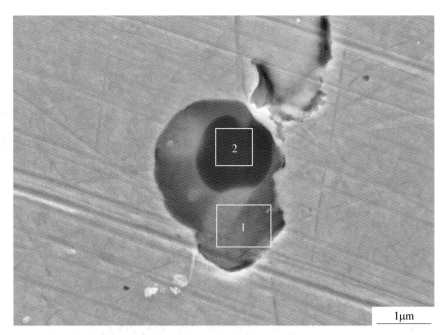

成分（wt%）：
1. MnS 88.82%，SiO_2 11.18%
2. MnS 11.68%，SiO_2 88.32%

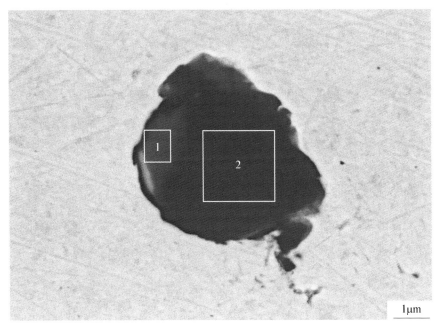

成分（wt%）：

1. MnS 4.47%, Al_2O_3 23.00%, MnO 25.39%, SiO_2 47.14%

2. Al_2O_3 100%

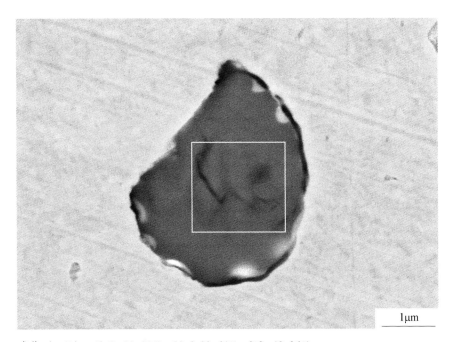

成分（wt%）: Al_2O_3 22.00%, MnO 29.64%, SiO_2 48.36%

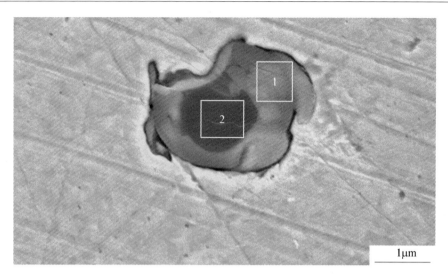

成分（wt%）：

1. MnS 60.46%，MnO 12.79%，SiO₂ 26.75%

2. MnS 4.35%，MnO 1.88%，SiO₂ 93.77%

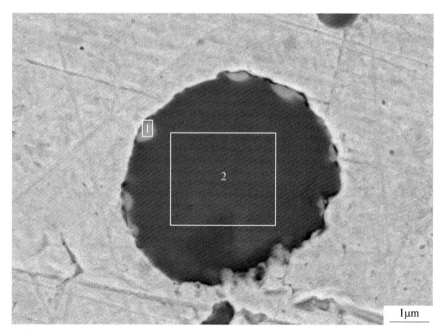

成分（wt%）：

1. MnS 90.25%，Al₂O₃ 5.24%，SiO₂ 4.51%

2. Al₂O₃ 39.14%，MnO 27.04%，SiO₂ 33.82%

（说明：1 点的成分由于电子束透过 MnS 析出相打到 Al₂O₃-SiO₂ 基体，实际应该为 MnS 析出相）

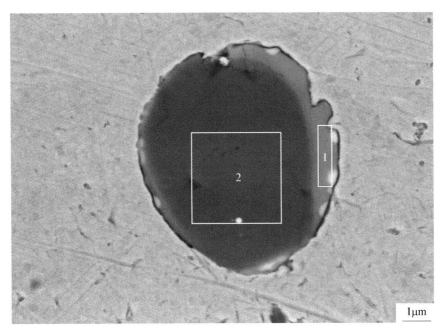

成分（wt%）：

1. MnS 3.40%，Al_2O_3 25.35%，MnO 27.48%，SiO_2 43.77%

2. Al_2O_3 100%

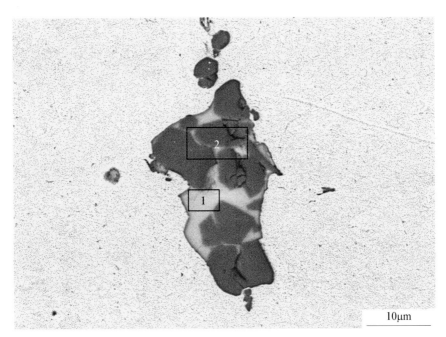

成分（wt%）：

1. MnS 2.89%，Al_2O_3 18.05%，MnO 40.29%，SiO_2 38.78%

2. Al_2O_3 100%

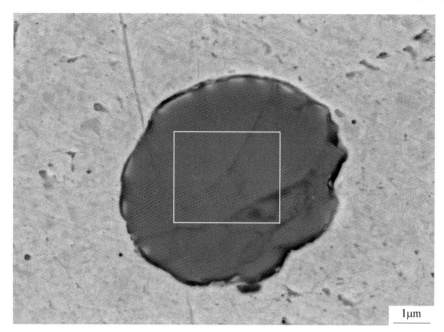

成分（wt%）：Al$_2$O$_3$ 36.10%，MnO 29.73%，SiO$_2$ 31.74%，MgO 2.43%

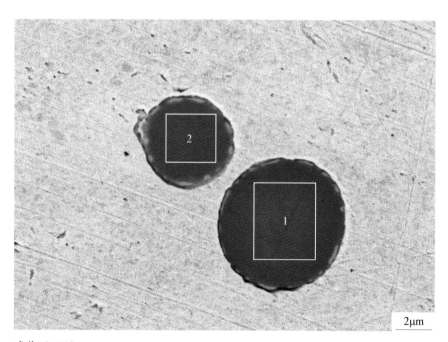

成分（wt%）：

1. Al$_2$O$_3$ 33.37%，MnO 35.06%，SiO$_2$ 31.57%

2. Al$_2$O$_3$ 29.90%，MnO 40.90%，SiO$_2$ 29.20%

6.2 LF 处理总钢液中非金属夹杂物（酸蚀）

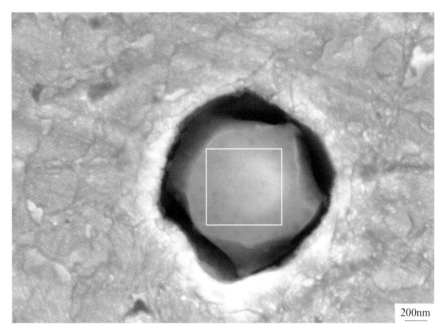

成分（wt%）：Al$_2$O$_3$ 15.49%，MnO 29.83%，SiO$_2$ 52.03%，TiO$_2$ 2.65%

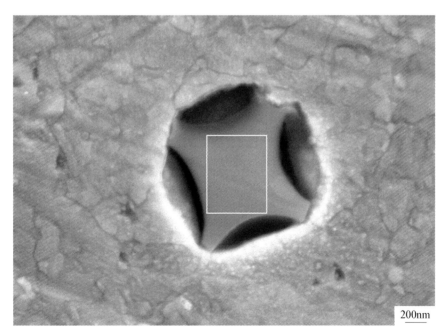

成分（wt%）：Al$_2$O$_3$ 9.93%，MnO 38.49%，SiO$_2$ 48.51%，TiO$_2$ 3.07%

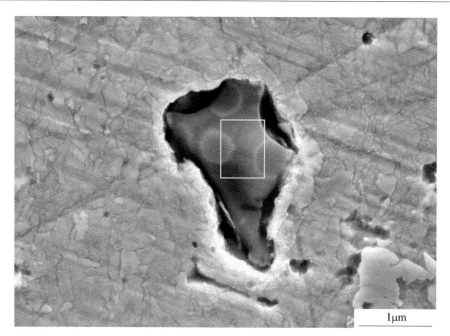

成分（wt%）：Al_2O_3 10.31%，MnO 33.73%，SiO_2 55.96%

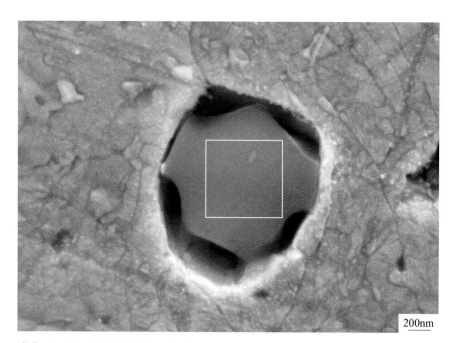

成分（wt%）：Al_2O_3 20.54%，MnO 14.40%，SiO_2 65.06%

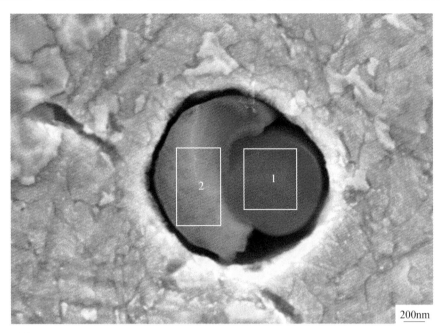

成分（wt%）：

1. Al_2O_3 1.70%，MnO 45.99%，SiO_2 47.86%，TiO_2 4.45%

2. SiO_2 100%

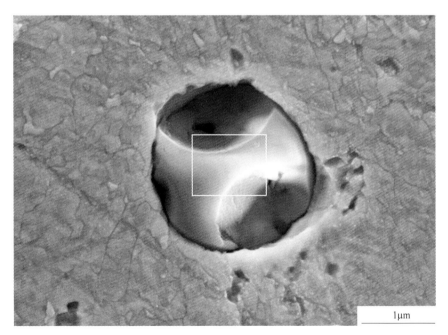

成分（wt%）：MnO 31.96%，SiO_2 68.04%

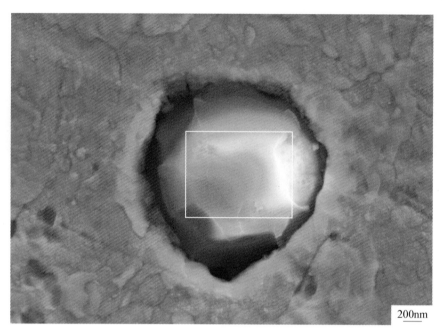

成分（wt%）：Al$_2$O$_3$ 13.62%，MnO 39.06%，SiO$_2$ 47.32%

成分（wt%）：SiO$_2$ 100%

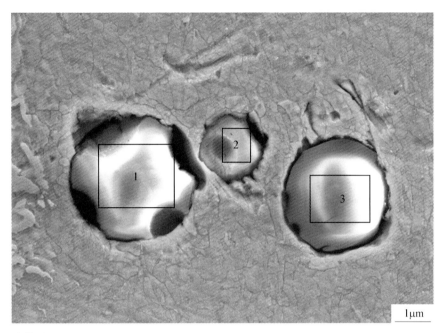

成分（wt%）：

1. Al_2O_3 26.88%，MnO 32.76%，SiO_2 40.36%

2. MnO 53.96%，SiO_2 46.04%

3. Al_2O_3 1.71%，MnO 57.87%，SiO_2 37.08%，TiO_2 3.34%

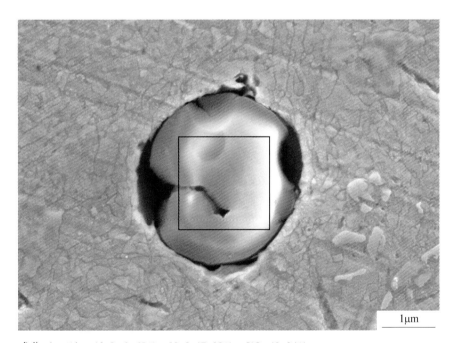

成分（wt%）：Al_2O_3 3.68%，MnO 47.08%，SiO_2 49.24%

6.3 LF 处理前钢液中非金属夹杂物（有机溶液电解侵蚀）

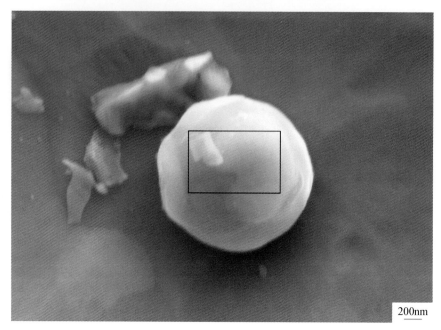

成分（wt%）：Al_2O_3 9.34%，MnO 36.70%，SiO_2 44.88%，MgO 9.08%

成分（wt%）：MnS 69.48%，MnO 30.52%

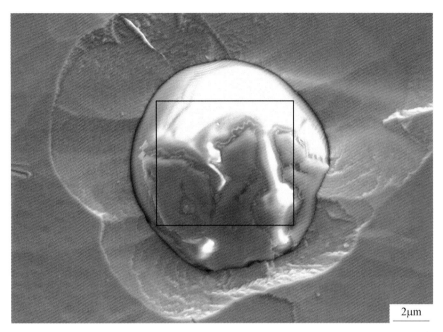

成分（wt%）：MnS 7.91%，Al$_2$O$_3$ 26.35%，MnO 41.77%，SiO$_2$ 21.25%，TiO$_2$ 2.72%

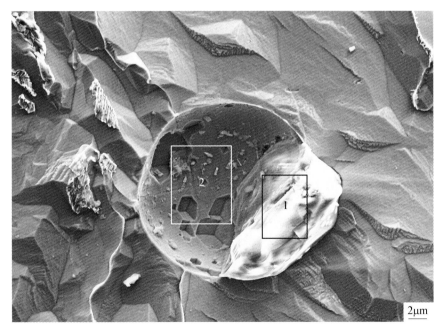

成分（wt%）：
1. Al$_2$O$_3$ 82.02%，SiO$_2$ 17.98%
2. Al$_2$O$_3$ 91.15%，SiO$_2$ 8.85%

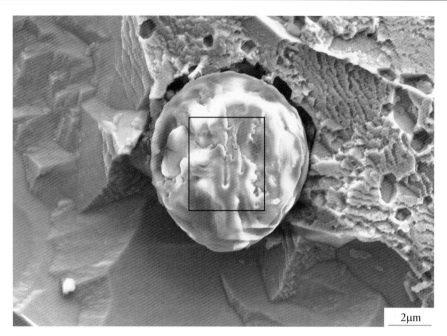

成分（wt%）：Al_2O_3 39.06%，MnO 34.22%，SiO_2 26.72%

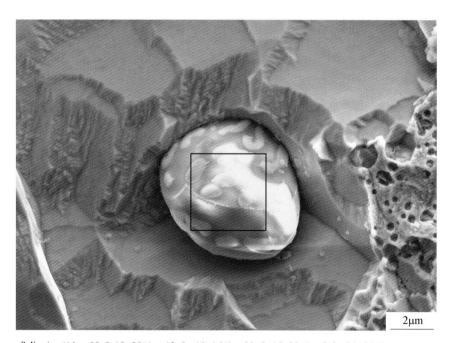

成分（wt%）：MnS 18.20%，Al_2O_3 13.16%，MnO 46.80%，SiO_2 21.84%

6.4　LF 处理前钢液中非金属夹杂物（有机溶液电解）

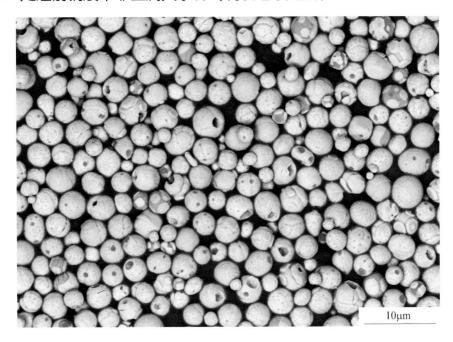

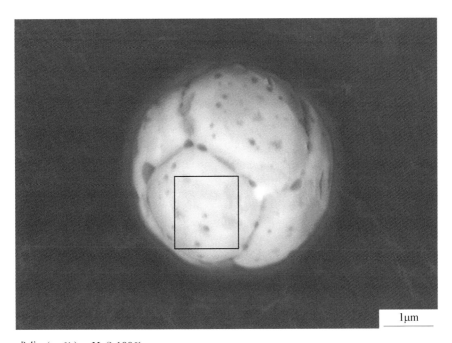

成分（wt%）：MnS 100%

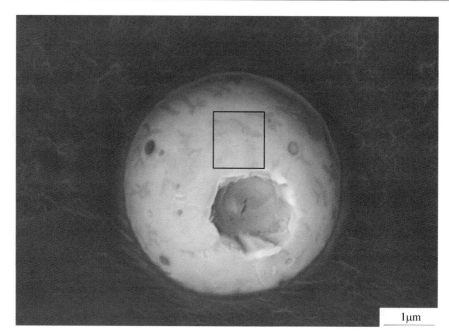

成分（wt%）：MnS 100%

成分（wt%）：

1. SiO$_2$ 100%

2. MnS 97.04%，SiO$_2$ 2.96%

3. MnS 100%

4. MnS 100%

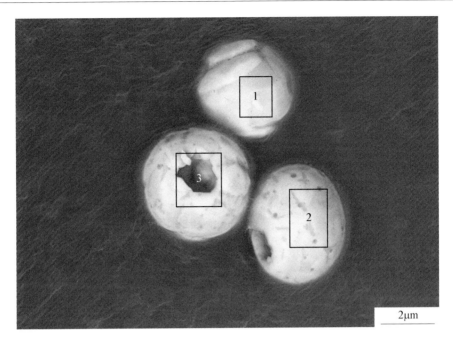

成分（wt%）：

1. MnS 100%

2. MnS 100%

3. MnS 100%

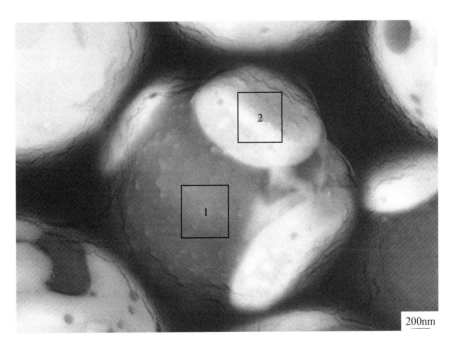

成分（wt%）：

1. MnS 6.32%，Al₂O₃ 1.58%，MnO 9.15%，SiO₂ 82.95%

2. MnS 98.01%，SiO₂ 1.99%

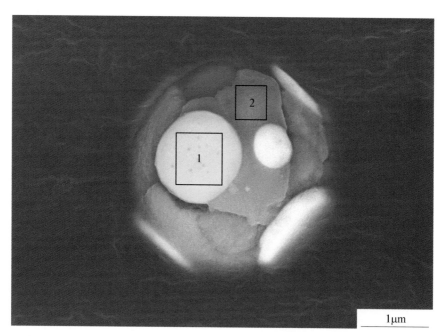

成分（wt%）：

1. MnS 95.62%，SiO$_2$ 4.38%

2. MnS 3.06%，Al$_2$O$_3$ 2.87%，MnO 42.85%，SiO$_2$ 51.22%

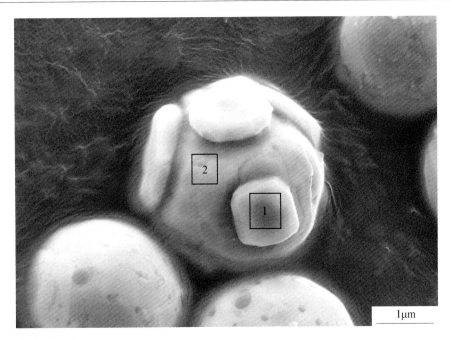

成分（wt%）:

1. MnS 100%

2. MnS 100%

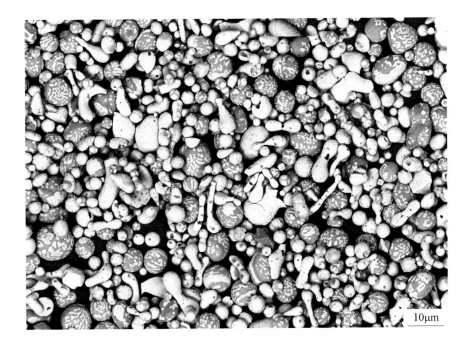

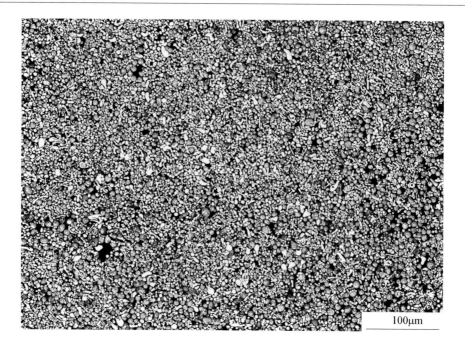

100μm

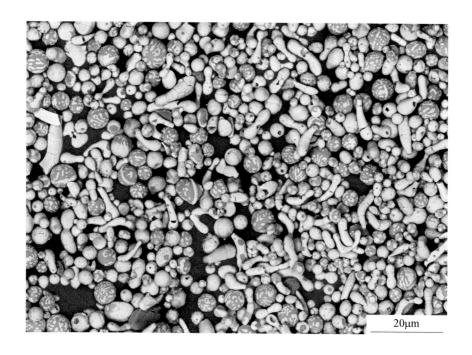

20μm

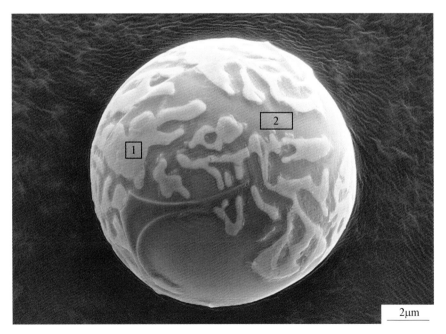

成分（wt%）：

1. MnS 31.08%，Al_2O_3 11.31%，MnO 31.22%，SiO_2 26.39%

2. Al_2O_3 14.04%，MnO 53.47%，SiO_2 32.49%

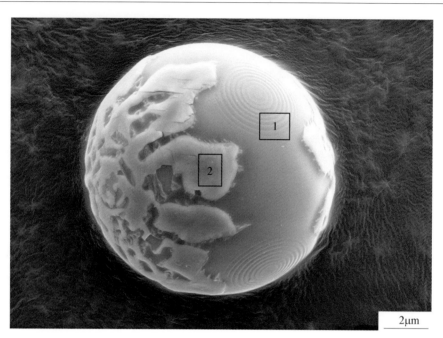

成分（wt%）：

1. Al$_2$O$_3$ 29.05%，MnO 48.50%，SiO$_2$ 22.45%

2. MnS 29.29%，Al$_2$O$_3$ 35.89%，MnO 10.00%，SiO$_2$ 24.82%

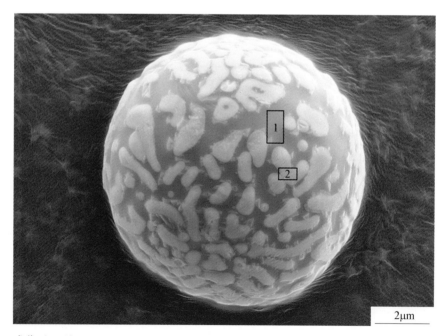

成分（wt%）：

1. Al$_2$O$_3$ 33.08%，MnO 38.62%，SiO$_2$ 28.30%

2. MnS 50.69%，Al$_2$O$_3$ 14.54%，MnO 21.66%，SiO$_2$ 13.11%

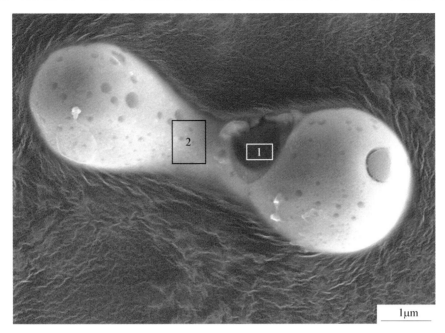

成分（wt%）：

1. MnS 13.19%，MnO 4.50%，SiO_2 82.31%

2. MnS 100%

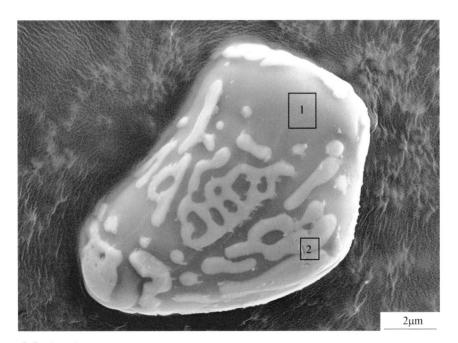

成分（wt%）：

1. Al_2O_3 95.60%，MnO 4.40%

2. MnS 54.08%，Al_2O_3 8.01%，MnO 18.45%，SiO_2 19.46%

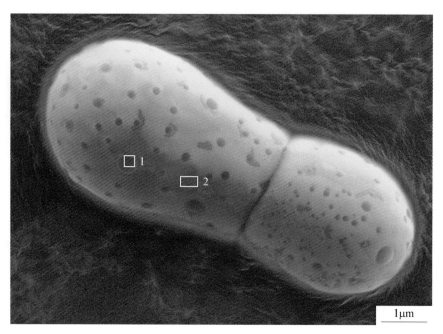

成分（wt%）：

1. MnS 46. 34%，MnO 15. 82%，SiO_2 37. 84%

2. MnS 74. 56%，MnO 25. 44%

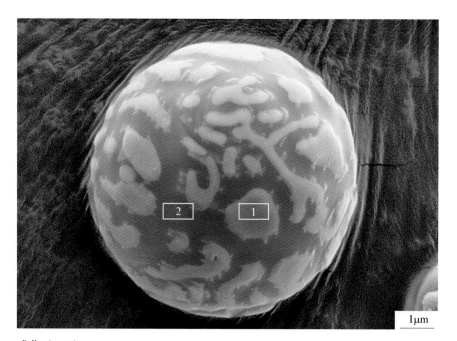

成分（wt%）：

1. MnS 41. 35%，Al_2O_3 24. 53%，MnO 14. 12%，SiO_2 20. 00%

2. Al_2O_3 38. 37%，MnO 29. 38%，SiO_2 32. 25%

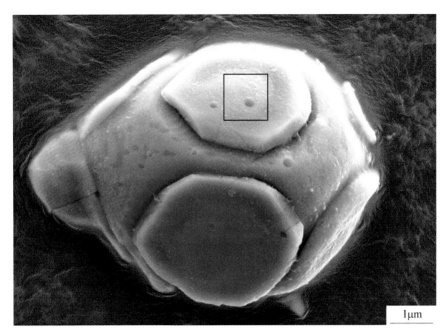

成分（wt%）：MnS 74.56%，MnO 25.44%

6.5 LF 处理后钢液中非金属夹杂物（传统抛光观察）

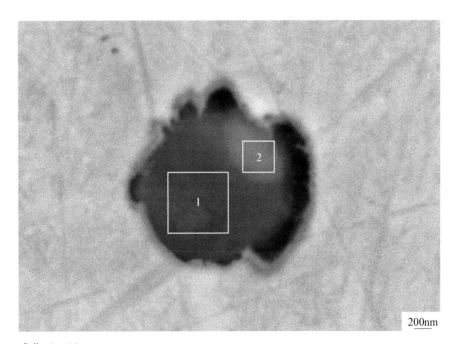

成分（wt%）：

1. CaS 3.86%，CaO 10.61%，Al$_2$O$_3$ 51.71%，SiO$_2$ 7.53%，MgO 26.30%

2. MnS 3.28%，CaS 56.81%，CaO 17.00%，Al$_2$O$_3$ 12.60%，MnO 1.44%，SiO$_2$ 2.63%，MgO 6.24%

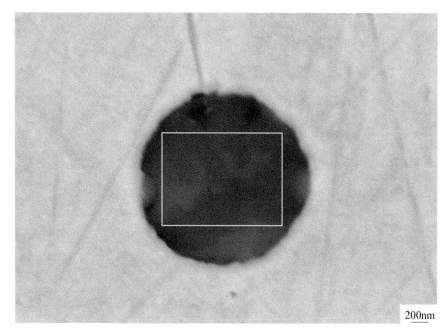

成分（wt%）：CaO 6.29%，Al_2O_3 63.49%，SiO_2 2.42%，MgO 27.80%

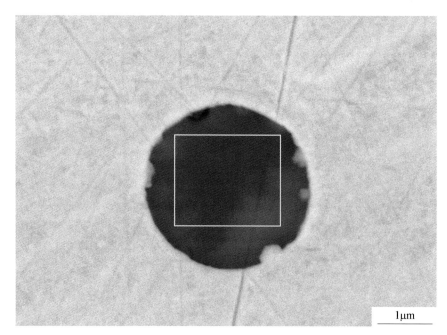

成分（wt%）：CaO 4.56%，Al_2O_3 61.63%，MnO 33.81%

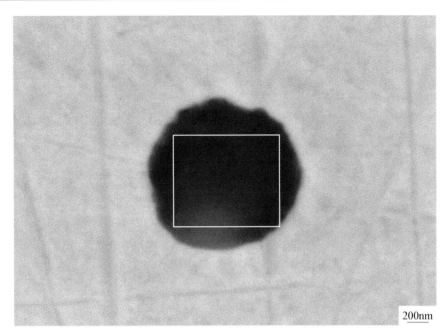

成分（wt%）：CaS 5.91%，CaO 2.49%，Al$_2$O$_3$ 48.57%，SiO$_2$ 6.59%，MgO 33.01%，TiO$_2$ 3.43%

成分（wt%）：
1. CaS 17.62%，CaO 2.74%，Al$_2$O$_3$ 47.95%，SiO$_2$ 4.66%，MgO 27.03%
2. MnS 37.11%，CaS 37.31%，CaO 5.80%，MnO 16.30%，MgO 3.48%

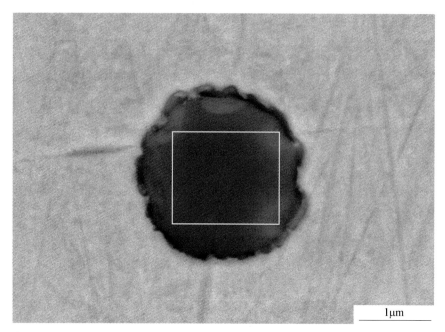

成分（wt%）：CaS 6.75%，CaO 5.74%，Al_2O_3 57.03%，SiO_2 4.55%，MgO 25.93%

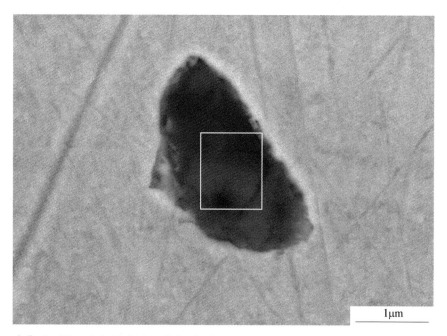

成分（wt%）：CaO 15.56%，Al_2O_3 58.04%，SiO_2 4.69%，MgO 21.71%

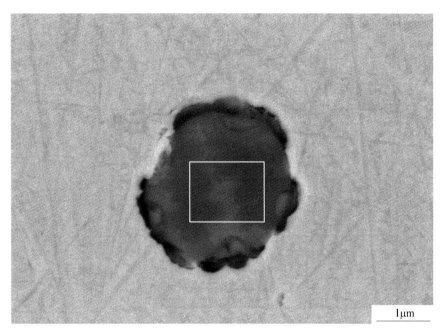

成分（wt%）：CaS 3.55%，CaO 8.39%，Al_2O_3 56.40%，SiO_2 3.96%，MgO 27.70%

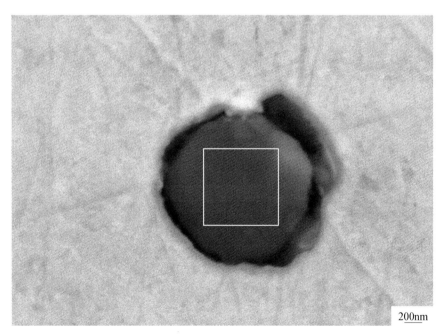

成分（wt%）：CaS 11.70%，CaO 9.08%，Al_2O_3 47.51%，SiO_2 5.80%，MgO 25.91%

6.6   LF 处理后钢液中非金属夹杂物（酸蚀）

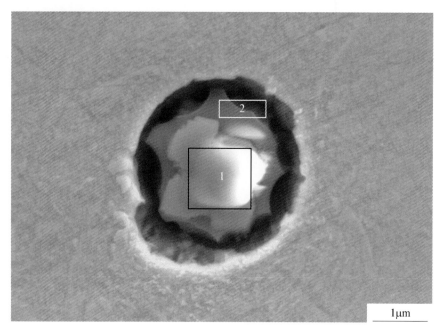

成分（wt%）：
1. CaO 83.68%，SiO$_2$ 10.04%，MgO 6.28%
2. CaO 2.07%，Al$_2$O$_3$ 63.68%，MgO 34.25%

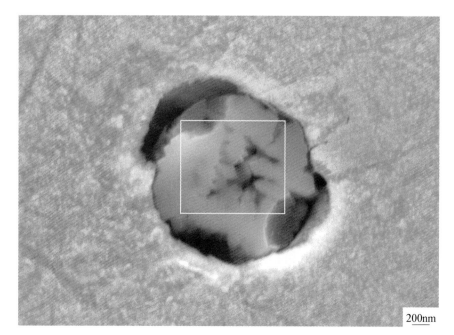

成分（wt%）：Al$_2$O$_3$ 64.81%，SiO$_2$ 3.62%，MgO 31.57%

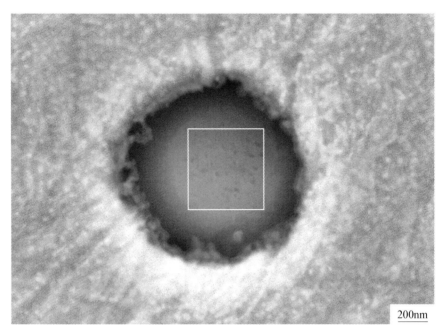

成分（wt%）：CaS 8.30%，CaO 1.29%，Al_2O_3 53.37%，MgO 37.04%

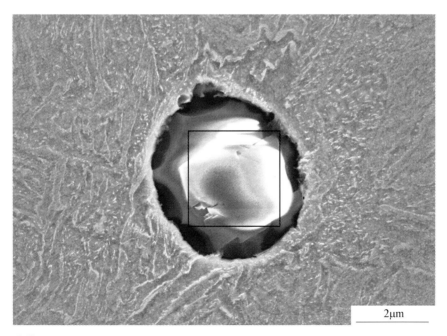

成分（wt%）：CaO 6.13%，Al_2O_3 64.13%，SiO_2 1.64%，MgO 28.10%

成分（wt%）：Al$_2$O$_3$ 67.21%，MgO 32.79%

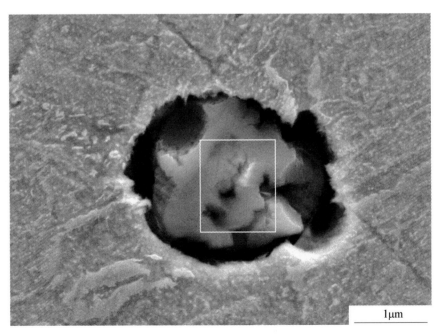

成分（wt%）：CaO 2.33%，Al$_2$O$_3$ 65.44%，SiO$_2$ 3.95%，MgO 28.28%

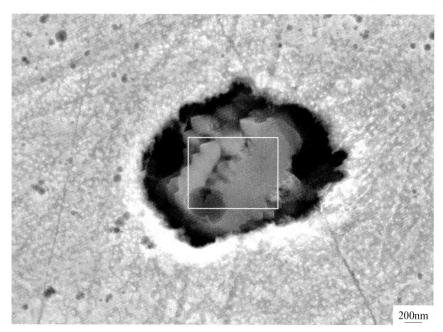

成分（wt%）：CaO 2.47%，Al_2O_3 60.21%，SiO_2 3.76%，MgO 33.56%

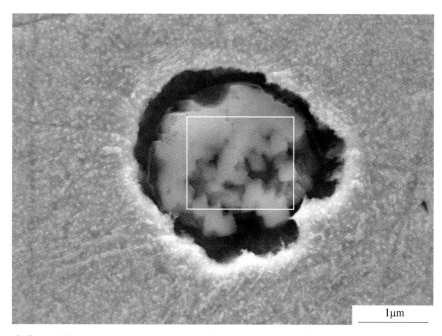

成分（wt%）：CaO 3.02%，Al_2O_3 61.36%，SiO_2 3.95%，MgO 31.67%

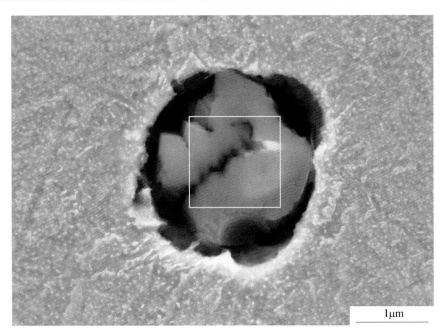

成分（wt%）：CaO 5.45%，Al$_2$O$_3$ 64.57%，SiO$_2$ 4.34%，MgO 25.64%

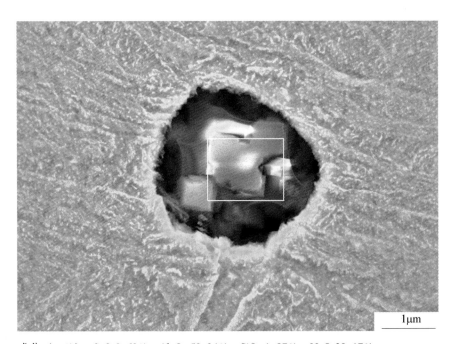

成分（wt%）：CaO 9.62%，Al$_2$O$_3$ 59.34%，SiO$_2$ 1.87%，MgO 29.17%

6.7 LF 处理后钢液中非金属夹杂物（有机溶液电解侵蚀）

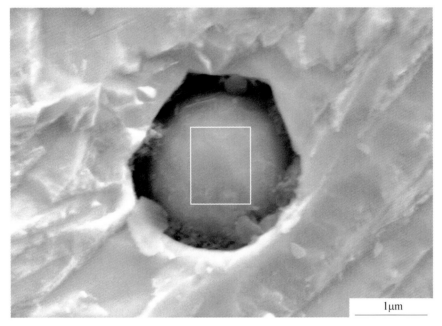

成分（wt%）：CaS 8.89%，CaO 25.45%，Al$_2$O$_3$ 46.25%，SiO$_2$ 3.85%，MgO 15.56%

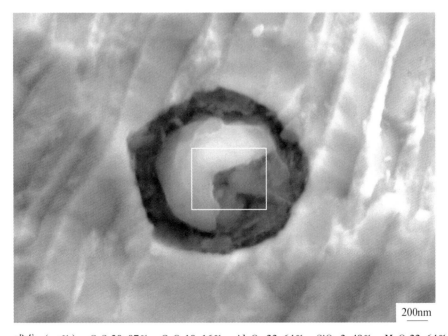

成分（wt%）：CaS 30.07%，CaO 10.16%，Al$_2$O$_3$ 33.64%，SiO$_2$ 3.49%，MgO 22.64%

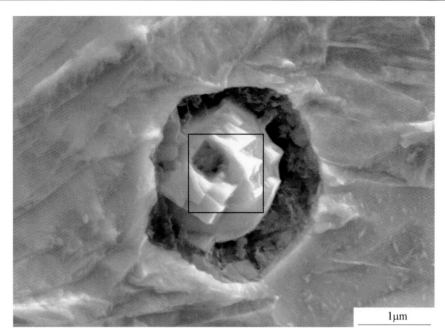

成分（wt%）：MnS 65.04%，MnO 28.56%，TiO_2 6.40%

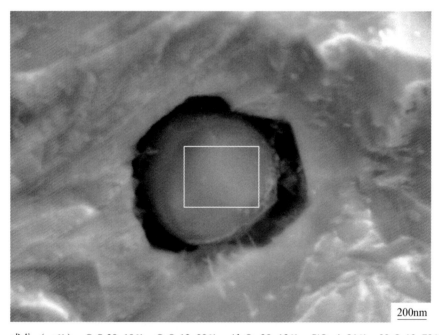

成分（wt%）：CaS 39.19%，CaO 12.09%，Al_2O_3 30.12%，SiO_2 4.81%，MgO 13.79%

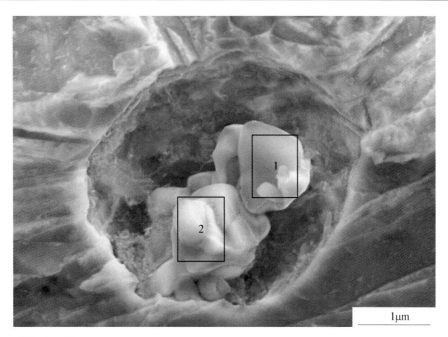

成分（wt%）：
1. MnS 99.54%，MnO 0.46%
2. MnS 100%

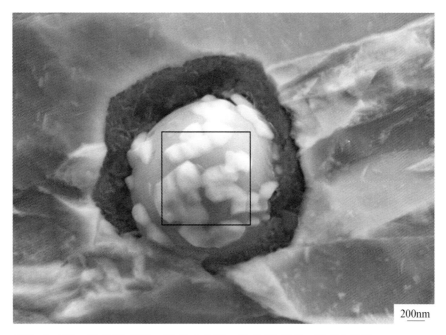

成分（wt%）：MnS 62.65%，Al$_2$O$_3$ 6.06%，MnO 27.52%，MgO 3.77%

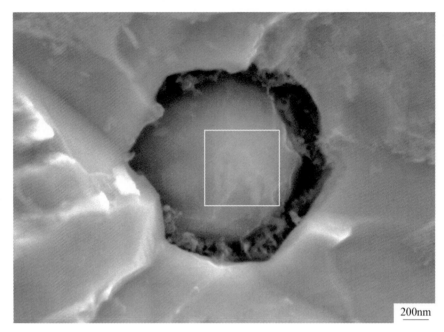

成分（wt%）：CaS 2.65%，CaO 10.24%，Al_2O_3 55.50%，SiO_2 4.39%，MgO 27.22%

成分（wt%）：CaS 12.70%，CaO 14.42%，Al_2O_3 44.64%，SiO_2 3.94%，MgO 24.30%

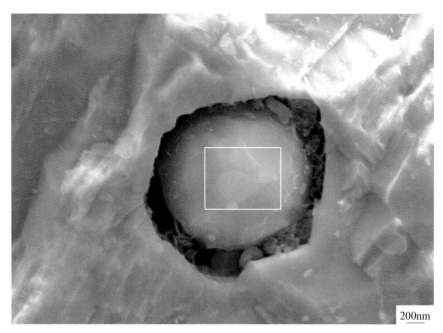

成分（wt%）：CaS 13.75%，CaO 14.26%，Al_2O_3 44.66%，SiO_2 3.82%，MgO 23.51%

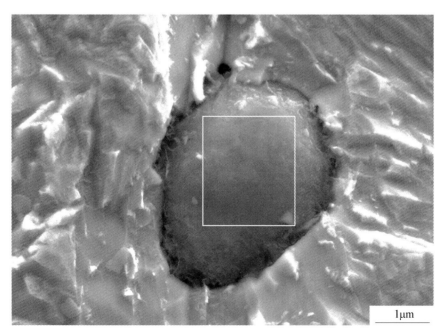

成分（wt%）：CaS 6.24%，CaO 19.92%，Al_2O_3 48.30%，SiO_2 2.49%，MgO 23.05%

6.8　LF 处理后钢液中非金属夹杂物（有机溶液电解）

10μm

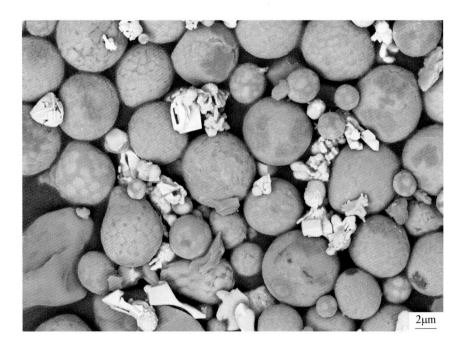

2μm

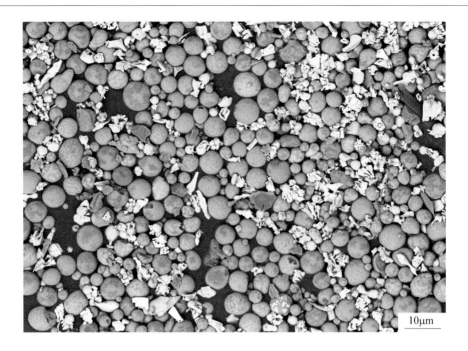

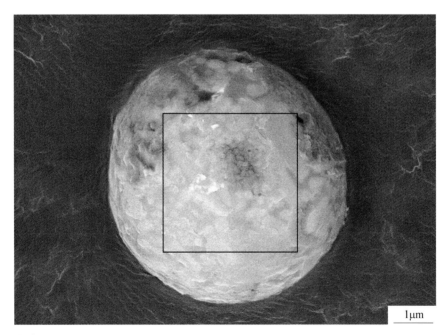

成分（wt%）：CaS 12.09%，CaO 30.38%，Al_2O_3 42.78%，SiO_2 4.06%，MgO 10.69%

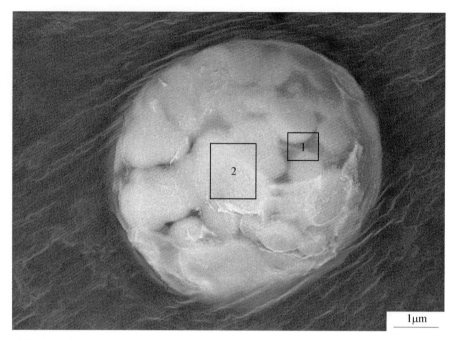

成分（wt%）：

1. CaS 13.29%，CaO 32.79%，Al$_2$O$_3$ 37.68%，SiO$_2$ 13.89%，MgO 2.35%

2. CaS 49.68%，CaO 24.89%，Al$_2$O$_3$ 16.90%，SiO$_2$ 4.59%，MgO 3.94%

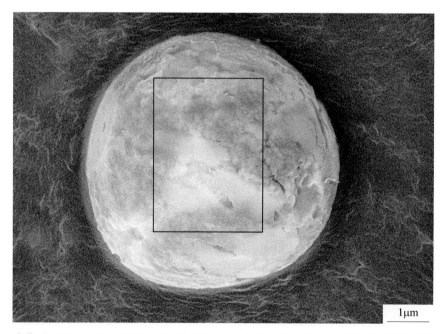

成分（wt%）：CaS 13.51%，CaO 19.31%，Al$_2$O$_3$ 41.32%，SiO$_2$ 1.95%，MgO 23.91%

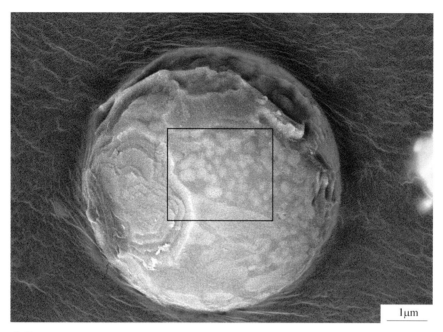

成分（wt%）：CaS 10.50%，CaO 37.90%，Al_2O_3 45.50%，SiO_2 2.89%，MgO 3.21%

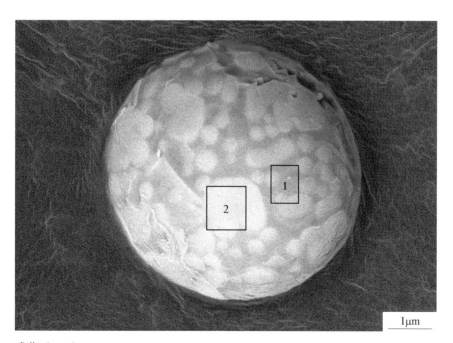

成分（wt%）：

1. CaS 6.46%，CaO 38.72%，Al_2O_3 45.02%，SiO_2 6.06%，MgO 3.74%
2. CaS 23.90%，CaO 34.10%，Al_2O_3 34.20%，SiO_2 4.93%，MgO 2.87%

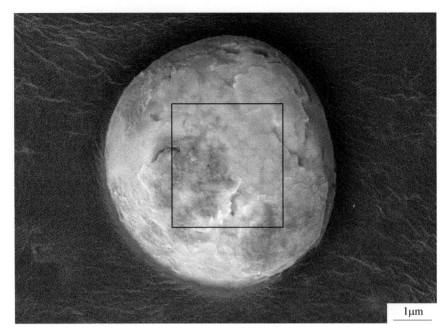

成分（wt%）：CaS 14.21%，CaO 30.82%，Al$_2$O$_3$ 44.93%，SiO$_2$ 3.40%，MgO 6.64%

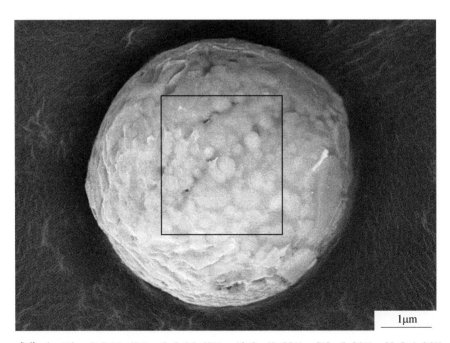

成分（wt%）：CaS 11.60%，CaO 35.60%，Al$_2$O$_3$ 42.90%，SiO$_2$ 5.84%，MgO 4.06%

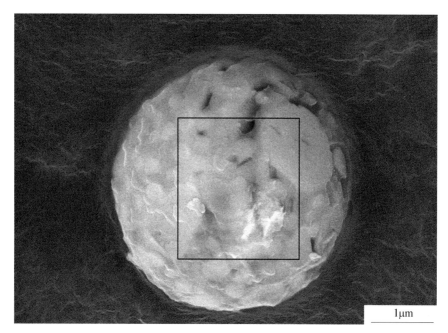

成分（wt%）：CaS 15.29%，CaO 26.18%，Al_2O_3 43.66%，SiO_2 4.88%，MgO 9.99%

6.9　VD 出站后钢液中非金属夹杂物（传统抛光观察）

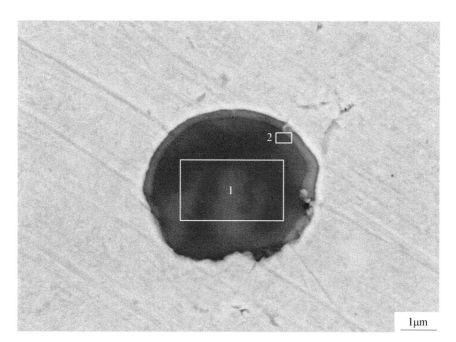

成分（wt%）：

1. CaO 7.60%，Al_2O_3 71.32%，SiO_2 2.03%，MgO 19.05%
2. MnS 7.03%，CaS 29.19%，CaO 12.86%，Al_2O_3 37.60%，MnO 3.09%，MgO 10.23%

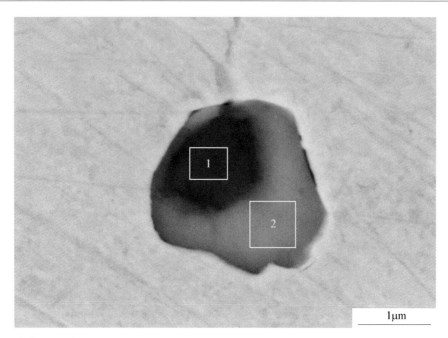

成分（wt%）：

1. CaS 3.91%，CaO 0.94%，Al$_2$O$_3$ 72.21%，SiO$_2$ 5.33%，MgO 17.61%

2. MnS 24.24%，CaS 50.29%，CaO 7.82%，Al$_2$O$_3$ 5.45%，MnO 10.65%，MgO 1.55%

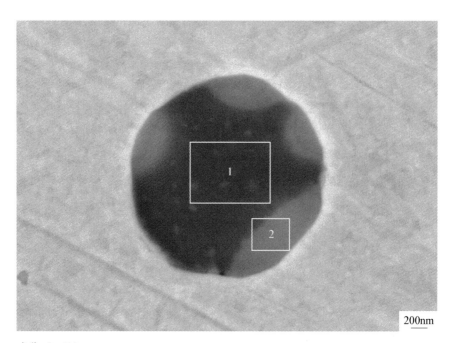

成分（wt%）：

1. CaS 5.54%，CaO 3.17%，Al$_2$O$_3$ 68.60%，SiO$_2$ 4.26%，MgO 18.43%

2. MnS 11.10%，CaS 58.46%，CaO 9.09%，Al$_2$O$_3$ 12.54%，MnO 4.87%，MgO 3.94%

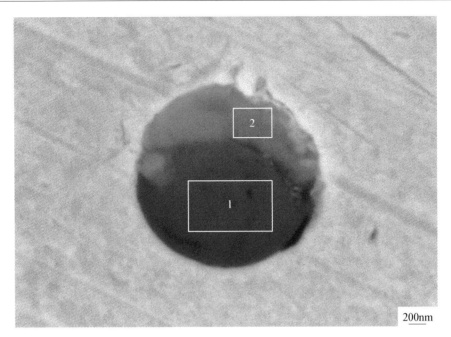

200nm

成分（wt%）：

1. CaS 6.74%，CaO 2.08%，Al$_2$O$_3$ 65.55%，SiO$_2$ 2.51%，MgO 23.12%

2. MnS 30.61%，CaS 29.84%，CaO 12.73%，Al$_2$O$_3$ 9.20%，MnO 13.44%，MgO 4.18%

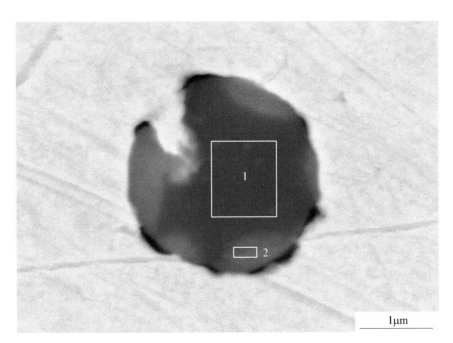

1μm

成分（wt%）：

1. CaS 3.27%，CaO 6.64%，Al$_2$O$_3$ 71.33%，SiO$_2$ 3.54%，MgO 15.22%

2. MnS 7.76%，CaS 38.02%，CaO 6.75%，Al$_2$O$_3$ 35.55%，MnO 3.41%，MgO 8.51%

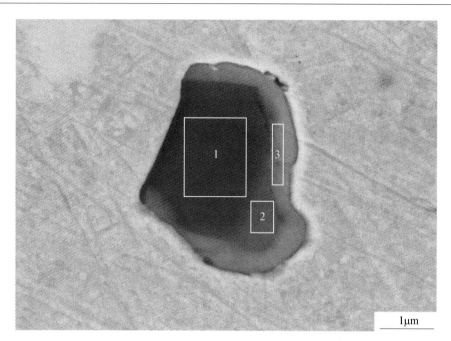

成分（wt%）：

1. Al_2O_3 71.33%，MgO 28.67%

2. CaS 4.96%，CaO 32.94%，Al_2O_3 57.48%，SiO_2 2.31%，MgO 2.31%

3. MnS 21.33%，CaS 46.06%，CaO 10.50%，Al_2O_3 8.52%，MnO 9.37%，MgO 4.22%

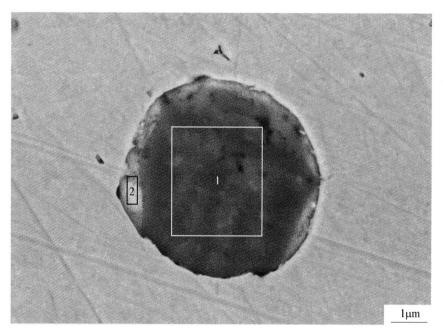

成分（wt%）：

1. CaS 6.40%，CaO 14.97%，Al_2O_3 64.22%，MgO 14.41%

2. CaS 72.29%，CaO 11.24%，Al_2O_3 12.40%，MgO 4.07%

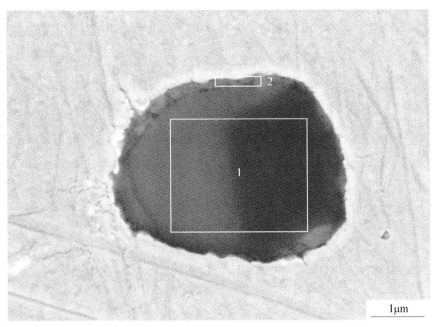

成分（wt%）：

1. CaO 13.33%，Al_2O_3 65.77%，SiO_2 2.77%，MgO 18.13%

2. CaS 71.44%，CaO 11.11%，Al_2O_3 14.12%，MgO 3.33%

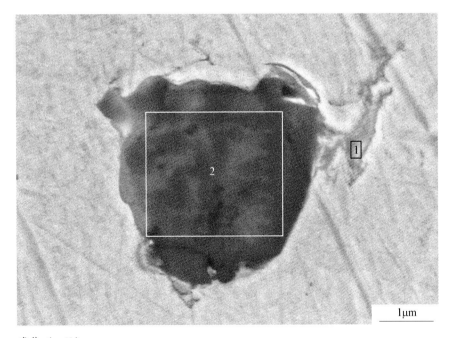

成分（wt%）：

1. MnS 40.17%，CaS 36.51%，CaO 5.68%，MnO 17.64%

2. CaS 2.96%，CaO 14.25%，Al_2O_3 65.45%，MgO 17.34%

6.10　VD 出站后钢液中非金属夹杂物（酸蚀）

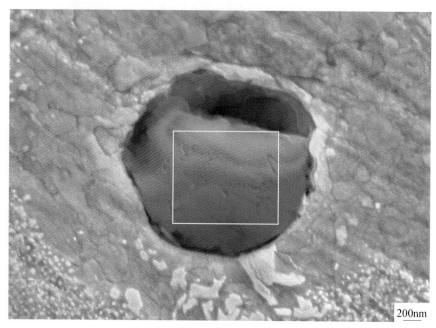

成分（wt%）：CaO 4.95%，Al_2O_3 70.97%，SiO_2 6.38%，MgO 17.70%

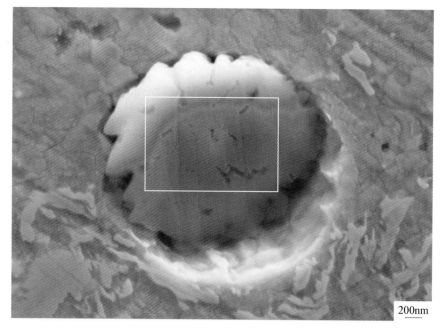

成分（wt%）：CaO 7.01%，Al_2O_3 71.95%，SiO_2 4.14%，MgO 16.90%

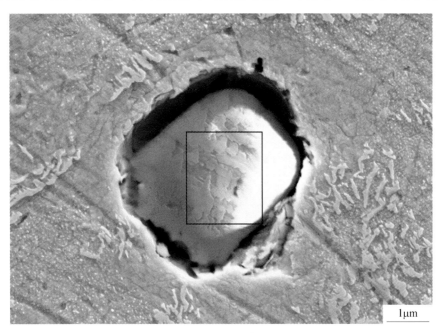

成分（wt%）：CaO 11.34%，Al_2O_3 69.12%，SiO_2 3.14%，MgO 16.40%

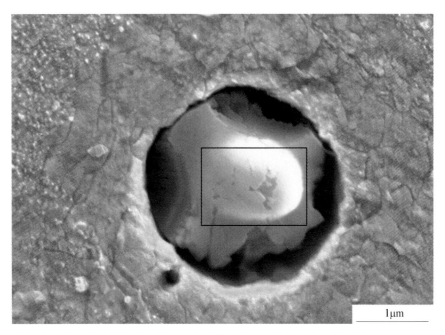

成分（wt%）：CaO 7.37%，Al_2O_3 67.71%，SiO_2 6.08%，MgO 18.84%

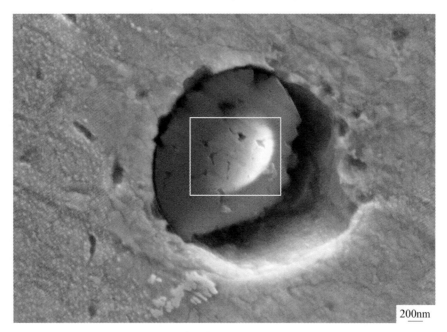

成分（wt%）：CaO 5.23%，Al_2O_3 71.89%，SiO_2 4.81%，MgO 18.07%

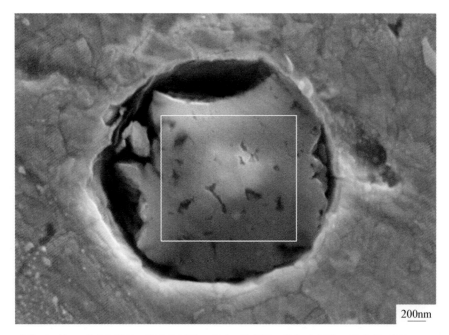

成分（wt%）：CaS 1.72%，CaO 5.16%，Al_2O_3 69.73%，SiO_2 4.80%，MgO 18.59%

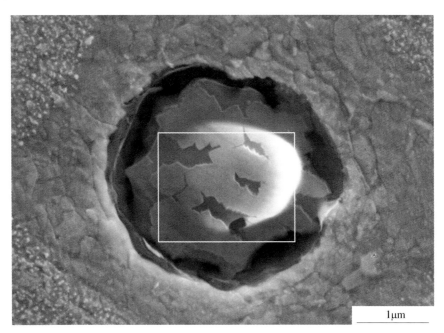

成分（wt%）：CaO 10.44%，Al_2O_3 68.15%，SiO_2 7.28%，MgO 14.13%

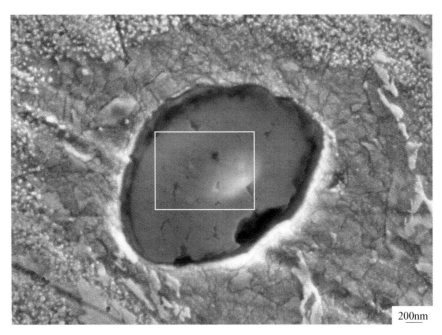

成分（wt%）：CaO 4.20%，Al_2O_3 72.59%，SiO_2 3.78%，MgO 19.43%

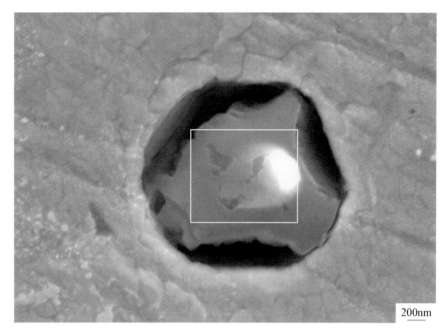

成分（wt%）：CaO 6.45%，Al_2O_3 70.91%，SiO_2 7.12%，MgO 15.52%

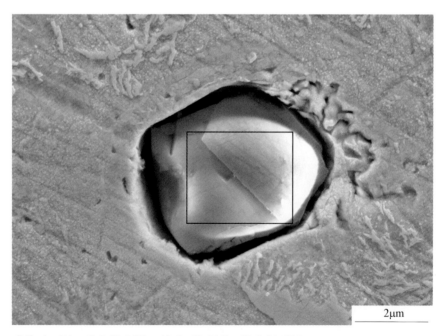

成分（wt%）：CaO 10.34%，Al_2O_3 67.91%，MgO 21.75%

6.11 VD 出站后钢液中非金属夹杂物（有机溶液电解侵蚀）

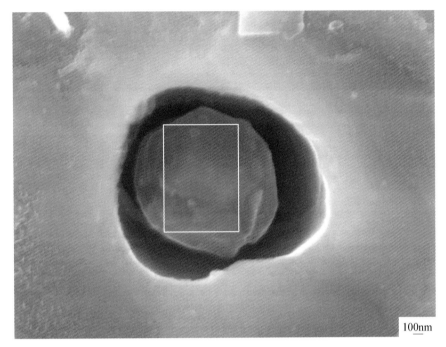

成分（wt%）：MnS 17.39%，CaS 19.99%，CaO 16.66%，Al_2O_3 29.60%，MnO 7.64%，SiO_2 3.25%，MgO 5.47%

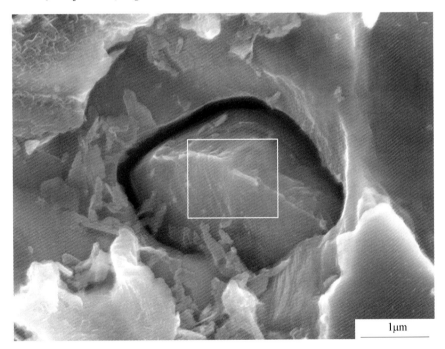

成分（wt%）：MnS 55.69%，CaS 9.14%，CaO 1.42%，Al_2O_3 4.48%，MnO 24.46%，MgO 3.60%，TiO_2 1.21%

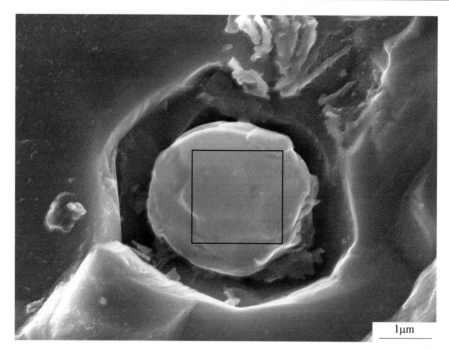

成分（wt%）：MnS 4.27%，CaS 15.80%，CaO 4.35%，Al_2O_3 53.72%，MnO 1.87%，SiO_2 3.90%，MgO 13.39%

成分（wt%）：MnS 2.55%，CaS 36.48%，CaO 12.19%，Al_2O_3 37.06%，MnO 1.12%，SiO_2 2.35%，MgO 8.25%

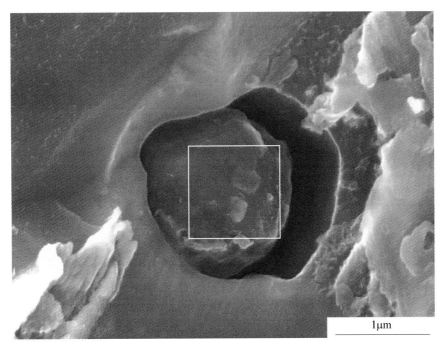

成分（wt%）：MnS 38. 63%，CaO 25. 24%，Al_2O_3 10. 75%，MnO 19. 56%，MgO 5. 82%

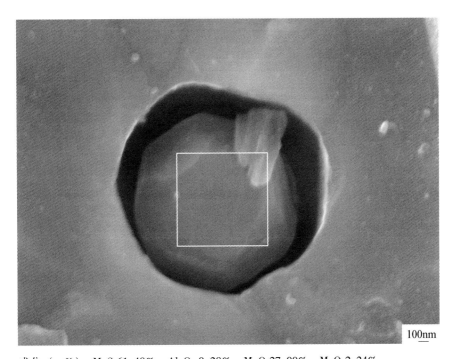

成分（wt%）：MnS 61. 48%，Al_2O_3 9. 28%，MnO 27. 00%，MgO 2. 24%

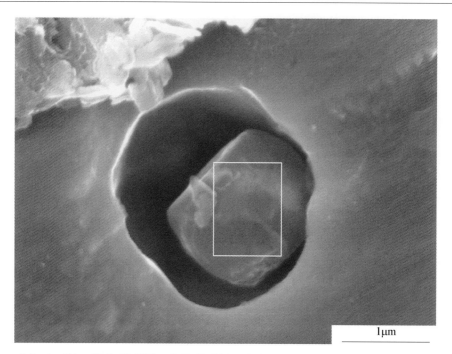

成分（wt%）：MnS 28.50%，CaS 12.66%，CaO 10.41%，Al_2O_3 28.76%，MnO 12.52%，MgO 7.15%

成分（wt%）：MnS 27.68%，CaS 38.78%，CaO 8.60%，Al_2O_3 10.46%，MnO 12.16%，MgO 2.32%

6.12 VD 出站后钢液中非金属夹杂物（有机溶液电解）

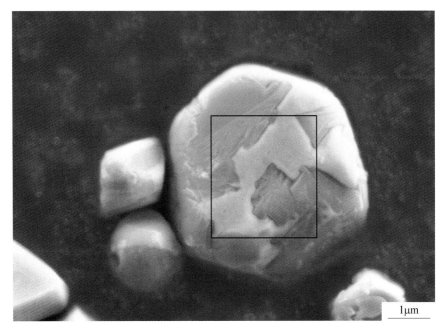

成分（wt%）：MnS 100%

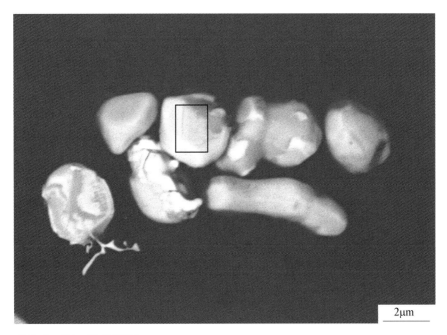

成分（wt%）：MnS 100%

成分（wt%）：MnS 100%

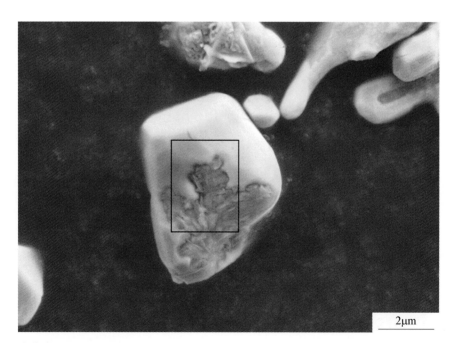

成分（wt%）：MnS 100%

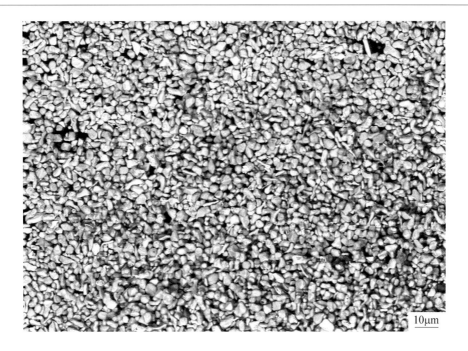

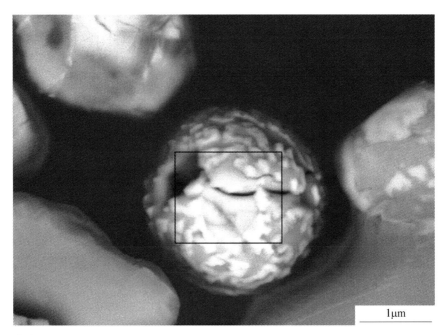

成分（wt%）：MnS 100%

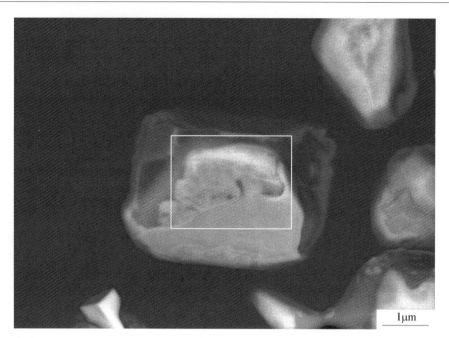

成分（wt%）：MnS 100%

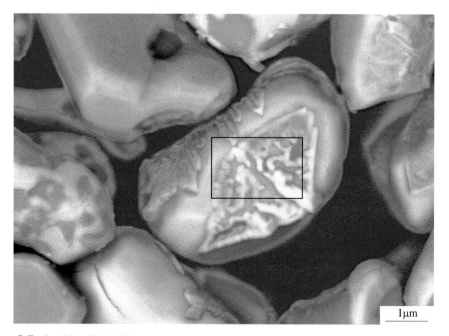

成分（wt%）：MnS 100%

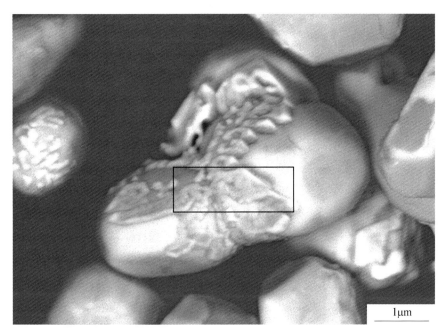

成分（wt%）：MnS 100%

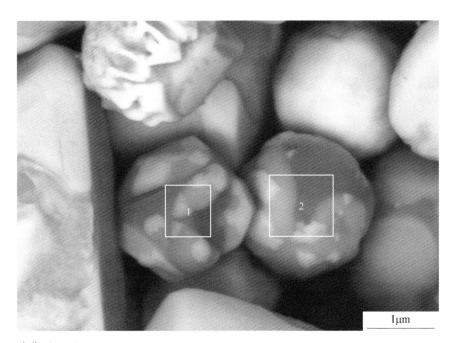

成分（wt%）：

1. MnS 3. 11%，CaS 42. 59%，CaO 6. 63%，Al_2O_3 41. 44%，MnO 1. 36%，MgO 4. 87%

2. MnS 0. 68%，CaS 22. 66%，CaO 3. 53%，Al_2O_3 54. 68%，MnO 0. 30%，SiO_2 4. 19%，MgO 13. 96%

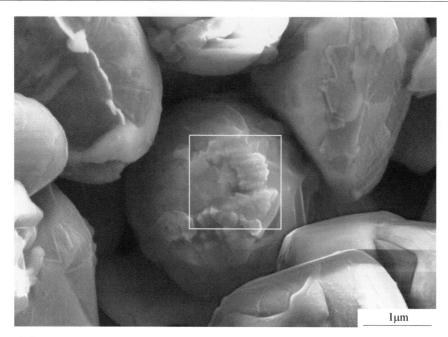

成分（wt%）：CaS 7.36%，CaO 5.56%，Al$_2$O$_3$ 65.58%，SiO$_2$ 3.35%，MgO 18.15%

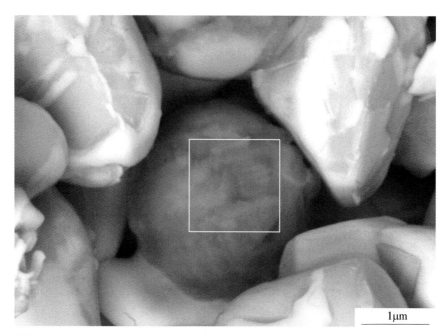

成分（wt%）：CaS 7.36%，CaO 5.56%，Al$_2$O$_3$ 65.58%，SiO$_2$ 3.35%，MgO 18.15%

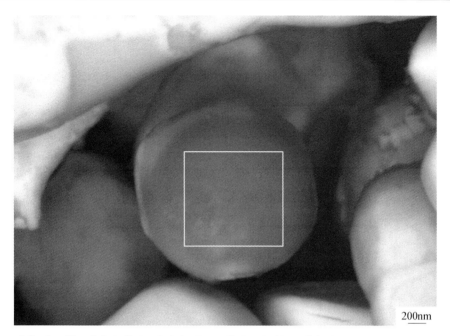

成分（wt%）：CaS 4.69%，CaO 0.73%，Al_2O_3 70.54%，SiO_2 3.33%，MgO 20.71%

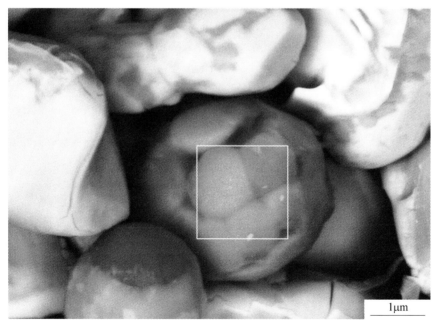

成分（wt%）：MnS 4.21%，CaS 44.12%，CaO 15.83%，Al_2O_3 24.32%，MnO 1.85%，SiO_2 2.97%，MgO 6.70%

6.13　VD 喂硫线后钢液中非金属夹杂物（传统抛光观察）

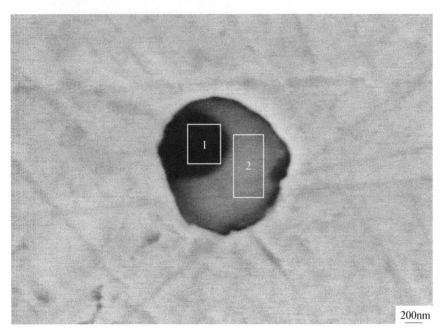

200nm

成分（wt%）：

1. CaS 8.08%，CaO 6.10%，Al_2O_3 68.07%，SiO_2 6.90%，MgO 10.85%

2. MnS 39.80%，CaS 27.42%，CaO 8.64%，Al_2O_3 4.99%，MnO 17.48%，SiO_2 1.67%

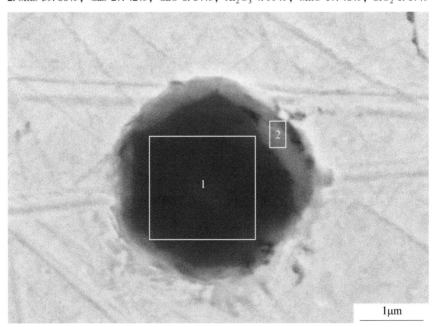

1μm

成分（wt%）：

1. CaO 4.78%，Al_2O_3 74.85%，SiO_2 2.88%，MgO 17.49%

2. MnS 24.57%，CaS 39.60%，CaO 12.49%，Al_2O_3 9.90%，MnO 10.79%，MgO 2.65%

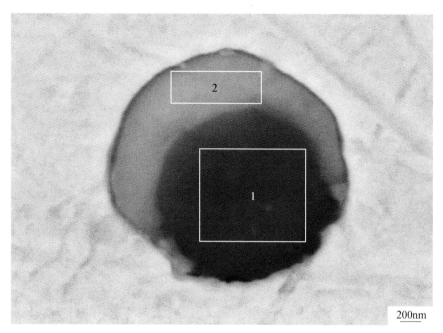

成分（wt%）：

1. CaS 5.84%，CaO 2.01%，Al$_2$O$_3$ 73.77%，SiO$_2$ 4.17%，MgO 14.21%

2. MnS 23.87%，CaS 50.54%，CaO 9.48%，Al$_2$O$_3$ 4.66%，MnO 10.48%，MgO 0.97%

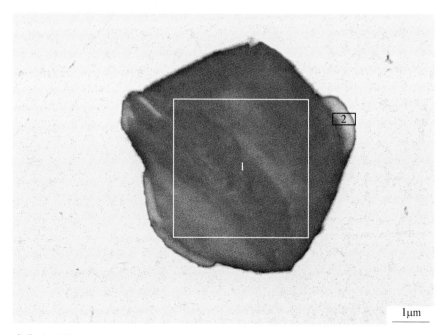

成分（wt%）：

1. CaO 10.72%，Al$_2$O$_3$ 85.14%，SiO$_2$ 1.52%，MgO 2.62%

2. MnS 25.02%，CaS 22.11%，CaO 15.08%，Al$_2$O$_3$ 26.80%，MnO 10.99%

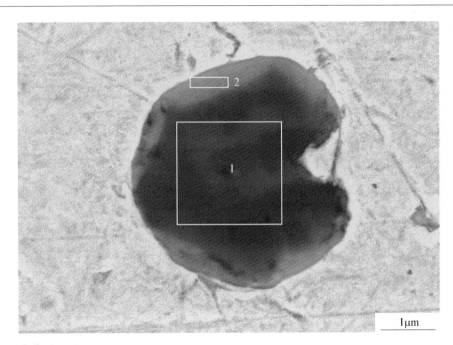

成分（wt%）：

1. CaO 15.90%，Al$_2$O$_3$ 64.59%，SiO$_2$ 5.96%，MgO 13.55%

2. MnS 19.61%，CaS 39.33%，CaO 16.70%，Al$_2$O$_3$ 11.44%，MnO 8.61%，SiO$_2$ 1.44%，MgO 2.87%

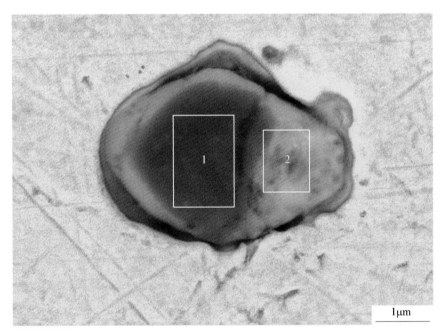

成分（wt%）：

1. CaS 3.06%，CaO 5.63%，Al$_2$O$_3$ 72.81%，SiO$_2$ 2.61%，MgO 15.89%

2. MnS 25.90%，CaS 49.69%，CaO 7.73%，Al$_2$O$_3$ 3.27%，MnO 11.38%，MgO 2.03%

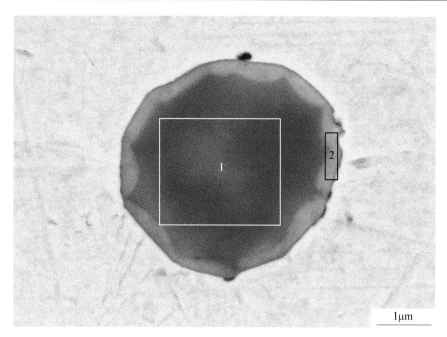

成分（wt%）：

1. CaO 12.44%，Al_2O_3 66.60%，SiO_2 5.82%，MgO 15.15%

2. MnS 21.14%，CaS 37.45%，CaO 14.59%，Al_2O_3 12.80%，MnO 9.28%，SiO_2 1.31%，MgO 3.33%

6.14 VD 喂硫线后钢液中非金属夹杂物（酸蚀）

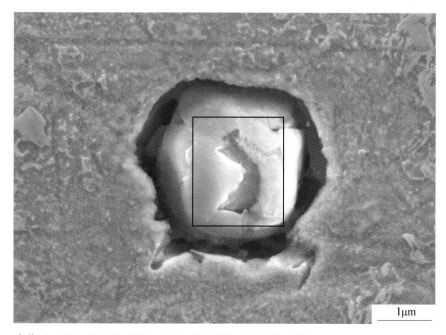

成分（wt%）：CaO 11.36%，Al_2O_3 68.48%，MgO 20.16%

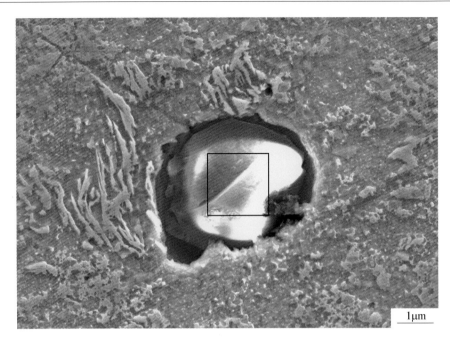

成分（wt%）：CaO 18.45%，Al$_2$O$_3$ 64.14%，MgO 17.41%

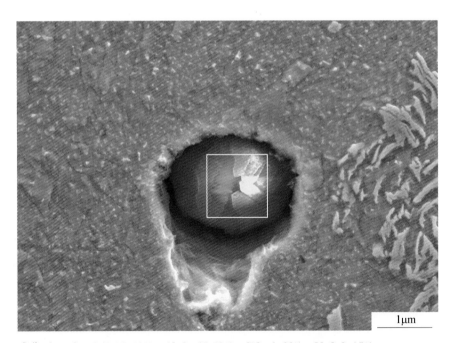

成分（wt%）：CaO 18.40%，Al$_2$O$_3$ 65.79%，SiO$_2$ 6.66%，MgO 9.15%

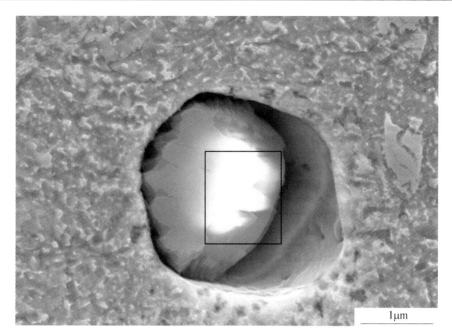

成分（wt%）：CaO 9.06%，Al_2O_3 68.10%，SiO_2 6.62%，MgO 16.22%

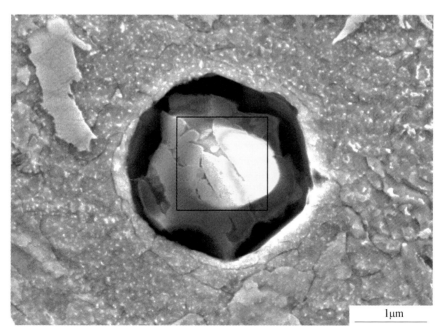

成分（wt%）：CaO 8.91%，Al_2O_3 65.57%，SiO_2 8.82%，MgO 16.70%

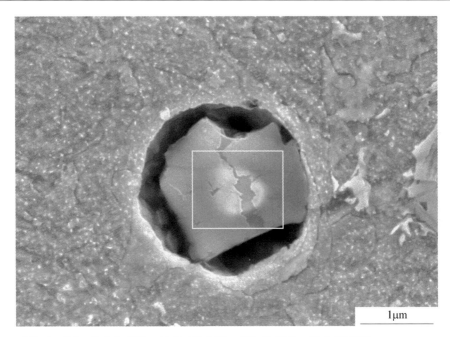

成分（wt%）：CaO 6.82%，Al_2O_3 68.74%，SiO_2 7.09%，MgO 17.35%

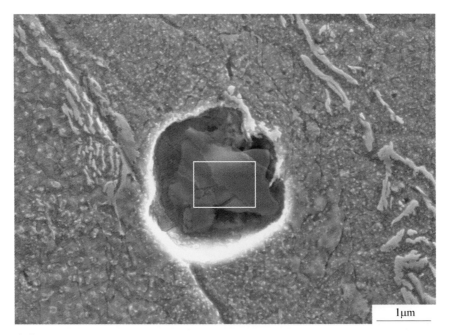

成分（wt%）：CaS 2.75%，CaO 13.26%，Al_2O_3 57.18%，SiO_2 14.05%，MgO 12.76%

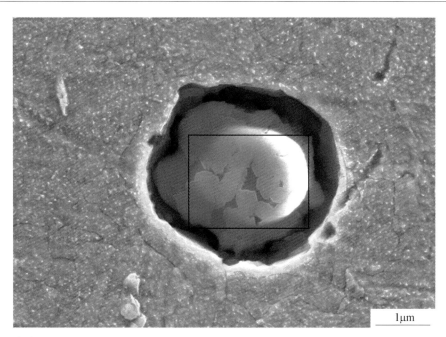

成分（wt%）：CaO 6.96%，Al_2O_3 70.76%，SiO_2 5.89%，MgO 16.39%

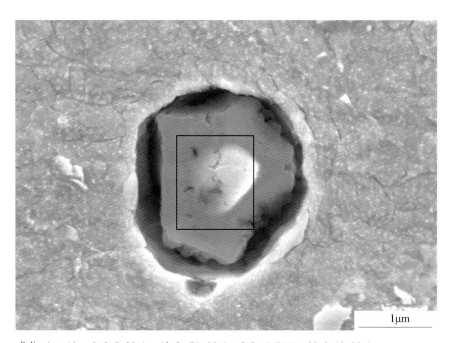

成分（wt%）：CaO 5.39%，Al_2O_3 71.90%，SiO_2 4.71%，MgO 18.00%

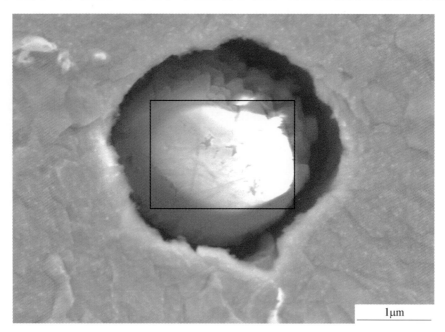

成分（wt%）：CaO 6.75%，Al$_2$O$_3$ 70.72%，SiO$_2$ 5.16%，MgO 17.37%

6.15　VD 喂硫线后钢液中非金属夹杂物（有机溶液电解侵蚀）

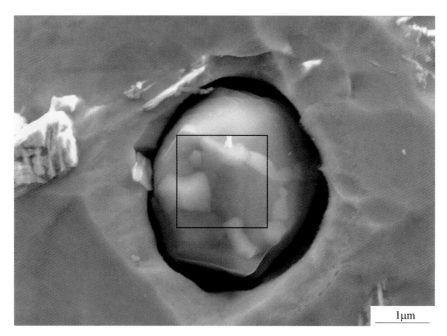

成分（wt%）：MnS 30.28%，CaS 35.08%，CaO 6.94%，Al$_2$O$_3$ 9.33%，MnO 13.29%，MgO 5.08%

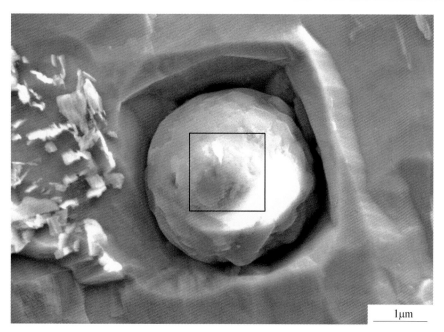

成分（wt%）：CaS 6.12%，CaO 3.50%，Al_2O_3 65.67%，SiO_2 4.82%，MgO 19.89%

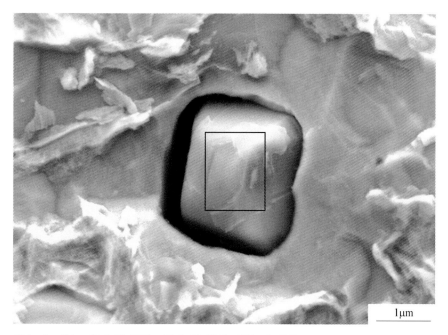

成分（wt%）：MnS 67.70%，MnO 29.70%，TiO_2 2.60%

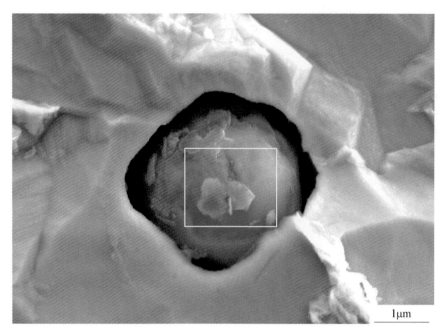

成分（wt%）：CaS 14.41%，CaO 2.95%，Al_2O_3 60.34%，SiO_2 3.19%，MgO 19.11%

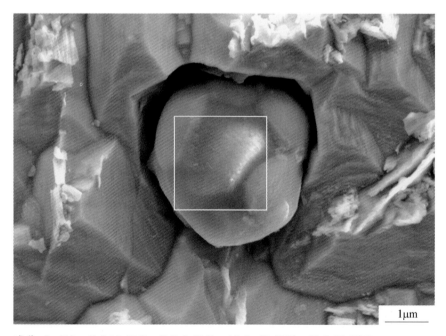

成分（wt%）：CaS 15.08%，CaO 3.21%，Al_2O_3 61.93%，MgO 19.78%

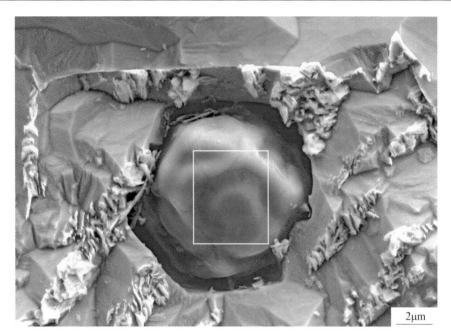

成分（wt%）：CaS 79.91%，CaO 12.40%，Al₂O₃ 7.69%

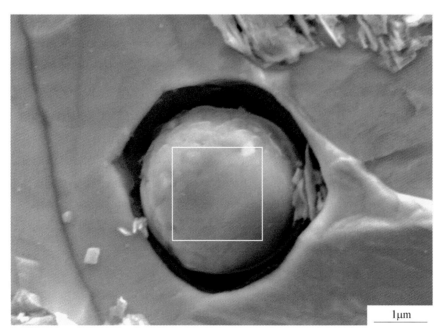

成分（wt%）：CaS 32.37%，CaO 5.19%，Al₂O₃ 45.47%，SiO₂ 2.07%，MgO 14.90%

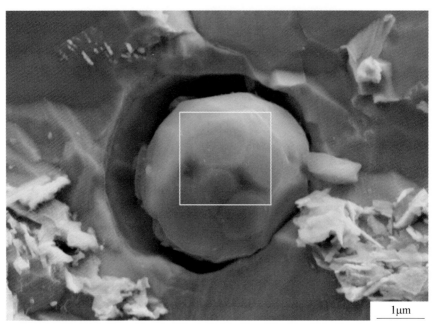

成分（wt%）：CaS 51.75%，CaO 13.29%，Al_2O_3 25.78%，SiO_2 4.48%，MgO 4.70%

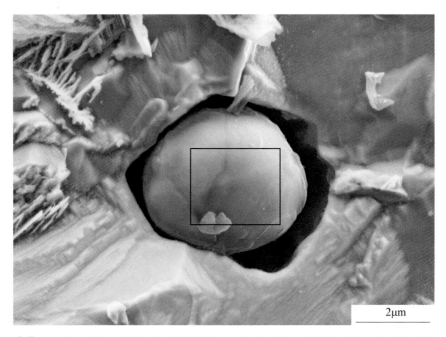

成分（wt%）：MnS 4.51%，CaS 73.99%，CaO 11.50%，Al_2O_3 5.12%，MnO 1.98%，MgO 2.90%

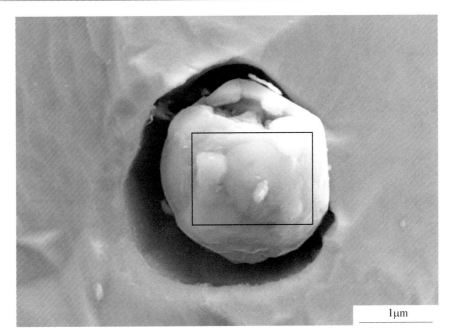

成分（wt%）：MnS 17.00%，CaS 23.40%，CaO 3.64%，Al_2O_3 35.71%，MnO 7.45%，SiO_2 2.00%，MgO 10.80%

6.16 连铸中间包钢液中非金属夹杂物（传统抛光观察）

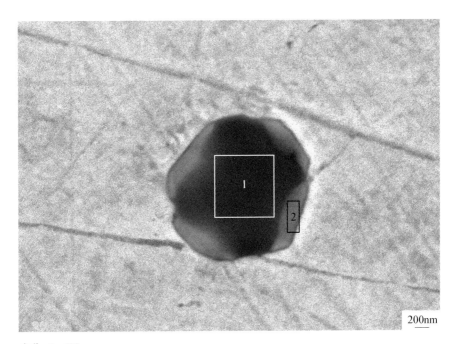

成分（wt%）：

1. CaS 7.51%，CaO 1.69%，Al_2O_3 75.37%，SiO_2 5.23%，MgO 10.20%

2. MnS 23.69%，CaS 35.99%，CaO 8.83%，Al_2O_3 16.69%，MnO 10.40%，SiO_2 2.35%，MgO 2.05%

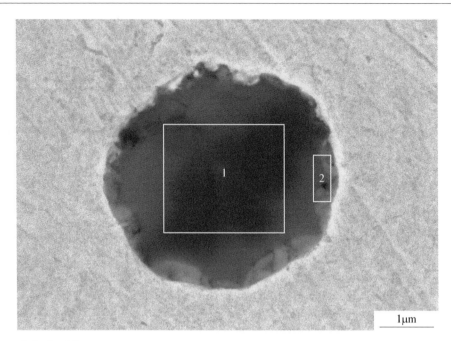

成分（wt%）：

1. CaO 15. 30%，Al$_2$O$_3$ 68. 22%，SiO$_2$ 4. 18%，MgO 12. 30%

2. CaS 45. 19%，CaO 9. 95%，Al$_2$O$_3$ 36. 40%，SiO$_2$ 3. 27%，MgO 5. 19%

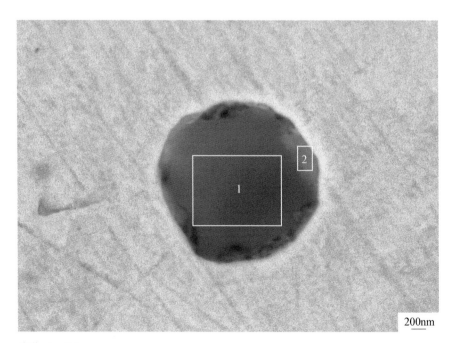

成分（wt%）：

1. CaS 7. 48%，CaO 20. 29%，Al$_2$O$_3$ 57. 66%，SiO$_2$ 11. 29%，MgO 3. 28%

2. MnS 20. 19%，CaS 38. 38%，CaO 15. 59%，Al$_2$O$_3$ 13. 49%，MnO 8. 86%，SiO$_2$
2. 09%，MgO 1. 40%

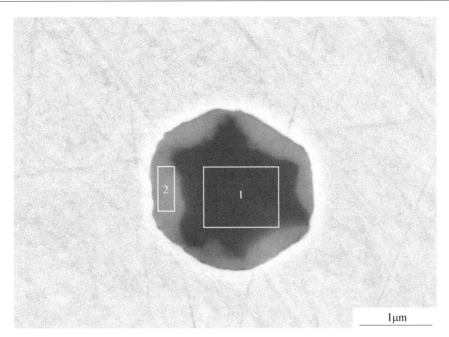

成分（wt%）：

1. CaS 2.22%，CaO 4.59%，Al$_2$O$_3$ 74.58%，SiO$_2$ 4.82%，MgO 13.79%

2. MnS 31.98%，CaS 29.68%，CaO 7.34%，Al$_2$O$_3$ 14.19%，MnO 14.09%，MgO 2.72%

成分（wt%）：CaS 6.10%，CaO 6.27%，Al$_2$O$_3$ 72.27%，SiO$_2$ 4.47%，MgO 10.89%

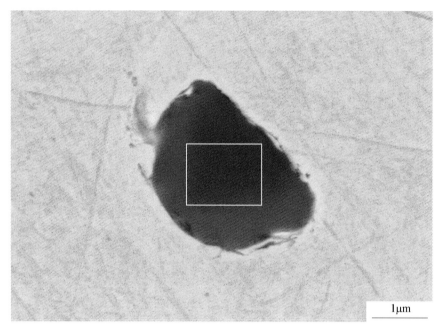

成分（wt%）：Al$_2$O$_3$ 82.80%，MgO 17.20%

6.17 连铸中间包钢液中非金属夹杂物（酸蚀）

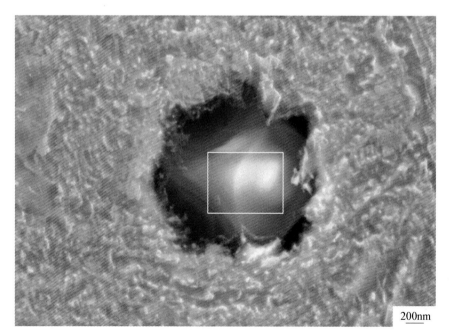

成分（wt%）：CaO 25.09%，Al$_2$O$_3$ 57.88%，SiO$_2$ 13.29%，MgO 3.74%

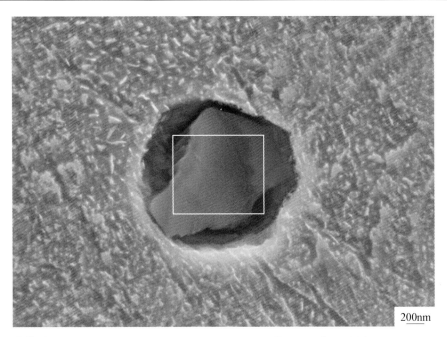

成分（wt%）：CaO 2.60%，Al_2O_3 83.57%，SiO_2 2.69%，MgO 11.14%

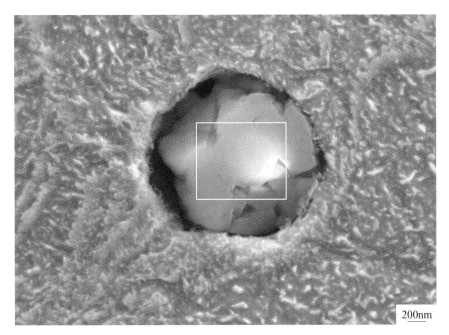

成分（wt%）：CaO 3.74%，Al_2O_3 80.05%，SiO_2 3.32%，MgO 12.89%

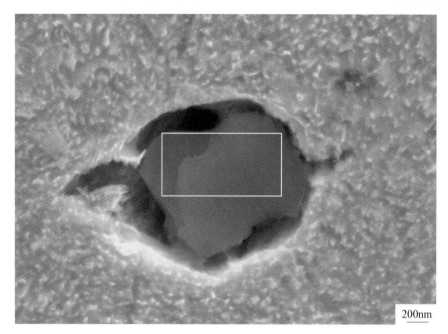

成分（wt%）：CaO 7.04%，Al$_2$O$_3$ 75.26%，SiO$_2$ 5.41%，MgO 12.29%

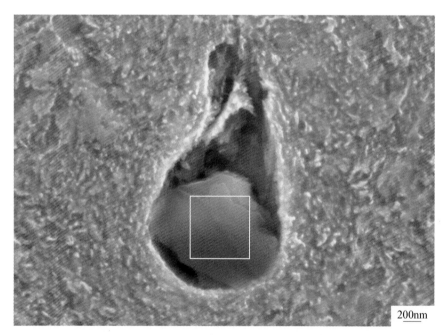

成分（wt%）：CaO 4.36%，Al$_2$O$_3$ 77.15%，SiO$_2$ 5.80%，MgO 12.69%

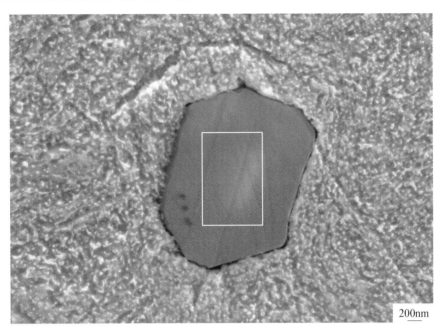

成分（wt%）：Al_2O_3 74.40%，MgO 25.60%

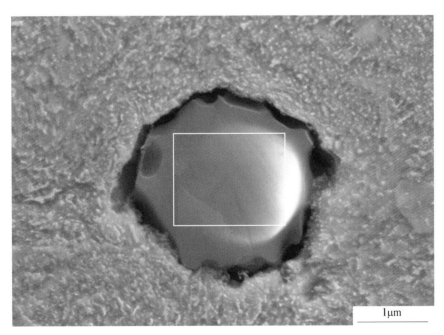

成分（wt%）：CaO 23.30%，Al_2O_3 65.99%，SiO_2 5.23%，MgO 5.48%

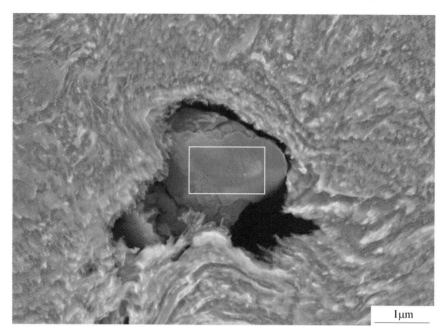

成分（wt%）：CaO 3.91%，Al$_2$O$_3$ 75.88%，MgO 20.21%

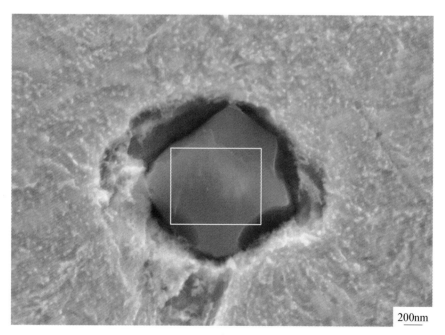

成分（wt%）：CaO 8.32%，Al$_2$O$_3$ 75.76%，SiO$_2$ 6.87%，MgO 9.05%

6.18　连铸中间包钢液中非金属夹杂物（有机溶液电解侵蚀）

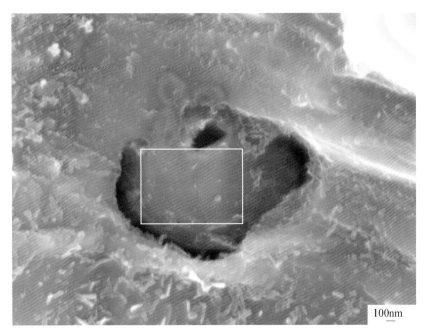

成分（wt%）：MnS 12.19%，CaS 17.88%，CaO 3.91%，Al$_2$O$_3$ 47.29%，MnO 5.35%，SiO$_2$ 4.69%，MgO 8.69%

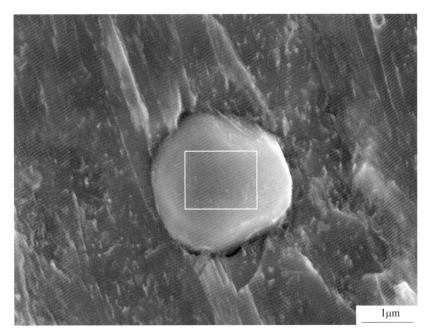

成分（wt%）：MnS 66.73%，CaS 3.43%，CaO 0.53%，MnO 29.31%

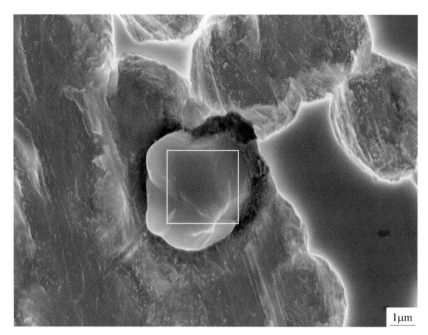

成分（wt%）：MnS 15.21%，Al_2O_3 53.52%，MnO 6.66%，MgO 24.61%

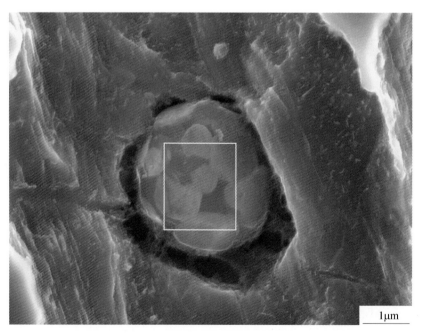

成分（wt%）：MnS 2.54%，CaS 15.11%，CaO 14.30%，Al_2O_3 56.02%，MnO 1.12%，SiO_2 6.77%，MgO 4.14%

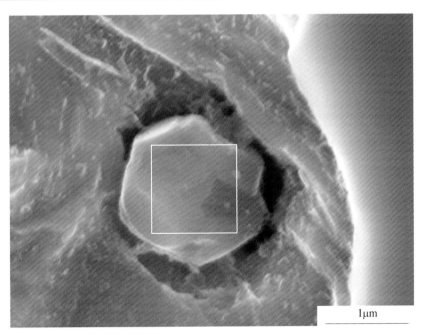

成分（wt%）：MnS 8.16%，CaS 15.99%，CaO 2.91%，Al$_2$O$_3$ 52.56%，MnO 3.59%，SiO$_2$ 5.10%，MgO 11.69%

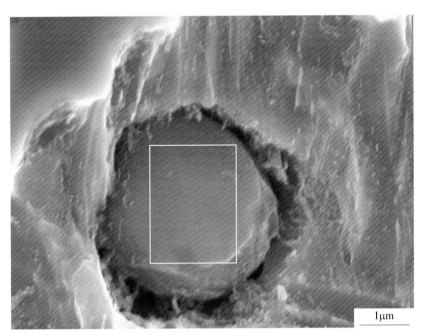

成分（wt%）：MnS 6.57%，CaS 18.48%，CaO 30.37%，Al$_2$O$_3$ 37.06%，MnO 2.89%，MgO 4.63%

成分（wt%）：MnS 5.85%，CaS 17.21%，CaO 6.43%，Al_2O_3 56.02%，MnO 2.58%，SiO_2 4.13%，MgO 7.78%

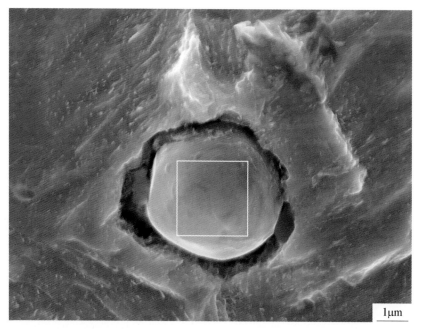

成分（wt%）：MnS 3.09%，CaS 15.09%，CaO 5.01%，Al_2O_3 61.85%，MnO 1.36%，MgO 13.60%

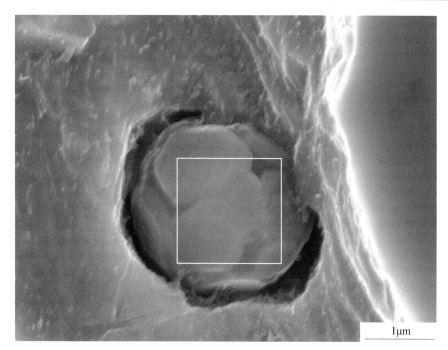

成分（wt%）：MnS 5.10%，CaS 15.09%，CaO 6.24%，Al$_2$O$_3$ 57.47%，MnO 2.24%，SiO$_2$ 4.42%，MgO 9.44%

6.19　连铸中间包钢液中非金属夹杂物（有机溶液电解）

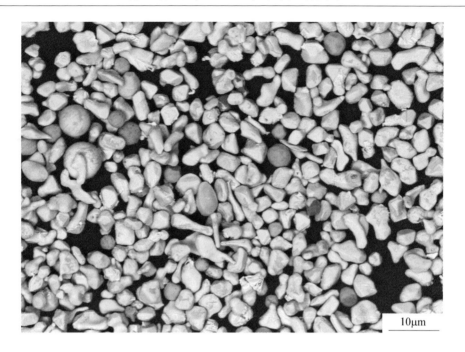

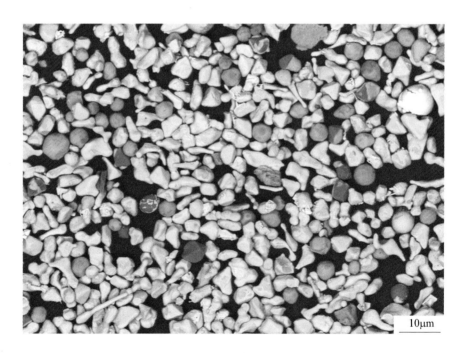

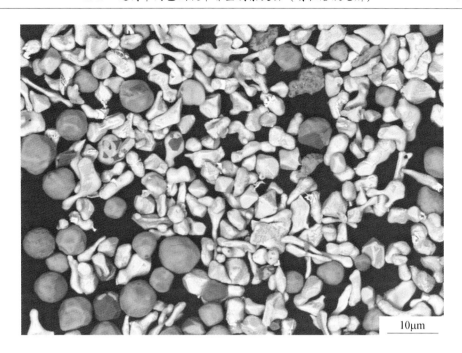

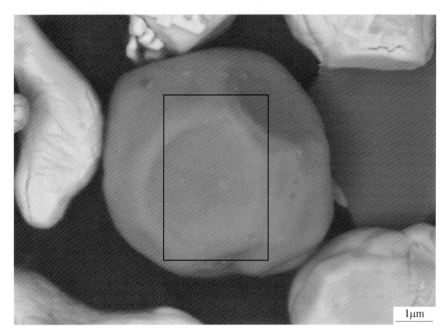

成分 (wt%): MnS 16. 28%, CaS 26. 17%, CaO 20. 57%, Al_2O_3 28. 67%, MnO 7. 13%, SiO_2 1. 18%

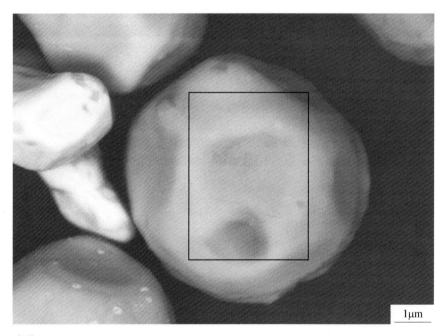

成分 (wt%): MnS 11. 09%, CaS 33. 67%, CaO 22. 08%, Al_2O_3 26. 38%, MnO 4. 86%, SiO_2 1. 92%

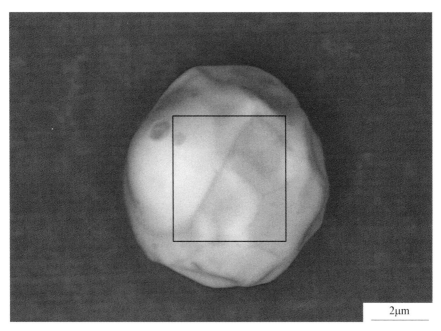

成分（wt%）：MnS 4.40%，CaS 43.92%，CaO 14.71%，Al_2O_3 28.12%，MnO 1.93%，SiO_2 41.77%，MgO 5.15%

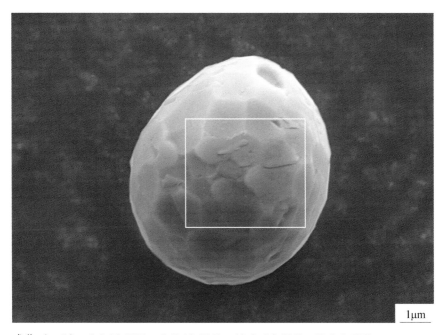

成分（wt%）：CaS 35.93%，CaO 19.71%，Al_2O_3 38.83%，MgO 5.53%

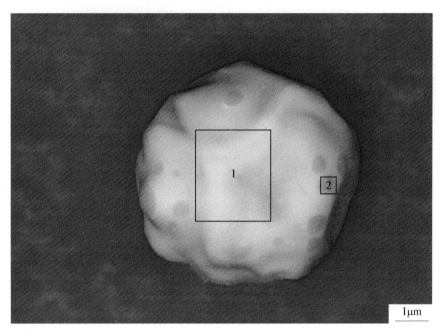

成分（wt%）：

1. MnS 8.74%，CaS 57.03%，CaO 11.41%，Al_2O_3 15.41%，MnO 3.83%，MgO 3.58%

2. MnS 3.44%，CaS 72.01%，CaO 11.20%，Al_2O_3 10.40%，MnO 1.51%，SiO_2 1.44%

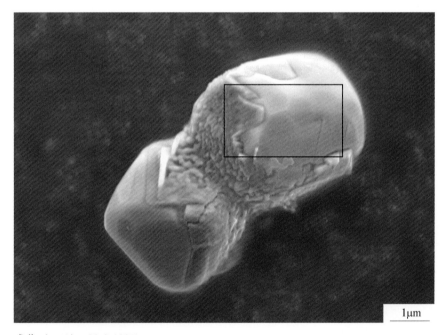

成分（wt%）：MnS 100%

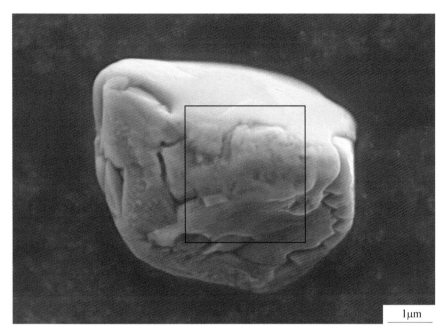

成分（wt%）：MnS 100%

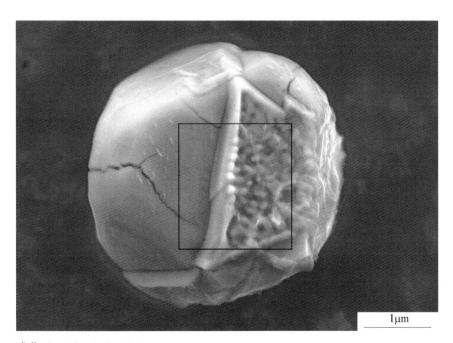

成分（wt%）：MnS 100%

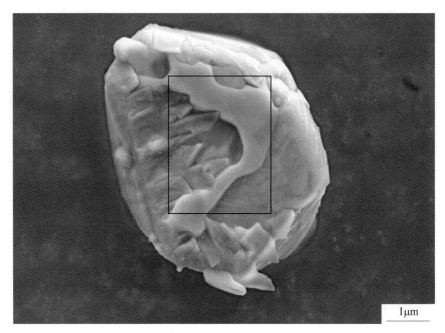

成分（wt%）：MnS 100%

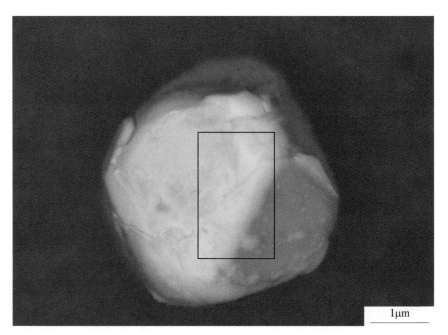

成分（wt%）：MnS 100%

6.20 连铸坯中非金属夹杂物和析出相（传统抛光观察）

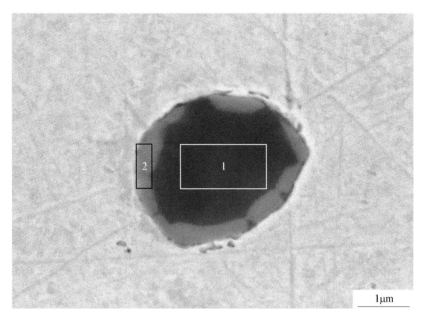

成分（wt%）：

1. CaO 3.43%，Al_2O_3 79.22%，SiO_2 2.75%，MgO 14.60%

2. MnS 35.82%，CaS 26.36%，CaO 8.60%，Al_2O_3 9.29%，MnO 15.73%，SiO_2 2.42%，MgO 1.78%

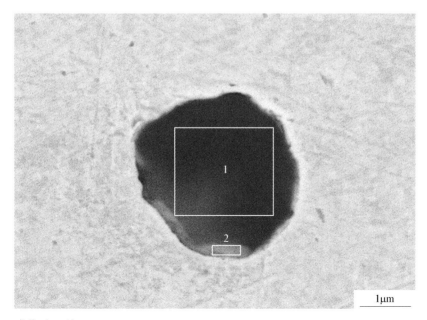

成分（wt%）：

1. CaO 6.13%，Al_2O_3 76.27%，SiO_2 1.61%，MgO 15.99%

2. MnS 14.39%，CaS 43.29%，CaO 12.40%，Al_2O_3 19.09%，MnO 6.31%，SiO_2 4.52%

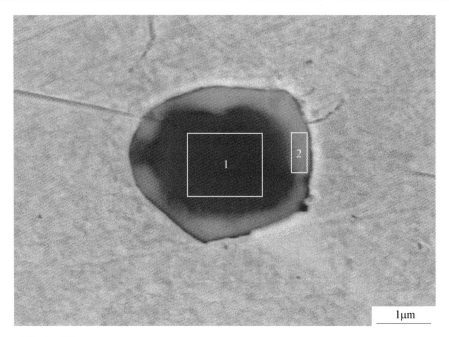

成分（wt%）：

1. Al_2O_3 72. 50%，MgO 27. 50%

2. MnS 16. 33%，CaS 37. 50%，CaO 17. 95%，Al_2O_3 16. 92%，MnO 7. 17%，SiO_2 4. 13%

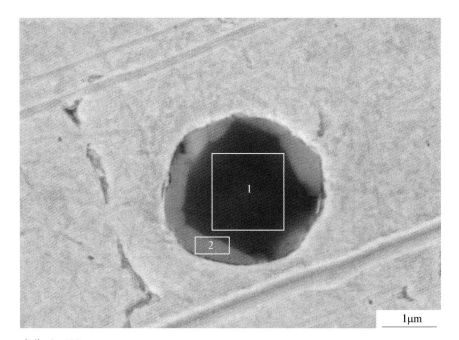

成分（wt%）：

1. CaS 2. 39%，CaO 6. 64%，Al_2O_3 73. 03%，SiO_2 5. 87%，MgO 12. 07%

2. MnS 24. 78%，CaS 35. 77%，CaO 6. 05%，Al_2O_3 17. 49%，MnO 10. 89%，SiO_2 1. 75%，MgO 3. 27%

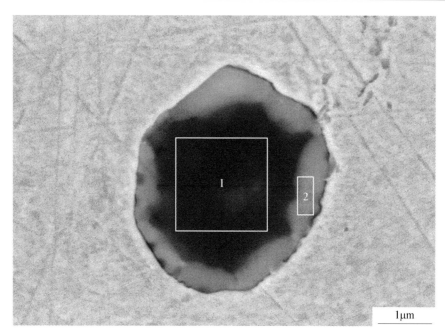

成分（wt%）：

1. MnS 22.48%，CaS 44.46%，CaO 6.91%，Al_2O_3 13.79%，MnO 9.87%，MgO 2.49%

2. CaO 4.45%，Al_2O_3 78.32%，SiO_2 3.63%，MgO 13.60%

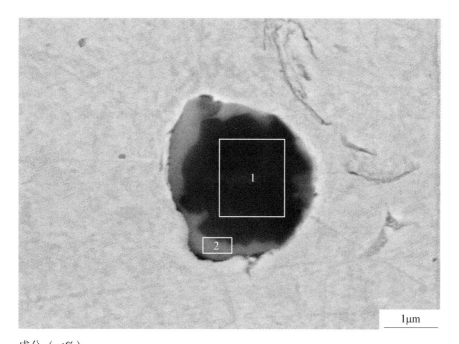

成分（wt%）：

1. MnS 18.19%，CaS 46.27%，CaO 7.20%，Al_2O_3 17.49%，MnO 7.99%，MgO 2.86%

2. CaS 1.92%，CaO 2.98%，Al_2O_3 77.62%，SiO_2 4.20%，MgO 13.28%

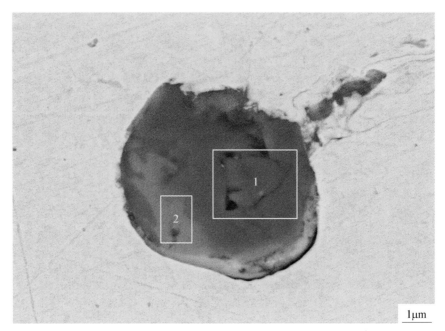

成分（wt%）：

1. CaO 33.47%，Al_2O_3 55.84%，SiO_2 6.99%，MgO 3.70%

2. Al_2O_3 70.63%，MnO 9.00%，MgO 20.37%

6.21　连铸坯中非金属夹杂物和析出相（酸蚀）

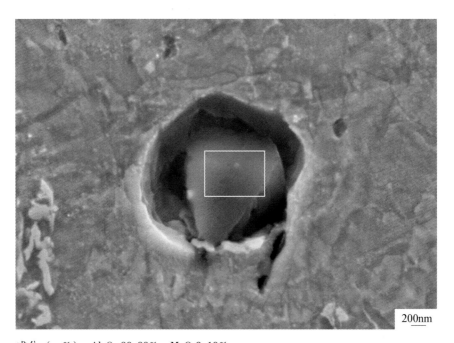

成分（wt%）：Al_2O_3 90.90%，MgO 9.10%

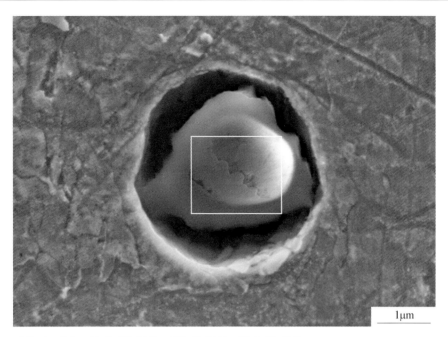

成分（wt%）：Al$_2$O$_3$ 82.78%，SiO$_2$ 3.71%，MgO 13.51%

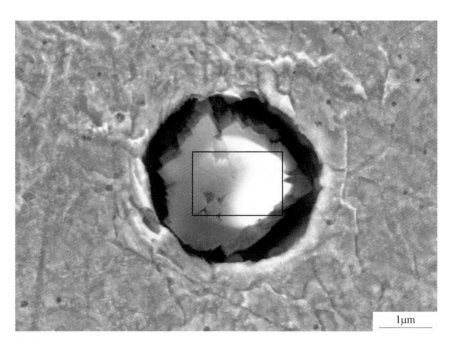

成分（wt%）：Al$_2$O$_3$ 82.21%，SiO$_2$ 3.22%，MgO 14.57%

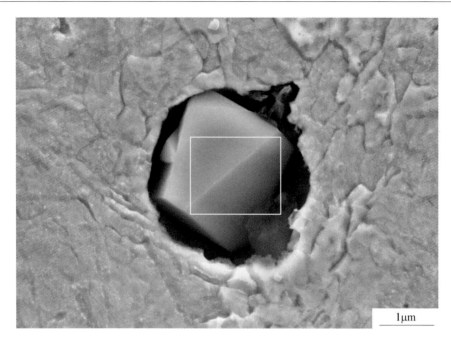

成分（wt%）：Al_2O_3 84.84%，MgO 15.16%

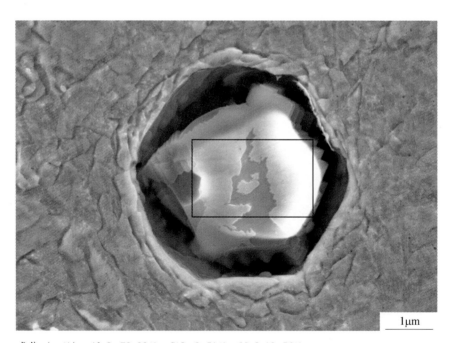

成分（wt%）：Al_2O_3 78.93%，SiO_2 8.51%，MgO 12.56%

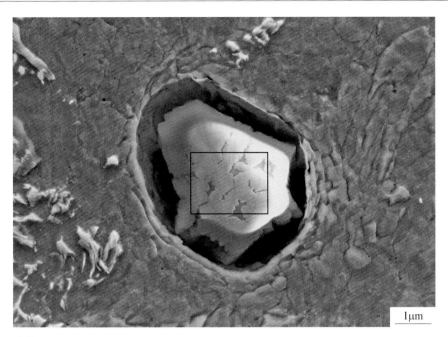

成分（wt%）：Al_2O_3 82.07%，SiO_2 5.01%，MgO 12.92%

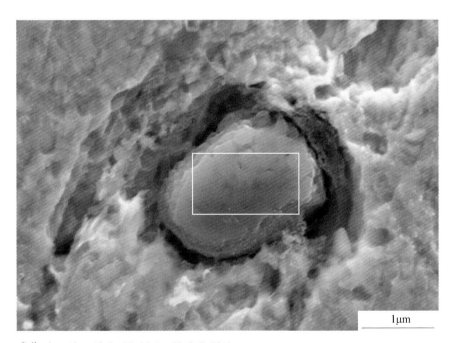

成分（wt%）：Al_2O_3 92.30%，MgO 7.70%

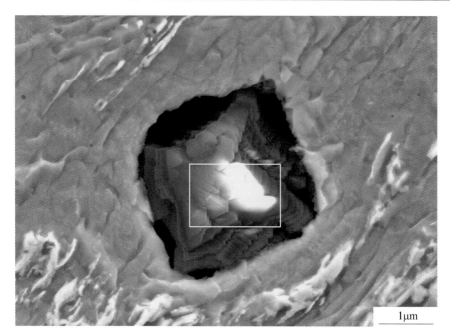

成分（wt%）：Al_2O_3 85.21%，MgO 14.79%

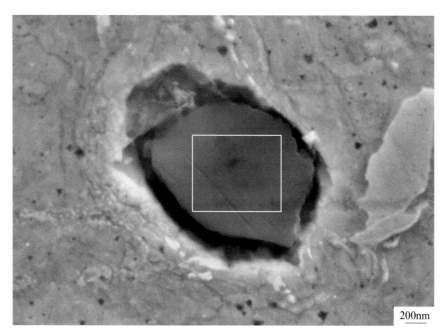

成分（wt%）：Al_2O_3 90.87%，MgO 9.13%

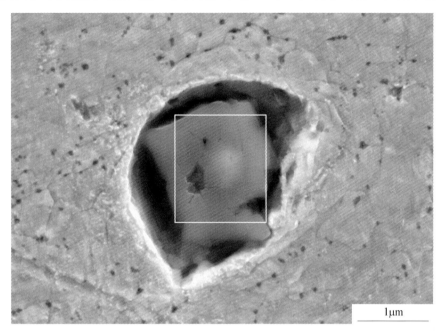

成分（wt%）：Al_2O_3 84.36%，SiO_2 2.83%，MgO 12.81%

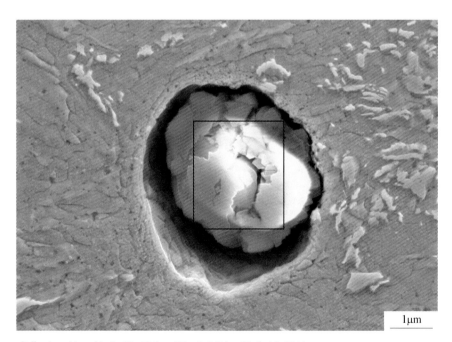

成分（wt%）：Al_2O_3 82.47%，SiO_2 1.94%，MgO 15.59%

6.22　连铸坯中非金属夹杂物和析出相（有机溶液电解侵蚀）

成分（wt%）：MnS 14.70%，CaS 20.81%，CaO 5.81%，Al_2O_3 42.69%，MnO 6.46%，SiO_2 1.80%，MgO 7.73%

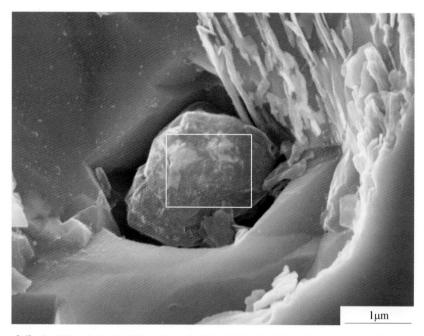

成分（wt%）：MnS 62.33%，Al_2O_3 6.51%，MnO 27.38%，MgO 1.92%，TiN 1.86%

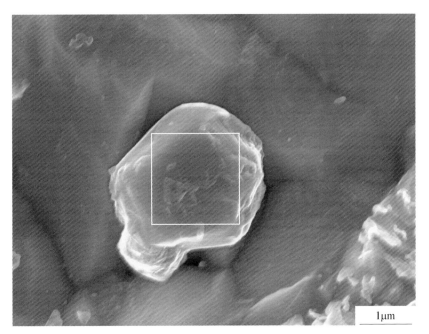

成分（wt%）：MnS 28.49%，CaS 11.13%，CaO 1.73%，Al_2O_3 39.30%，MnO 12.51%，MgO 6.84%

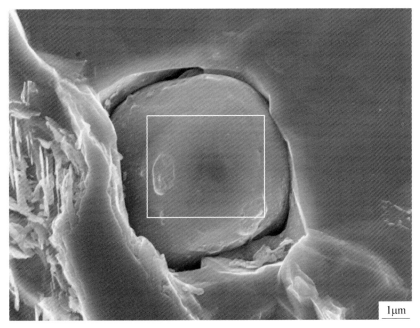

成分（wt%）：MnS 10.87%，CaS 20.21%，CaO 7.29%，Al_2O_3 46.47%，MnO 4.77%，MgO 10.39%

成分（wt%）：MnS 28.68%，CaS 3.13%，CaO 0.49%，Al_2O_3 44.97%，MnO 12.60%，MgO 10.13%

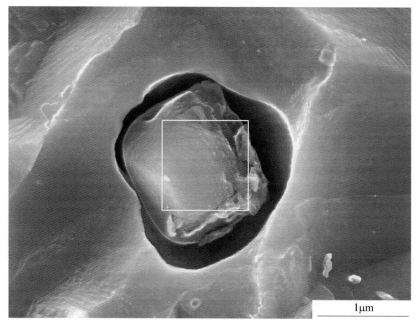

成分（wt%）：MnS 57.35%，Al_2O_3 13.70%，MnO 25.19%，MgO 3.76%

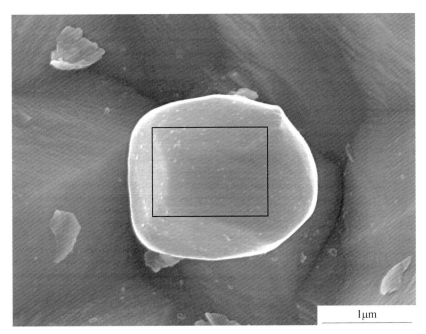

成分（wt%）：MnS 50.38%，CaS 5.95%，CaO 0.93%，Al_2O_3 17.53%，MnO 22.13%，MgO 3.08%

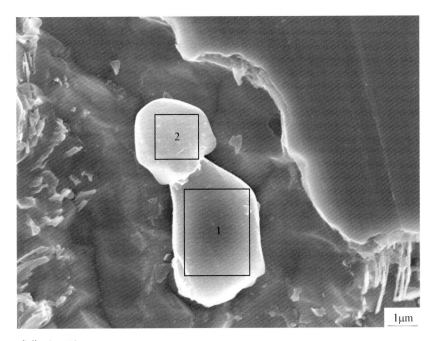

成分（wt%）：
1. MnS 94.27%，MnO 7.53%
2. MnS 100%

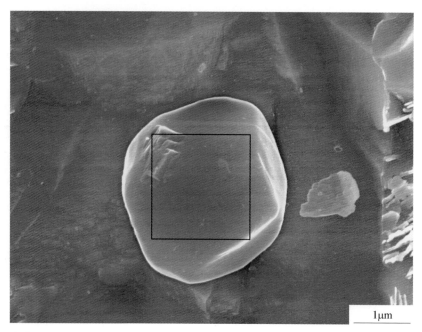

成分（wt%）：MnS 39.80%，CaS 14.52%，CaO 2.26%，Al_2O_3 21.95%，MnO 17.48%，MgO 3.99%

成分（wt%）：MnS 30.21%，CaS 7.99%，CaO 1.24%，Al_2O_3 41.20%，MnO 13.27%，MgO 6.09%

6.23 连铸坯中非金属夹杂物和析出相（有机溶液电解）

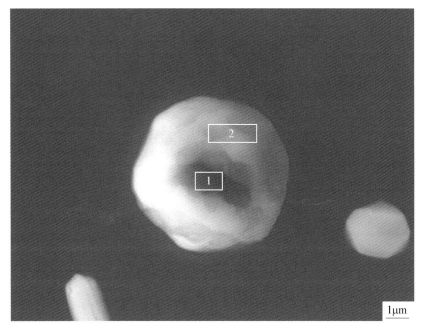

成分（wt%）：

1. MnS 3.10%，CaS 3.25%，CaO 0.51%，Al_2O_3 71.42%，MnO 1.06%，MgO 20.66%

2. MnS 19.95%，CaS 18.32%，CaO 2.85%，Al_2O_3 38.21%，MnO 6.81%，MgO 13.86%

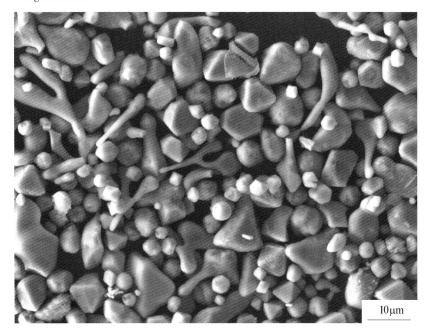

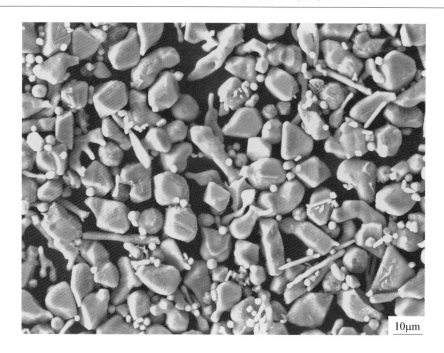

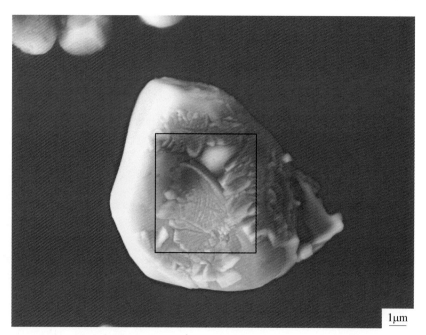

成分（wt%）：MnS 100%

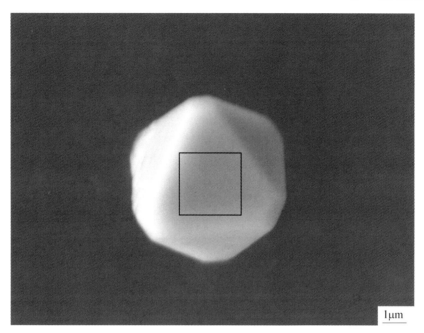

成分（wt%）：MnS 100%

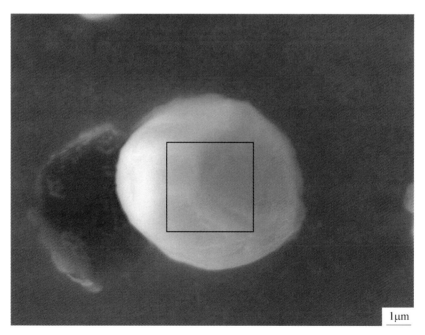

成分（wt%）：MnS 100%

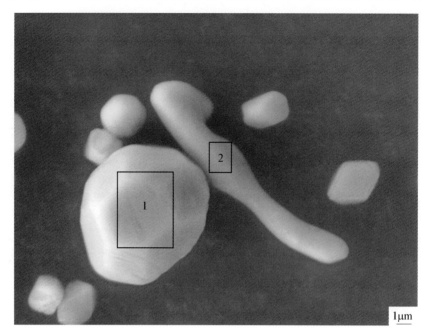

成分（wt%）：

1. MnS 100%

2. MnS 100%

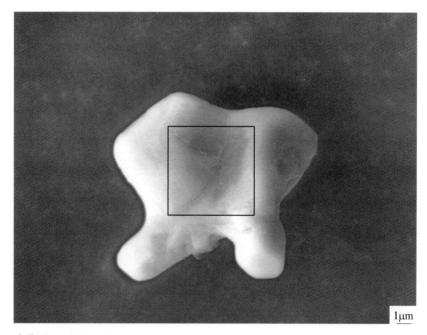

成分（wt%）：MnS 100%

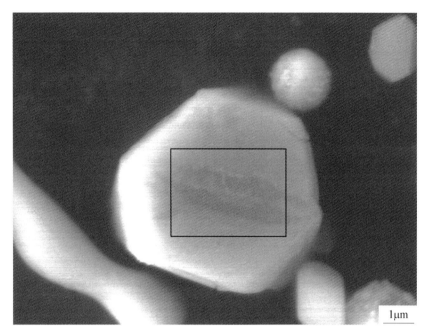

成分（wt%）：MnS 100%

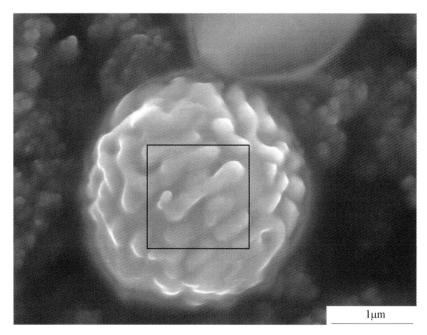

成分（wt%）：MnS 100%

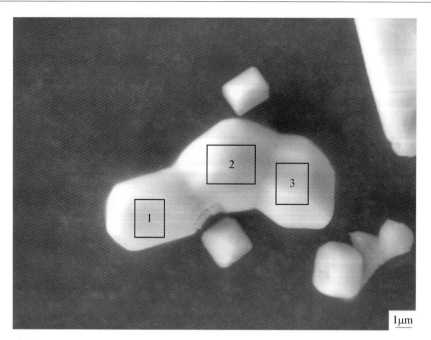

成分（wt%）：
1. MnS 100%
2. MnS 100%
3. MnS 100%

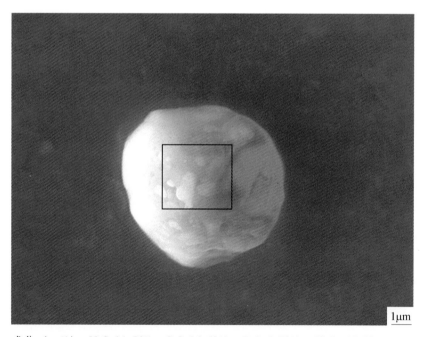

成分（wt%）：MnS 24.56%，CaS 36.63%，CaO 5.70%，Al_2O_3 17.82%，MnO 8.38%，MgO 6.91%

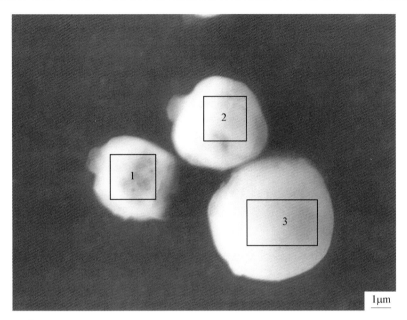

成分（wt%）：

1. MnS 10.18%，CaS 27.37%，CaO 4.26%，Al_2O_3 42.85%，MnO 3.47%，SiO_2 4.27%，MgO 7.60%

2. MnS 29.62%，CaS 11.79%，CaO 1.83%，Al_2O_3 40.30%，MnO 10.11%，MgO 6.35%

3. MnS 34.33%，CaS 9.92%，CaO 1.54%，Al_2O_3 38.83%，MnO 11.71%，MgO 3.67%

6.24　轧材中非金属夹杂物和析出相（传统抛光观察）

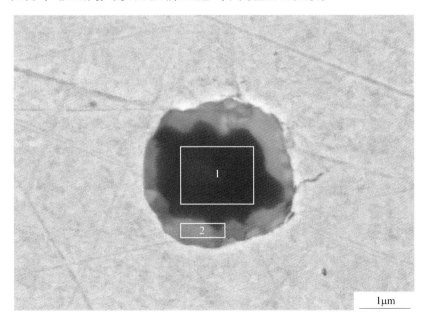

成分（wt%）：

1. CaS 6.32%，CaO 7.12%，Al_2O_3 69.98%，SiO_2 7.24%，MgO 9.34%

2. MnS 23.10%，CaS 44.20%，CaO 6.87%，Al_2O_3 12.87%，MnO 10.15%，MgO 2.81%

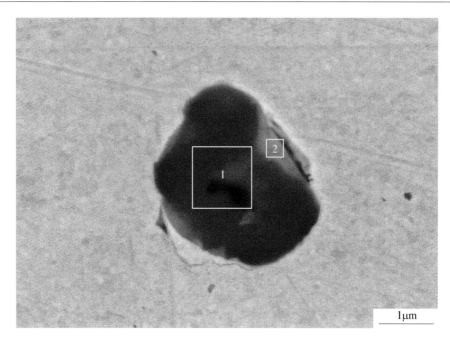

成分（wt%）：

1. CaO 9.82%，Al_2O_3 72.70%，SiO_2 4.91%，MgO 12.57%

2. MnS 27.60%，CaS 26.90%，CaO 10.50%，Al_2O_3 19.05%，MnO 12.13%，MgO 3.82%

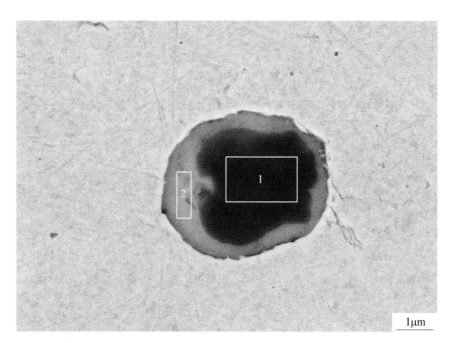

成分（wt%）：

1. CaO 5.32%，Al_2O_3 76.37%，SiO_2 4.84%，MgO 13.47%

2. MnS 15.59%，CaS 65.58%，CaO 10.20%，Al_2O_3 1.78%，MnO 6.85%

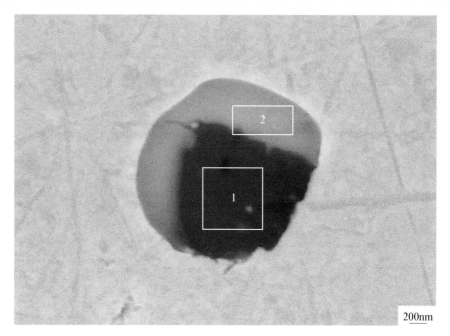

成分（wt%）：

1. CaS 3.25%，CaO 0.51%，Al_2O_3 81.18%，SiO_2 1.84%，MgO 13.22%

2. MnS 48.15%，CaS 22.40%，CaO 3.48%，Al_2O_3 3.05%，MnO 21.30%，MgO 1.22%

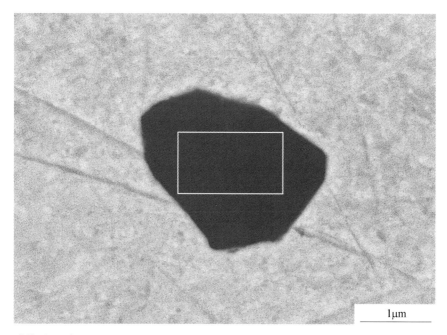

成分（wt%）：Al_2O_3 71.68%，MgO 28.32%

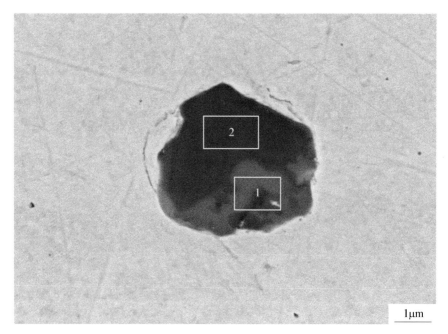

成分（wt%）：

1. CaO 3.36%，Al_2O_3 76.61%，MgO 20.03%

2. CaO 37.54%，Al_2O_3 43.79%，SiO_2 18.67%

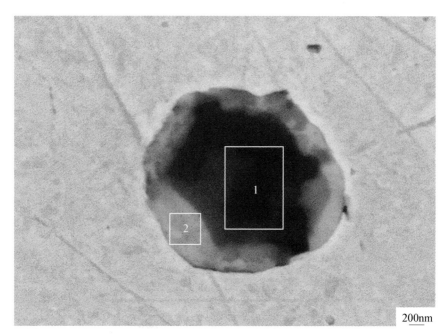

成分（wt%）：

1. CaO 9.92%，Al_2O_3 71.85%，SiO_2 6.99%，MgO 11.24%

2. MnS 30.47%，CaS 38.14%，CaO 5.93%，Al_2O_3 8.59%，MnO 13.38%，SiO_2 2.12%，MgO 1.37%

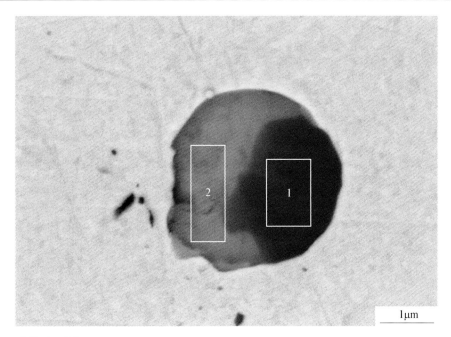

成分（wt%）：

1. CaO 4.34%，Al_2O_3 78.96%，SiO_2 2.96%，MgO 13.74%

2. MnS 25.78%，CaS 54.42%，CaO 8.47%，MnO 11.33%

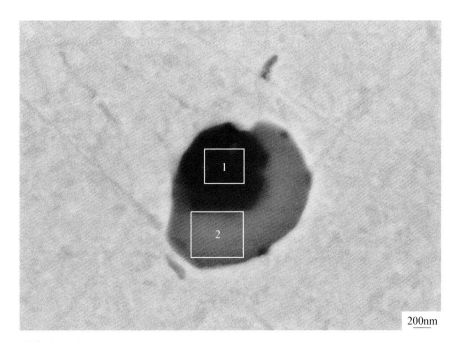

成分（wt%）：

1. CaS 3.41%，CaO 0.53%，Al_2O_3 87.29%，MgO 8.77%

2. MnS 44.47%，CaS 21.80%，CaO 3.39%，Al_2O_3 9.44%，MnO 19.53%，MgO 1.37%

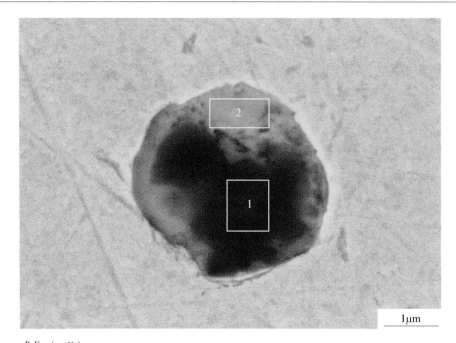

成分（wt%）：

1. CaS 2.12%，CaO 4.22%，Al_2O_3 76.95%，SiO_2 3.46%，MgO 13.25%

2. MnS 30.91%，CaS 44.85%，CaO 8.95%，Al_2O_3 1.72%，MnO 13.57%

6.25　轧材中非金属夹杂物和析出相（酸蚀）

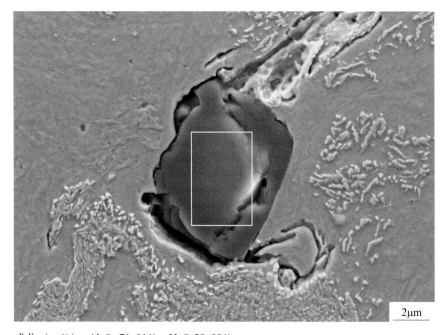

成分（wt%）：Al_2O_3 71.01%，MgO 28.99%

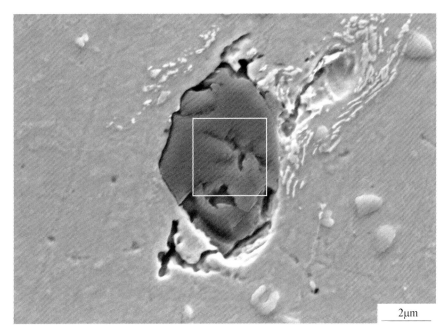

成分（wt%）：Al_2O_3 72.61%，MgO 27.39%

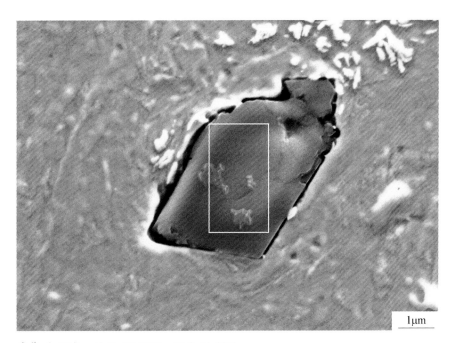

成分（wt%）：Al_2O_3 85.93%，MgO 14.07%

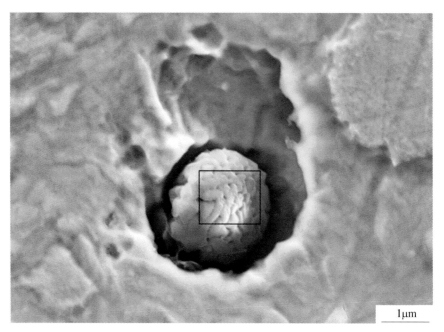

成分（wt%）：Al_2O_3 90.37%，MgO 9.63%

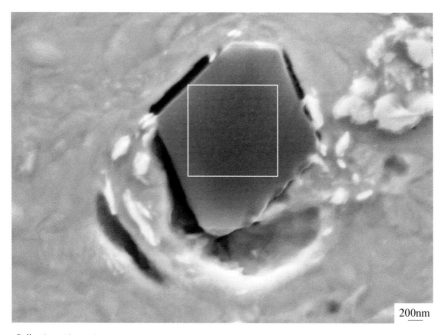

成分（wt%）：Al_2O_3 88.54%，MgO 11.46%

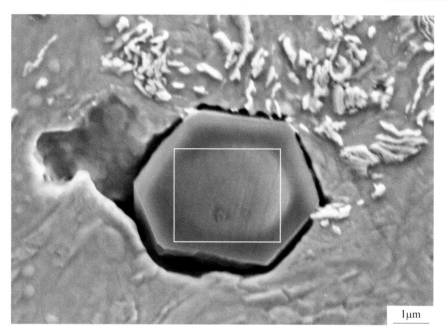

成分（wt%）：Al_2O_3 85.43%，MgO 14.57%

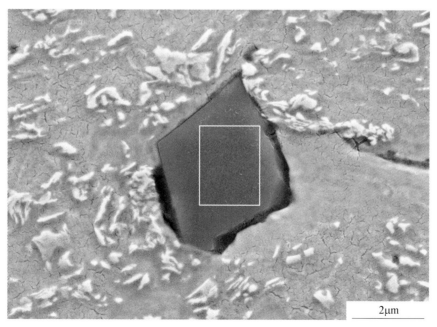

成分（wt%）：Al_2O_3 70.61%，MgO 29.39%

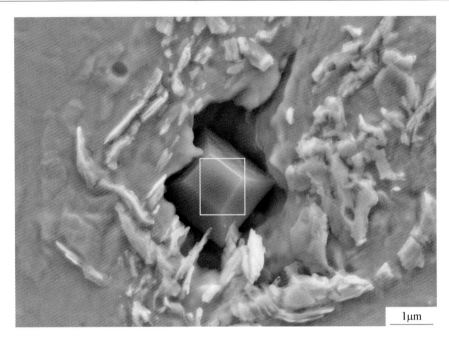

成分（wt%）：Al_2O_3 81.71%，MgO 18.29%

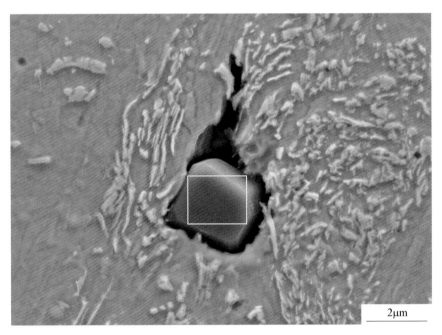

成分（wt%）：Al_2O_3 73.23%，MgO 26.77%

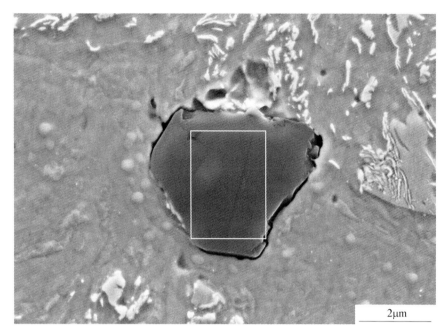

成分（wt%）：Al_2O_3 75.89%，MgO 24.11%

6.26 轧材中非金属夹杂物和析出相（有机溶液电解侵蚀）

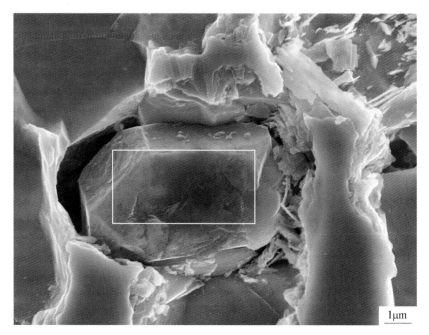

成分（wt%）：Al_2O_3 70.39%，MgO 29.61%

成分（wt%）：MnS 31.80%，CaS 11.64%，CaO 1.81%，Al_2O_3 33.02%，MnO 13.97%，SiO_2 1.35%，MgO 6.41%

成分（wt%）：MnS 31.90%，CaS 13.70%，CaO 2.13%，Al_2O_3 33.10%，MnO 14.01%，MgO 5.16%

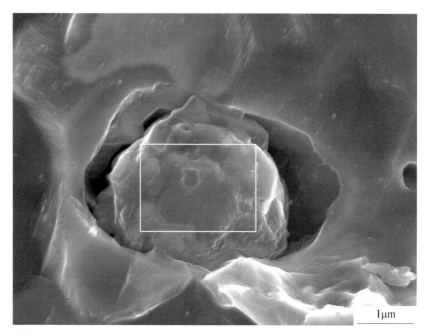

成分（wt%）：MnS 19.18%，CaS 15.13%，CaO 2.35%，Al_2O_3 43.97%，MnO 8.42%，SiO_2 1.71%，MgO 9.24%

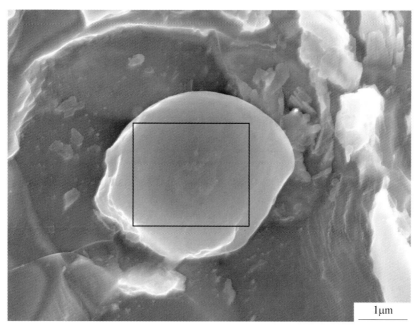

成分（wt%）：MnS 26.58%，CaS 7.45%，CaO 1.16%，Al_2O_3 46.39%，MnO 11.67%，MgO 6.75%

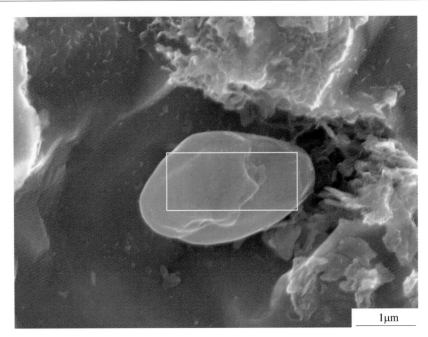

成分（wt%）：MnS 45.90%，CaS 3.35%，CaO 0.52%，Al_2O_3 20.97%，MnO 20.16%，MgO 9.10%

7 低硫齿轮钢(20CrMnTiH)中非金属夹杂物

低硫齿轮钢（20CrMnTiH）基本化学成分为：C 0.19%，Mn 0.89%，Si 0.24%，T. S≤0.010%，P≤0.020%，Cr 1.09%，Ti 0.06%，Al$_s$ 0.020%，T. O≤0.0020%。

齿轮钢是合金结构钢中的重要一类，主要用来制造汽车中的重要传动齿轮，有变速箱齿轮，前、后桥齿轮以及发动机中的齿轮等。为将渗碳齿轮钢淬透性带稳定地控制在较窄范围，并提高钢材的纯净度，改善齿轮寿命，工业发达国家主要采用两种生产工艺：一是日本山阳为代表的双精炼+连铸工艺路线，即 EF→LF→RH→CC 工艺，可有效降低氧及氧化物含量与其他杂质；二是欧美和日本部分厂家采用的单精炼→连铸工艺，氧含量可控制在 20ppm 以下。

我国 20CrMnTiH 齿轮钢的生产工艺主要为 BOF→LF→CC 单精炼工艺，在转炉出钢过程中加入 Si-MnAl 复合脱氧等辅料，LF 精炼过程通过加入石灰、电石等造渣料控制白渣精炼，并根据钢液成分调整钢中 Mn、Cr 等合金元素含量后，进行钛合金化操作。加入钛铁合金 3~5min 后，进行钙处理操作。喂钙完成后开始软吹，促进夹杂物的上浮去除。软吹结束后将钢包吊至钢包回转台进行浇铸。

7.1 LF 处理前钢液中非金属夹杂物（传统抛光观察）

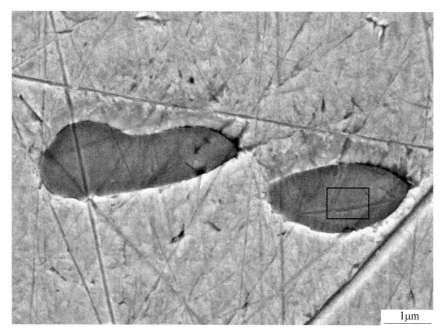

成分（wt%）：MnS 100%

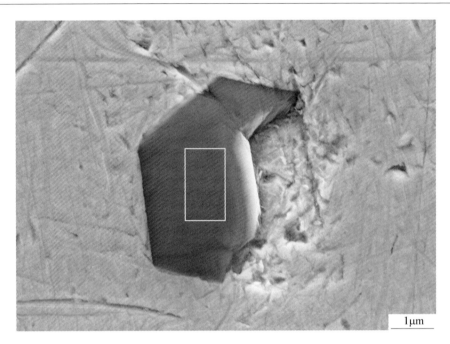

成分（wt%）：Al$_2$O$_3$ 100%

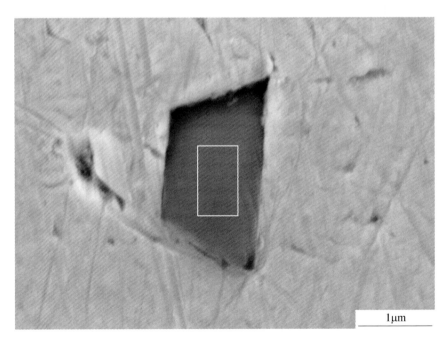

成分（wt%）：Al$_2$O$_3$ 100%

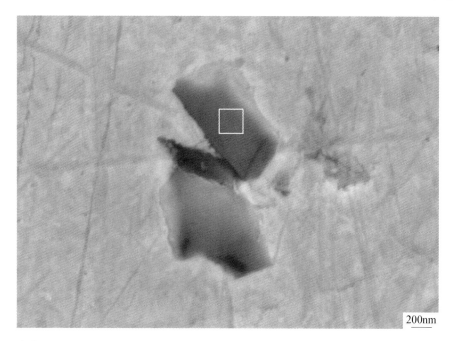

成分（wt%）：Al$_2$O$_3$ 100%

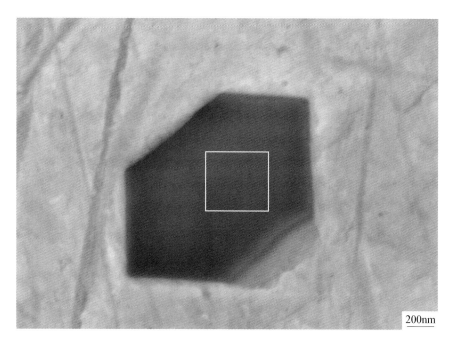

成分（wt%）：Al$_2$O$_3$ 100%

成分（wt%）：Al_2O_3 100%

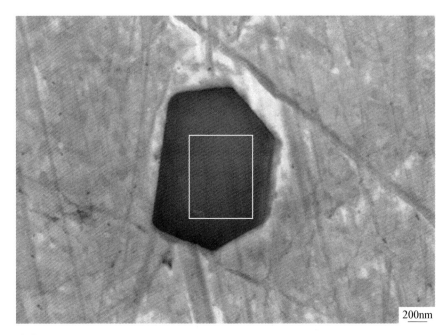

成分（wt%）：Al_2O_3 100%

成分（wt%）：Al$_2$O$_3$ 100%

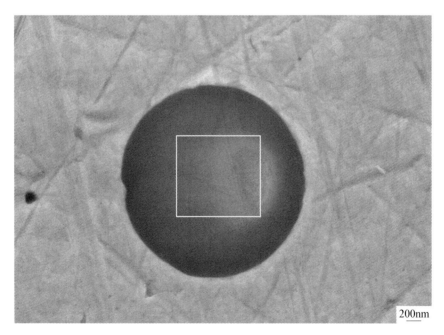

成分（wt%）：Al$_2$O$_3$ 100%

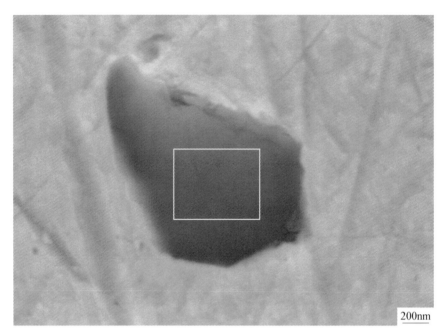

200nm

成分（wt%）：Al₂O₃ 100%

7.2   LF 处理前钢液中非金属夹杂物（酸蚀）

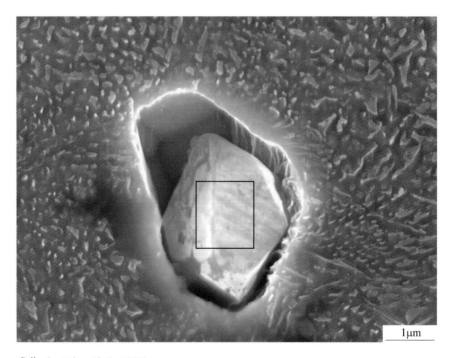

1μm

成分（wt%）：Al₂O₃ 100%

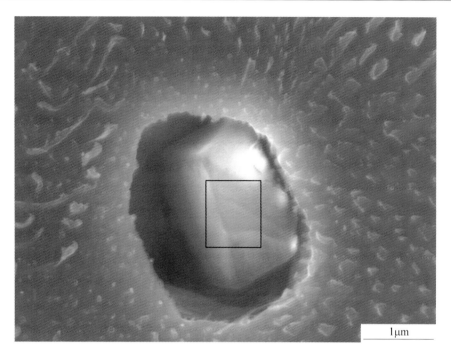

成分（wt%）：Al$_2$O$_3$ 100%

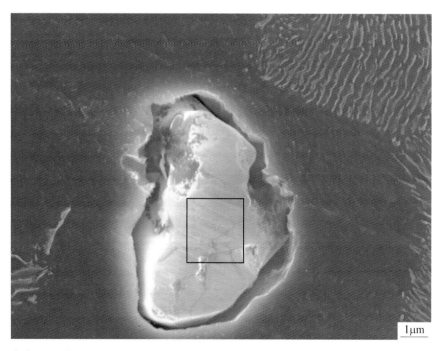

成分（wt%）：Al$_2$O$_3$ 100%

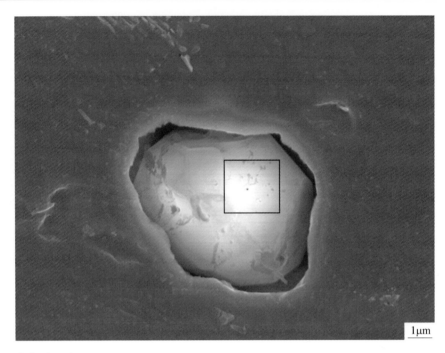

成分（wt%）：Al_2O_3 100%

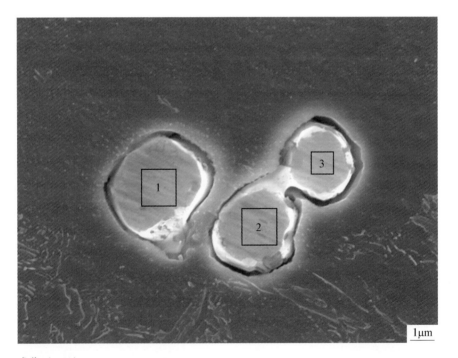

成分（wt%）：

1. Al_2O_3 100%

2. Al_2O_3 98.16%，MgO 1.84%

3. Al_2O_3 100%

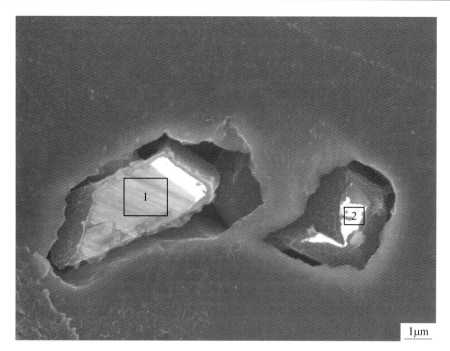

成分（wt%）：

1. Al_2O_3 100%

2. Al_2O_3 100%

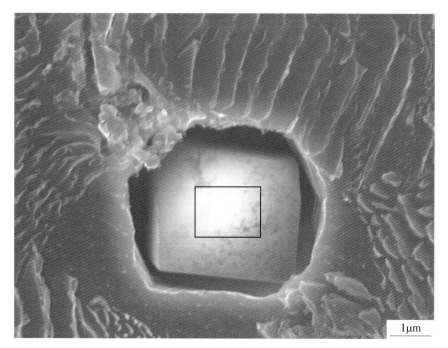

成分（wt%）：Al_2O_3 100%

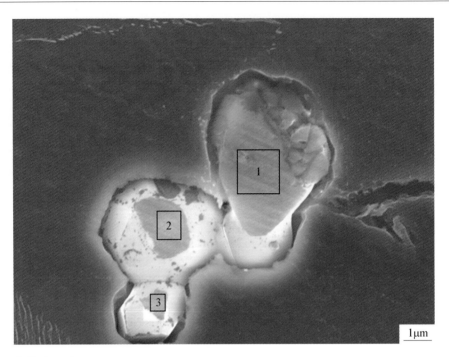

成分（wt%）：
1. Al$_2$O$_3$ 100%
2. Al$_2$O$_3$ 100%
3. Al$_2$O$_3$ 100%

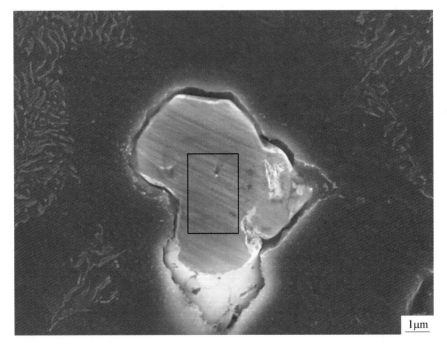

成分（wt%）：Al$_2$O$_3$ 100%

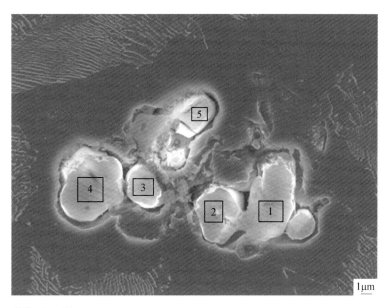

成分（wt%）：

1. Al_2O_3 100%

2. Al_2O_3 100%

3. Al_2O_3 100%

4. Al_2O_3 100%

5. Al_2O_3 100%

7.3 LF 处理前钢液中非金属夹杂物（有机溶液电解侵蚀）

成分（wt%）：

1. Al_2O_3 100%

2. Al_2O_3 100%

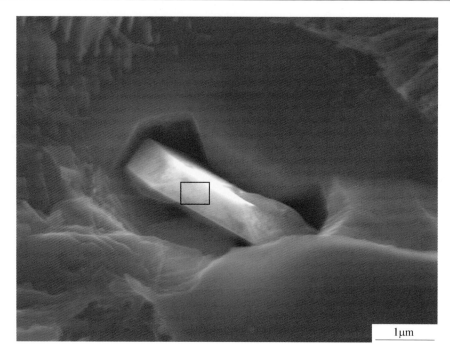

成分（wt%）：Al_2O_3 100%

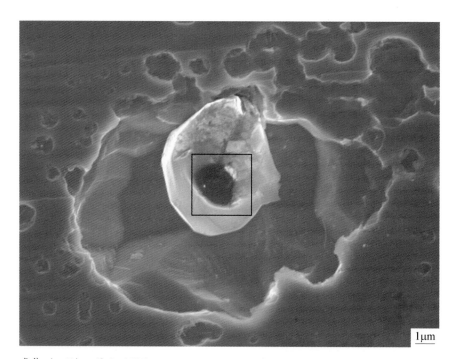

成分（wt%）：Al_2O_3 100%

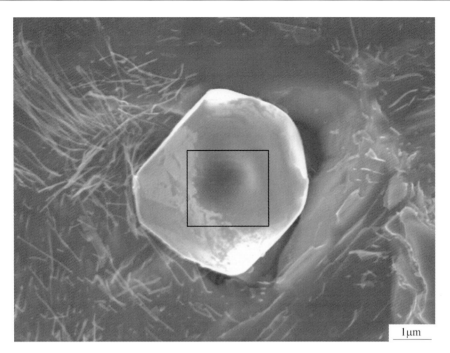

成分（wt%）：Al$_2$O$_3$ 100%

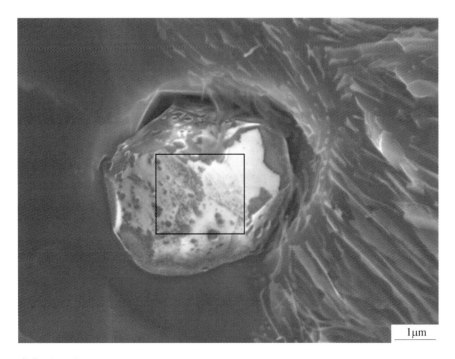

成分（wt%）：Al$_2$O$_3$ 100%

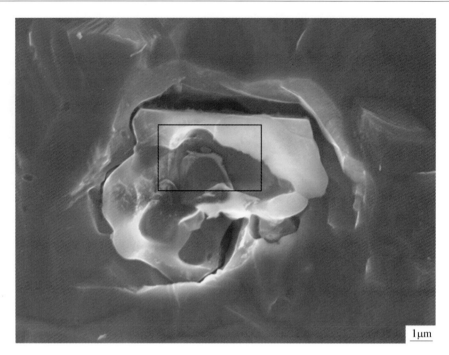

成分（wt%）：Al_2O_3 100%

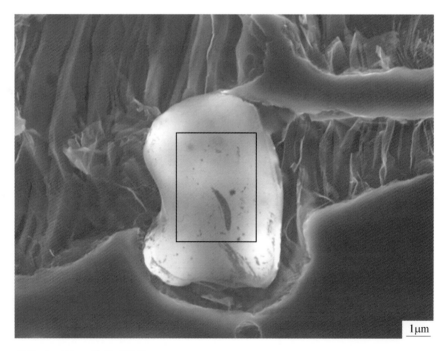

成分（wt%）：Al_2O_3 100%

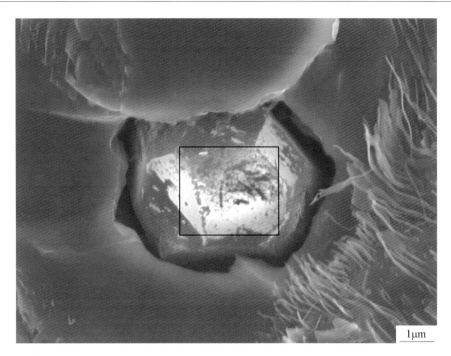

成分（wt%）：Al_2O_3 100%

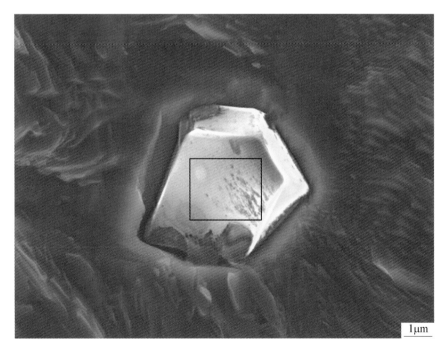

成分（wt%）：Al_2O_3 100%

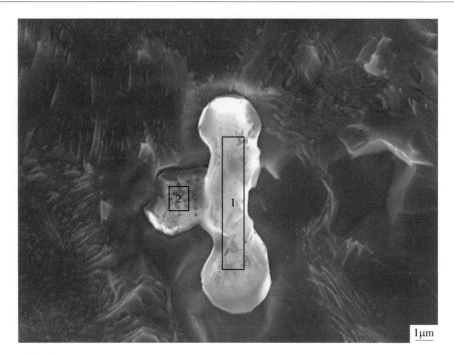

成分（wt%）：

1. Al$_2$O$_3$ 100%

2. Al$_2$O$_3$ 100%

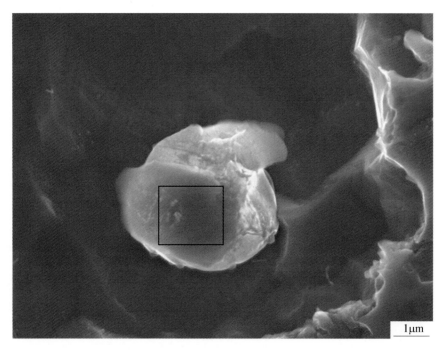

成分（wt%）：Al$_2$O$_3$ 100%

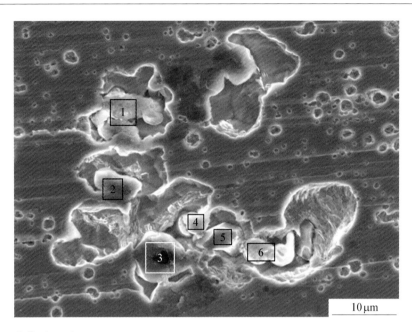

成分（wt%）：

1. Al_2O_3 100%

2. Al_2O_3 100%

3. Al_2O_3 100%

4. Al_2O_3 100%

5. Al_2O_3 100%

6. Al_2O_3 94.75%，MnS 5.25%

7.4 LF 处理调渣后钢液中非金属夹杂物（传统抛光观察）

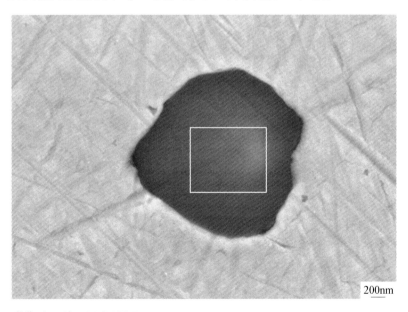

成分（wt%）：MnS 100%

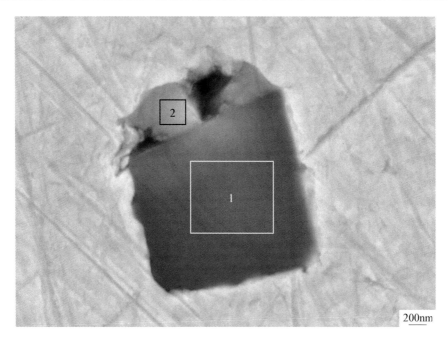

成分（wt%）：

1. MnS 54. 19%，CaS 5. 44%，CaO 5. 55%，Al_2O_3 8. 81%，SiO_2 23. 80%，MgO 2. 21%

2. Al_2O_3 81. 39%，MgO 18. 61%

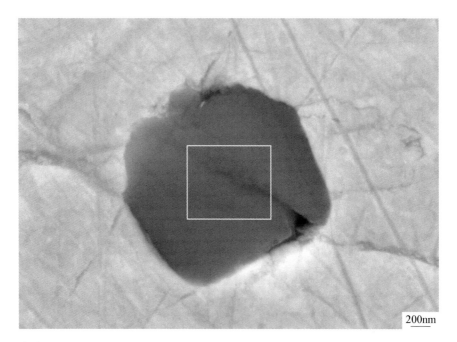

成分（wt%）：Al_2O_3 78. 42%，MgO 21. 58%

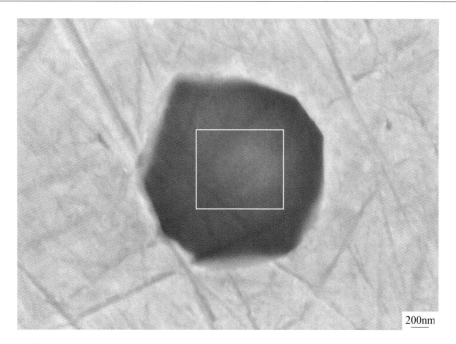

成分（wt%）：Al_2O_3 84.43%，MgO 15.57%

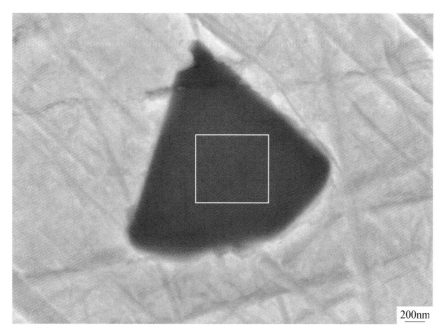

成分（wt%）：Al_2O_3 79.10%，MgO 20.90%

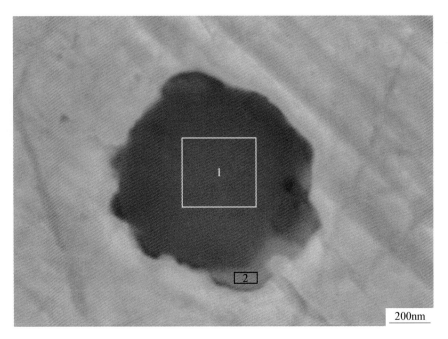

成分（wt%）：

1. CaS 4.81%，CaO 4.16%，Al_2O_3 85.96%，MnO 2.11%，MgO 2.97%

2. MnS 26.32%，CaS 23.31%，CaO 3.63%，Al_2O_3 35.19%，SiO_2 11.56%

（说明：2 点的成分由于电子束透过 CaS 和 MnS 复合析出相打到 Al_2O_3-SiO_2-CaO 基体，实际应该为 CaS 和 MnS 复合析出相）

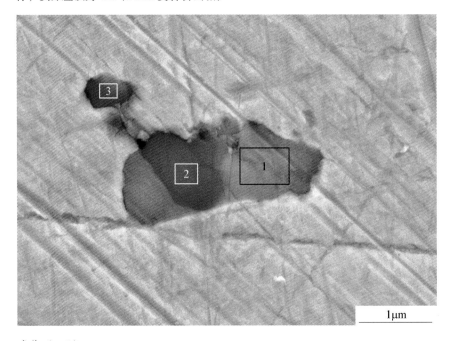

成分（wt%）：

1. MnS 100%

2. Al_2O_3 88.32%，MgO 11.68%

3. Al_2O_3 89.80%，MgO 10.20%

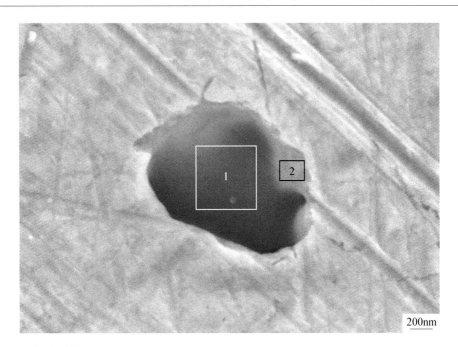

成分（wt%）：
1. Al_2O_3 90.77%，MgO 9.23%
2. Al_2O_3 88.83%，MgO 11.17%

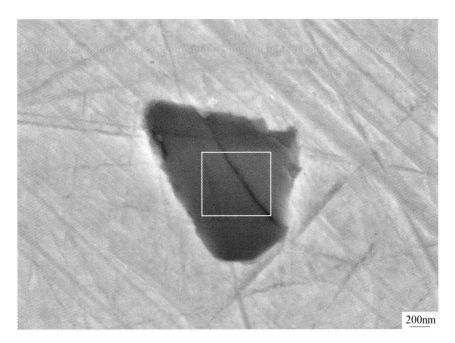

成分（wt%）：Al_2O_3 78.67%，MgO 21.33%

成分（wt%）：Al_2O_3 81.13%，MgO 18.87%

7.5　LF 处理调渣后钢液中非金属夹杂物（酸蚀）

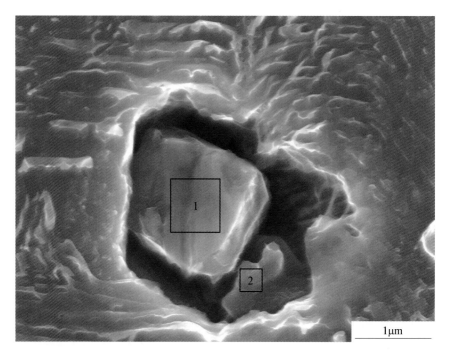

成分（wt%）：
1. Al_2O_3 79.37%，MgO 20.63%
2. Al_2O_3 76.31%，MgO 23.69%

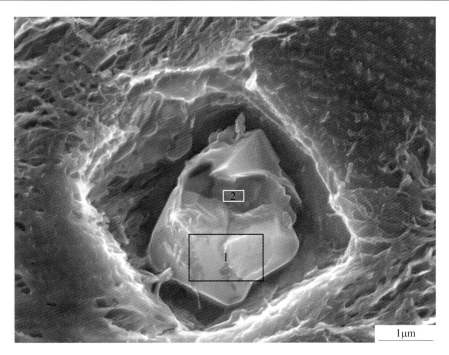

成分（wt%）：

1. Al$_2$O$_3$ 77.56%，MgO 22.44%

2. Al$_2$O$_3$ 77.91%，MgO 22.09%

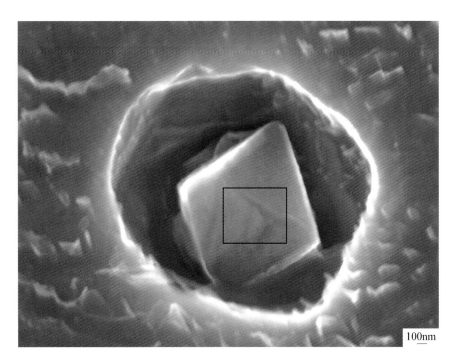

成分（wt%）：Al$_2$O$_3$ 78.76%，MgO 21.24%

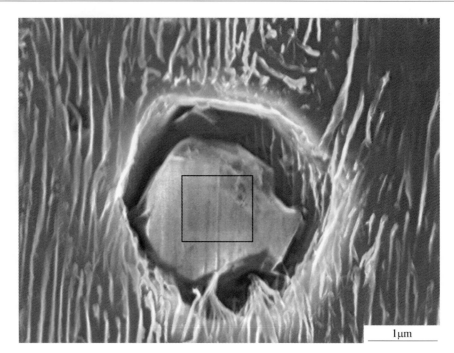

成分（wt%）：Al$_2$O$_3$ 80.46%，MgO 19.54%

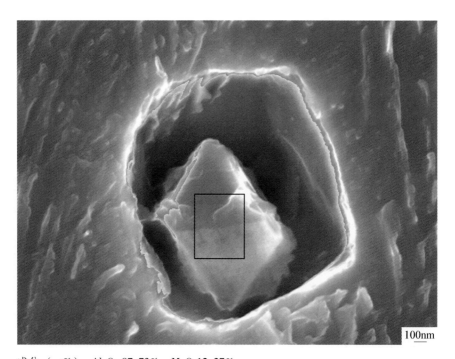

成分（wt%）：Al$_2$O$_3$ 87.73%，MgO 12.27%

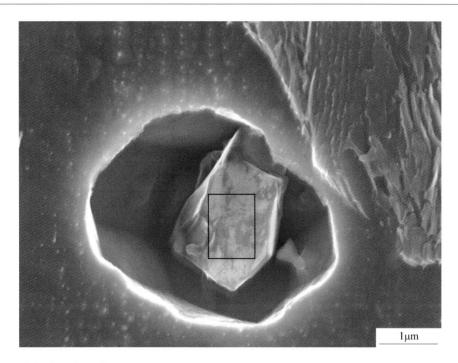

成分（wt%）：Al_2O_3 76.12%，MgO 23.88%

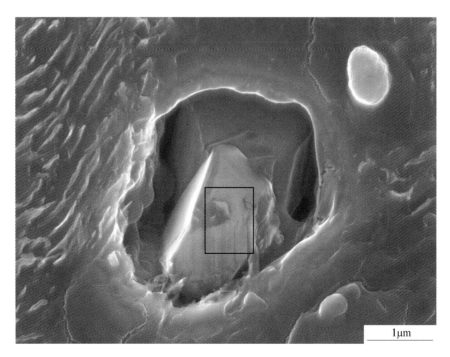

成分（wt%）：Al_2O_3 72.21%，MgO 27.79%

7.6　LF 处理调渣后钢液中非金属夹杂物（有机溶液电解侵蚀）

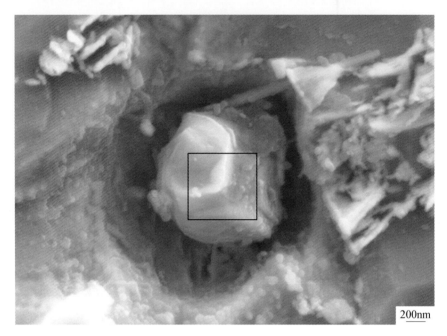

成分（wt%）：CaS 76.05%，CaO 11.83%，Al_2O_3 9.74%，MgO 2.37%

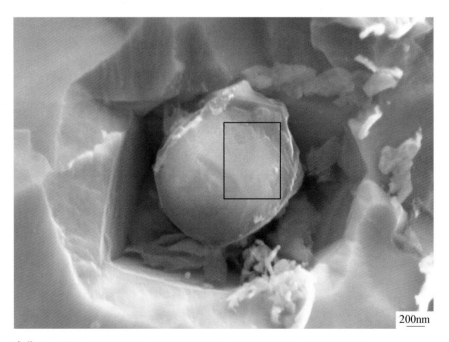

成分（wt%）：CaS 52.89%，CaO 41.67%，Al_2O_3 2.36%，TiO_2 3.07%

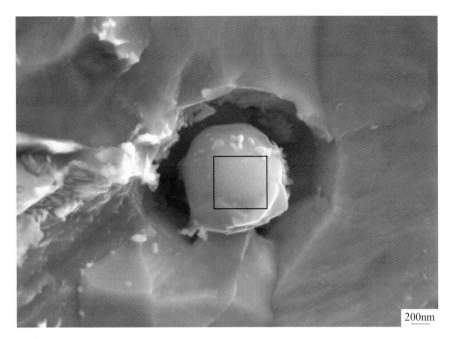

成分（wt%）：MnS 12.61%，CaS 47.20%，CaO 7.34%，Al_2O_3 17.34%，SiO_2 5.54%，TiO_2 9.98%

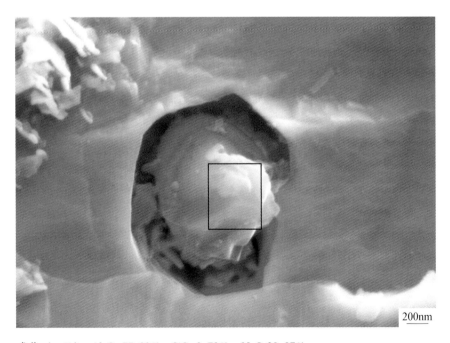

成分（wt%）：Al_2O_3 77.22%，SiO_2 2.72%，MgO 20.07%

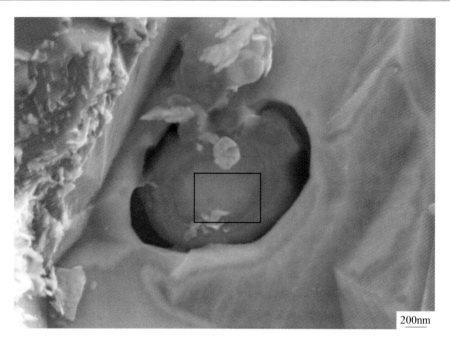

成分（wt%）：CaS 62.98%，CaO 13.24%，Al_2O_3 17.62%，MgO 6.16%

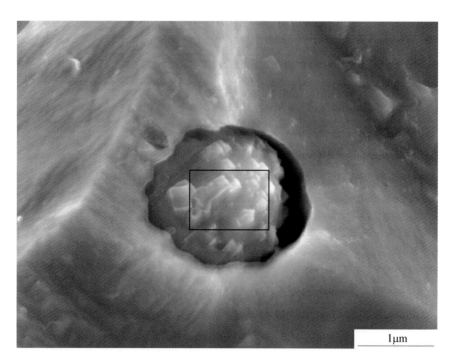

成分（wt%）：MnS 66.86%，Al_2O_3 0.28%，SiO_2 29.36%，TiO_2 3.50%

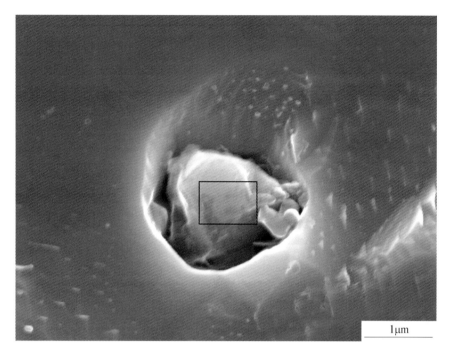

成分（wt%）：MnS 1.37%，Al₂O₃ 82.40%，SiO₂ 1.39%，MgO 14.85%

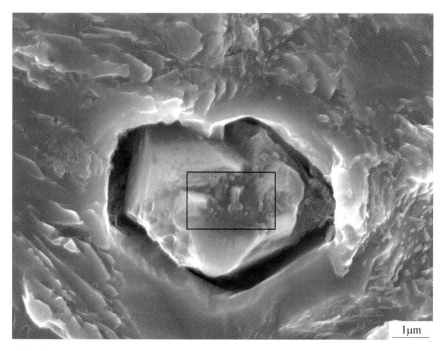

成分（wt%）：MnS 3.90%，CaS 1.32%，CaO 0.20%，Al₂O₃ 71.73%，MgO 22.85%

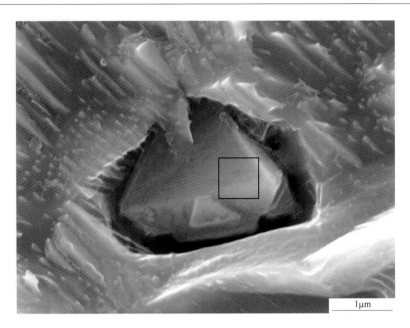

成分（wt%）：CaS 5.58%，CaO 1.35%，Al_2O_3 43.60%，MnO 1.62%，MgO 15.50%，TiO_2 32.35%

7.7　LF 处理钙处理后钢液中非金属夹杂物（传统抛光观察）

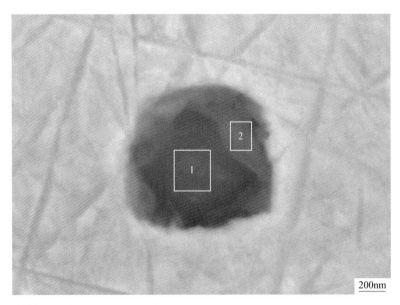

成分（wt%）：

1. CaS 49.30%，CaO 20.20%，Al_2O_3 14.46%，MnO 11.33%，MgO 4.71%
2. CaS 18.87%，CaO 1.54%，Al_2O_3 61.41%，MgO 18.19%

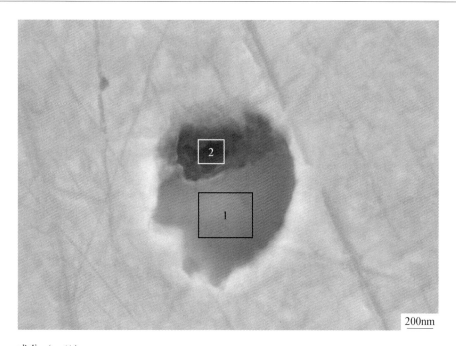

成分（wt%）：

1. CaS 17.37%，CaO 4.12%，Al_2O_3 56.54%，MgO 16.75%，TiO_2 5.23%

2. CaS 17.36%，CaO 29.67%，Al_2O_3 18.19%，MnO 9.19%，TiO_2 25.59%

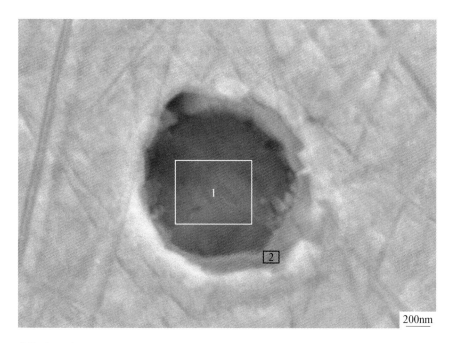

成分（wt%）：

1. CaS 15.71%，CaO 2.44%，Al_2O_3 5.44%，MgO 2.22%，TiN 74.18%

2. MnS 8.50%，CaS 49.67%，CaO 10.49%，Al_2O_3 17.82%，SiO_2 3.73%，MgO 4.81%，TiO_2 4.99%

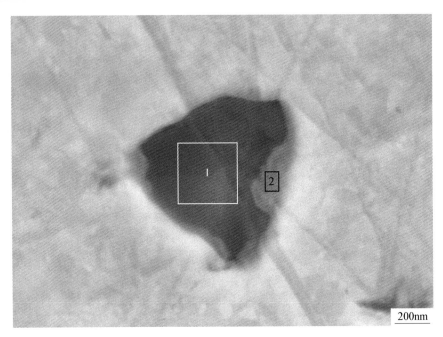

成分（wt%）：

1. CaS 71.50%，CaO 11.12%，Al_2O_3 10.70%，MnO 3.33%，MgO 3.35%

2. CaS 31.97%，CaO 10.60%，Al_2O_3 42.87%，MnO 4.77%，MgO 9.80%

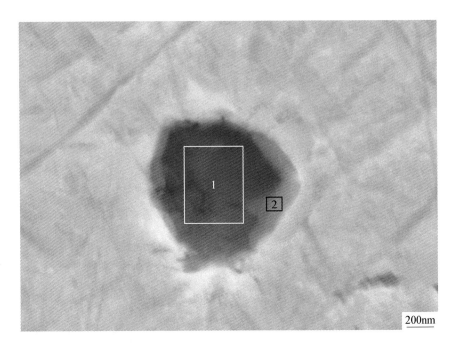

成分（wt%）：

1. MnS 13.49%，CaS 16.83%，CaO 7.20%，Al_2O_3 10.20%，SiO_2 5.93%，MgO 4.96%，TiO_2 41.38%

2. CaS 43.87%，CaO 6.82%，Al_2O_3 24.26%，MgO 11.28%，TiO_2 13.77%

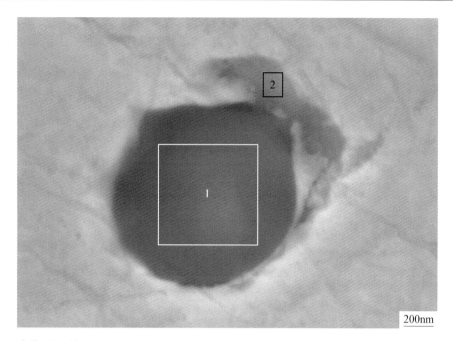

成分（wt%）：

1. CaS 79.22%，CaO 12.32%，Al$_2$O$_3$ 8.46%

2. CaS 39.63%，CaO 25.63%，Al$_2$O$_3$ 25.15%，MnO 9.59%

7.8 LF 处理钙处理后钢液中非金属夹杂物（酸蚀）

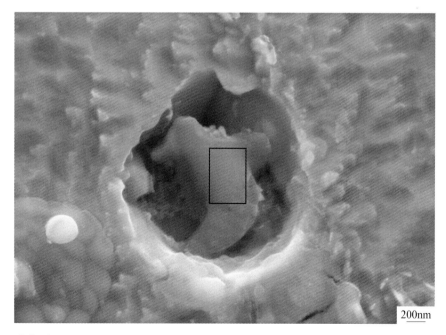

成分（wt%）：CaO 16.75%，Al$_2$O$_3$ 63.31%，MgO 19.94%

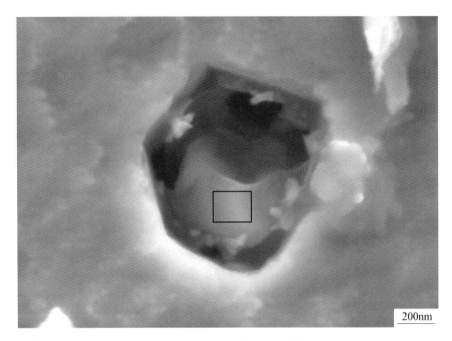

成分（wt%）：CaO 4.69%，Al₂O₃ 70.93%，MgO 24.38%

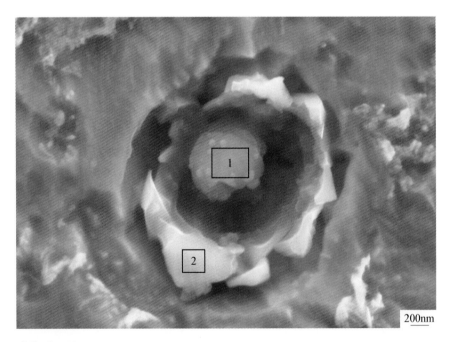

成分（wt%）：

1. TiN 100%

2. Al₂O₃ 58.53%，MgO 26.50%，TiO₂ 14.97%

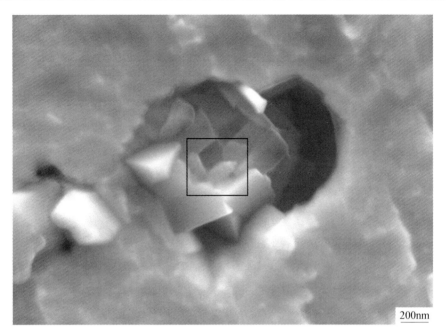

成分（wt%）：CaO 11.97%，Al_2O_3 55.02%，MnO 6.51%，MgO 13.07%，TiO_2 13.43%

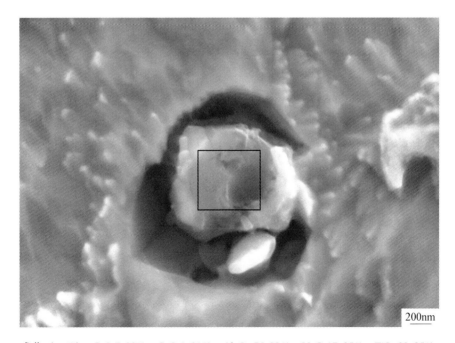

成分（wt%）：CaS 5.20%，CaO 1.31%，Al_2O_3 56.00%，MgO 17.25%，TiO_2 20.25%

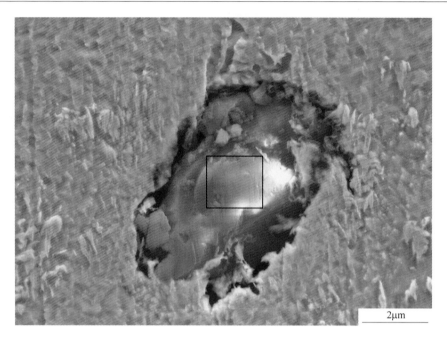

成分（wt%）：Al_2O_3 100%

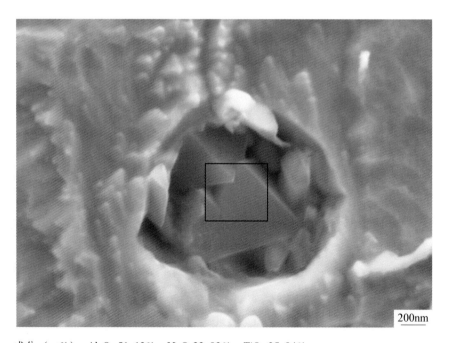

成分（wt%）：Al_2O_3 51.13%，MgO 22.93%，TiO_2 25.94%

7.9 LF 处理钙处理后钢液中非金属夹杂物（有机溶液电解侵蚀）

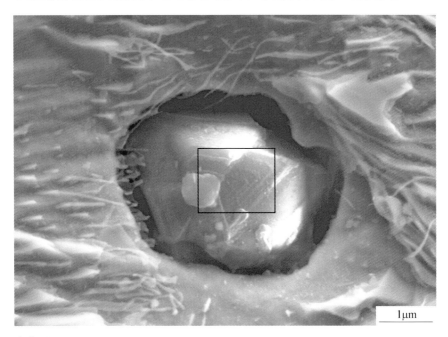

成分（wt%）：Al_2O_3 80.61%，MgO 19.39%

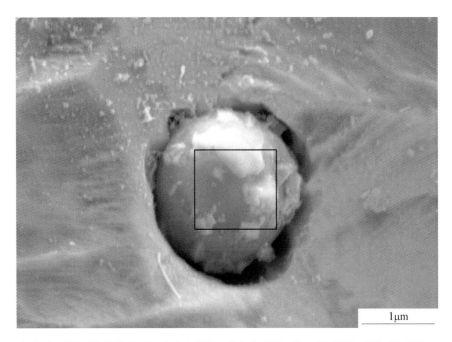

成分（wt%）：MnS 56.74%，CaS 4.25%，CaO 0.66%，SiO_2 24.92%，TiO_2 13.43%

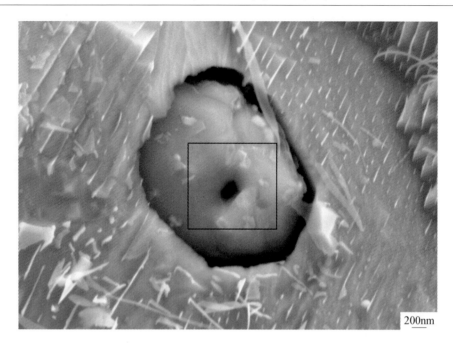

200nm

成分（wt%）：MnS 59.86%，Al_2O_3 12.05%，SiO_2 26.29%，MgO 1.80%

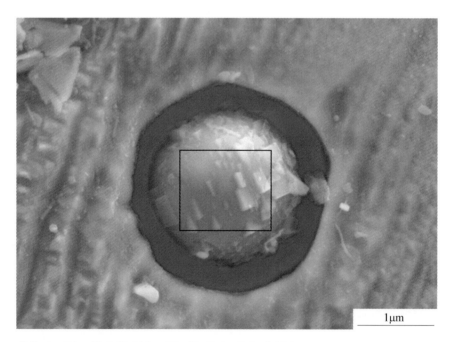

1μm

成分（wt%）：MnS 65.14%，SiO_2 28.61%，TiO_2 6.25%

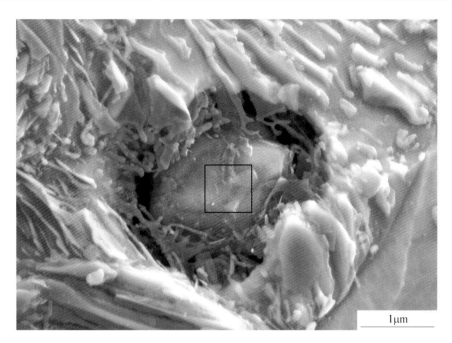

成分（wt%）：MnS 3.02%，CaS 14.22%，CaO 2.21%，Al_2O_3 68.11%，SiO_2 1.32%，MgO 11.11%

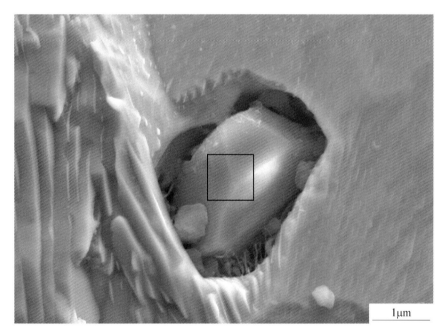

成分（wt%）：Al_2O_3 81.56%，MgO 18.44%

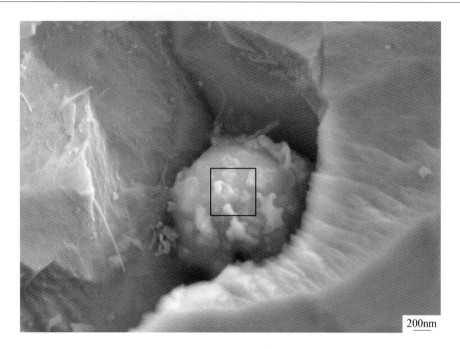

成分（wt%）：MnS 65.91%，SiO$_2$ 28.95%，TiO$_2$ 5.14%

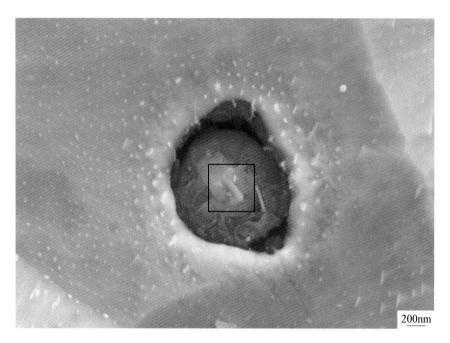

成分（wt%）：MnS 10.85%，CaS 13.52%，CaO 11.19%，Al$_2$O$_3$ 56.30%，SiO$_2$ 4.76%，MnO 1.91%，MgO 1.46%

7.10　LF 处理后钢液中非金属夹杂物（传统抛光观察）

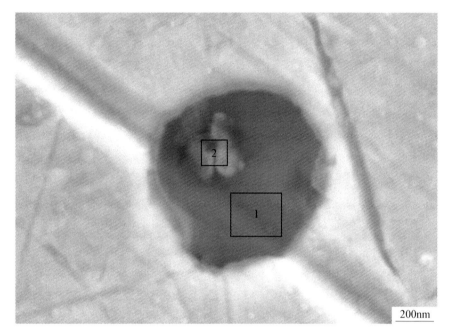

成分（wt%）：
1. CaS 7.47%，CaO 11.23%，Al$_2$O$_3$ 61.98%，MnO 5.27%，MgO 8.40%，TiO$_2$ 5.66%
2. CaS 12.26%，CaO 39.92%，Al$_2$O$_3$ 33.05%，MnO 8.72%，MgO 6.05%

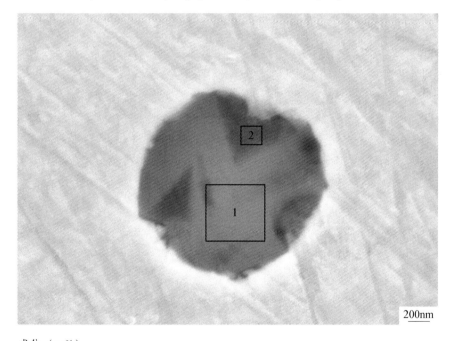

成分（wt%）：
1. CaS 4.63%，CaO 44.87%，Al$_2$O$_3$ 39.23%，MnO 6.84%，MgO 4.44%
2. CaS 19.47%，CaO 40.27%，Al$_2$O$_3$ 27.93%，MnO 9.75%，MgO 2.58%

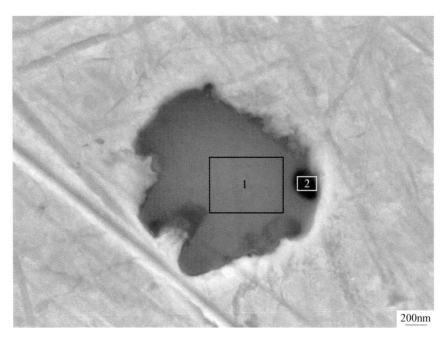

成分（wt%）：

1. CaO 46. 55%, Al$_2$O$_3$ 42. 78%，MnO 8. 22%，MgO 2. 45%

2. CaS 9. 30%，CaO 40. 18%，Al$_2$O$_3$ 25. 17%，MnO 4. 84%，MgO 2. 13%，TiO$_2$ 18. 39%

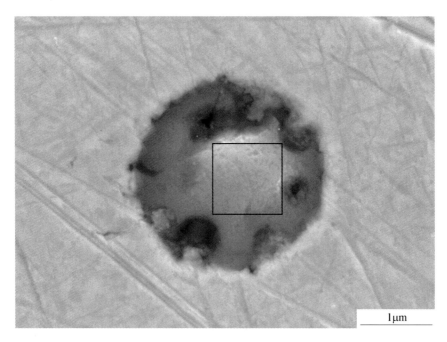

成分（wt%）：CaO 48. 34%，Al$_2$O$_3$ 48. 47%，MnO 3. 19%

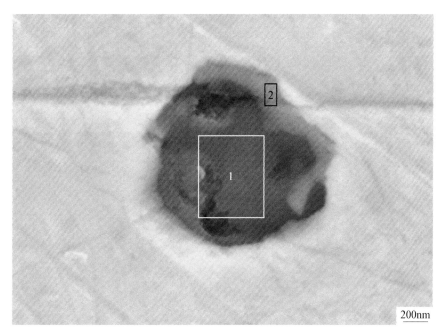

成分（wt%）：

1. CaS 6.88%，CaO 1.68%，Al_2O_3 17.47%，MnO 1.59%，MgO 6.04%，TiO_2 66.34%

2. CaS 17.37%，CaO 6.37%，Al_2O_3 47.45%，MnO 4.26%，MgO 17.76%，TiO_2 6.79%

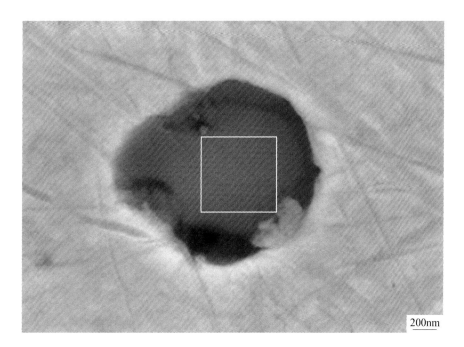

成分（wt%）：CaS 5.65%，CaO 45.52%，Al_2O_3 39.53%，MnO 9.29%

7.11　LF 处理后钢液中非金属夹杂物（酸蚀）

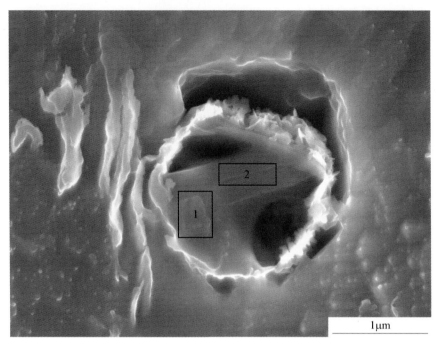

成分（wt%）：
1. CaO 16.76%，Al$_2$O$_3$ 42.57%，SiO$_2$ 3.86%，MnO 3.93%，MgO 25.60%，TiO$_2$ 7.28%
2. CaO 23.51%，Al$_2$O$_3$ 61.30%，MnO 4.96%，MgO 7.29%，TiO$_2$ 2.94%

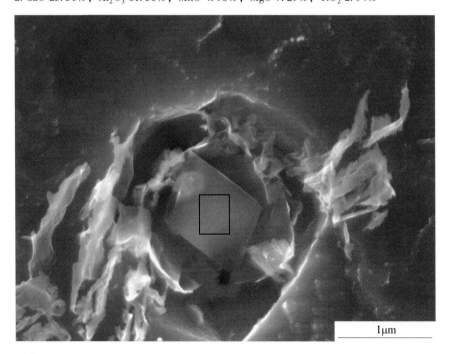

成分（wt%）：Al$_2$O$_3$ 55.27%，MgO 38.21%，TiO$_2$ 6.52%

7.12　LF 处理后钢液中非金属夹杂物（有机溶液电解侵蚀）

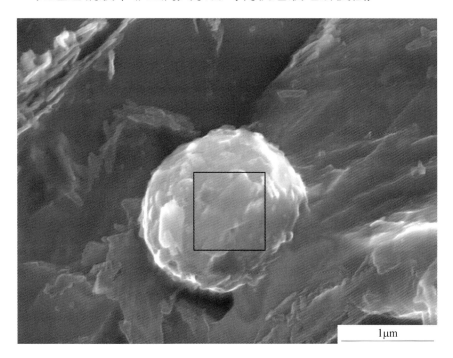

成分（wt%）：CaS 12.12%，CaO 7.89%，Al_2O_3 60.70%，MnO 8.76%，MgO 9.40%，TiO_2 1.13%

成分（wt%）：MnS 1.18%，CaS 14.72%，CaO 2.50%，Al_2O_3 52.07%，SiO_2 0.52%，MnO 16.09%，MgO 11.14%，TiO_2 1.78%

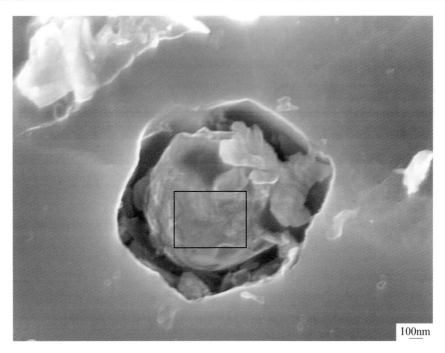

成分（wt%）：MnS 1.16%，CaS 14.48%，CaO 4.10%，Al_2O_3 51.22%，SiO_2 0.51%，MnO 15.83%，MgO 10.96%，TiO_2 1.75%

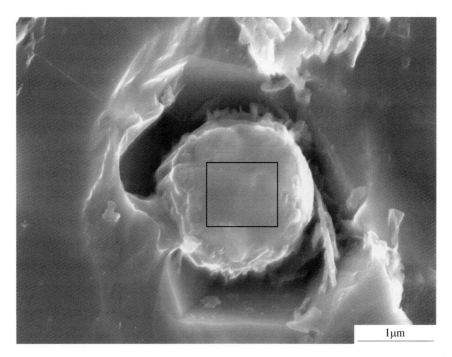

成分（wt%）：CaS 18.27%，CaO 2.84%，Al_2O_3 51.59%，MnO 16.56%，MgO 9.20%，TiO_2 1.54%

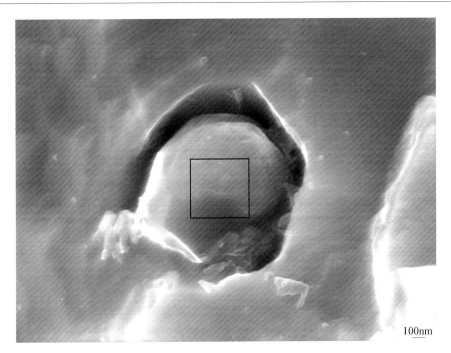

成分（wt%）：CaS 14.88%，CaO 14.82%，Al_2O_3 55.34%，MnO 8.33%，MgO 5.76%，TiO_2 0.86%

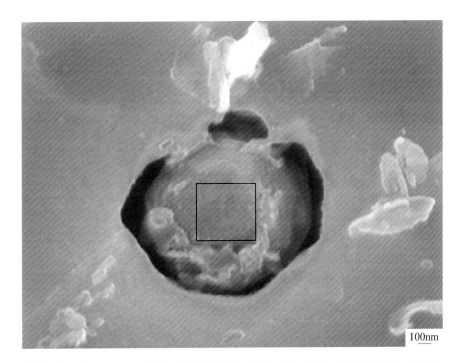

成分（wt%）：CaS 24.30%，CaO 3.78%，Al_2O_3 47.65%，MnO 14.48%，MgO 8.91%，TiO_2 0.88%

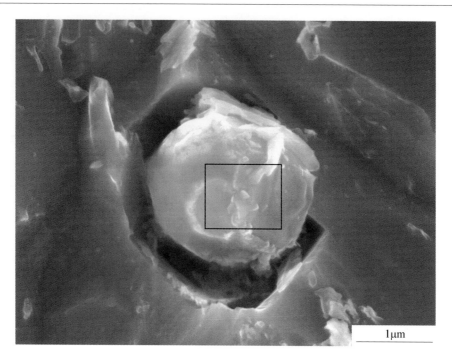

成分（wt%）：CaS 35.55%，CaO 5.53%，Al_2O_3 35.70%，MnO 7.09%，MgO 11.85%，TiO_2 4.29%

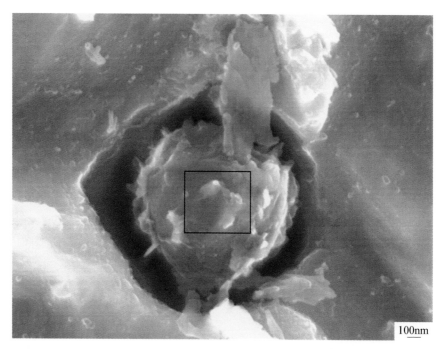

成分（wt%）：CaS 15.24%，CaO 6.89%，Al_2O_3 53.54%，MnO 16.76%，MgO 4.84%，TiO_2 2.73%

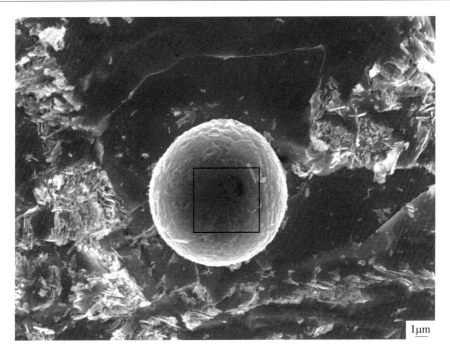

成分（wt%）：CaS 26.91%，CaO 17.86%，Al_2O_3 43.47%，SiO_2 8.25%，TiN 3.52%

7.13　连铸坯中非金属夹杂物和析出相（传统抛光观察）

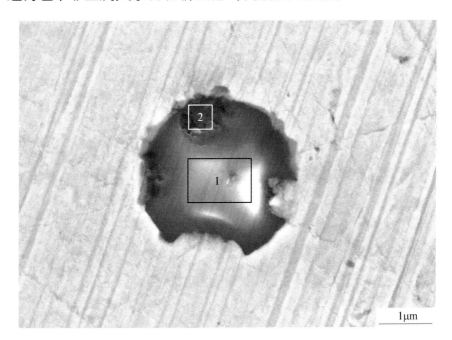

成分（wt%）：
1. CaO 24.36%，Al_2O_3 55.82%，MnO 11.15%，MgO 8.67%
2. CaS 14.32%，CaO 2.23%，Al_2O_3 68.20%，MgO 15.25%

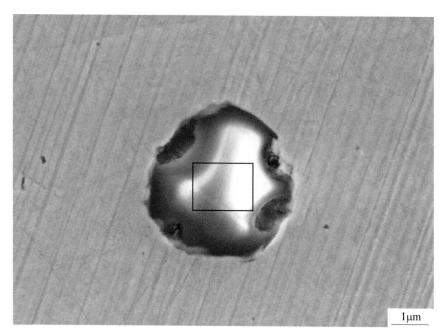

成分（wt%）：CaO 39.37%，Al$_2$O$_3$ 42.09%，MnO 17.21%，MgO 1.33%

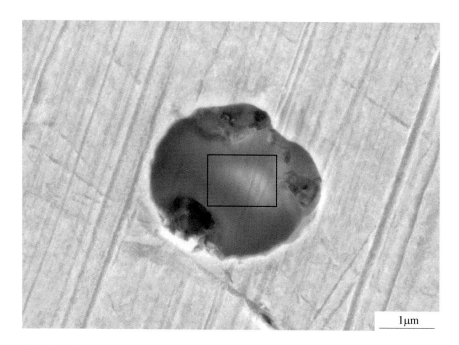

成分（wt%）：CaO 12.00%，Al$_2$O$_3$ 66.39%，MnO 7.43%，MgO 14.18%

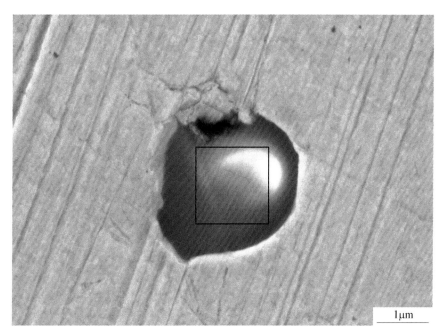

成分（wt%）：CaO 40.20%，Al$_2$O$_3$ 41.16%，MnO 18.64%

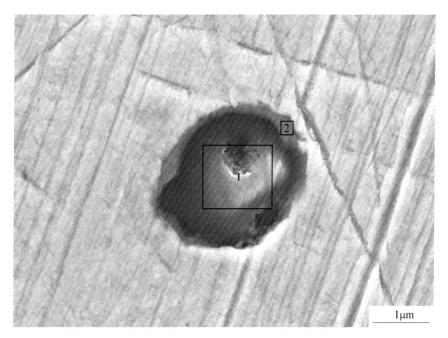

成分（wt%）：
1. Al$_2$O$_3$ 76.40%，MgO 23.60%
2. CaS 13.25%，CaO 2.06%，Al$_2$O$_3$ 68.14%，MgO 16.55%

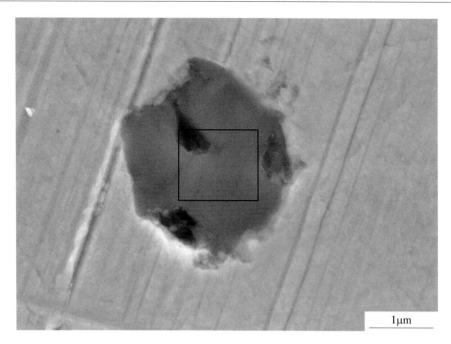

成分（wt%）：CaS 6.80%，CaO 7.31%，Al$_2$O$_3$ 66.93%，MnO 5.47%，MgO 10.05%，TiO$_2$ 3.45%

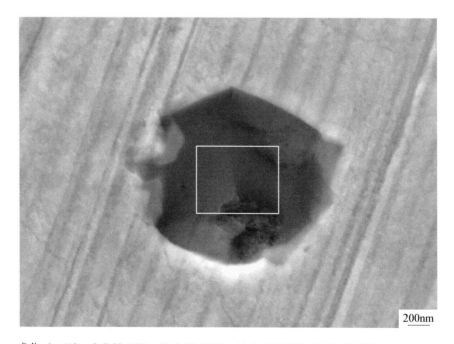

成分（wt%）：CaS 32.17%，CaO 23.77%，Al$_2$O$_3$ 30.82%，MnO 13.24%

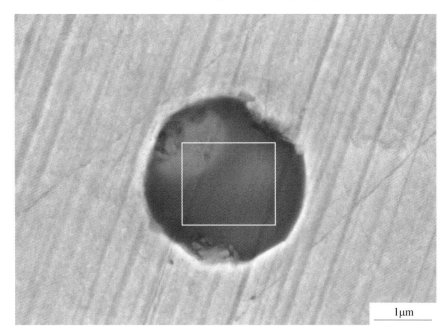

成分（wt%）：CaS 5.39%，CaO 0.84%，Al_2O_3 72.79%，MgO 20.98%

7.14 连铸坯中非金属夹杂物和析出相（酸蚀）

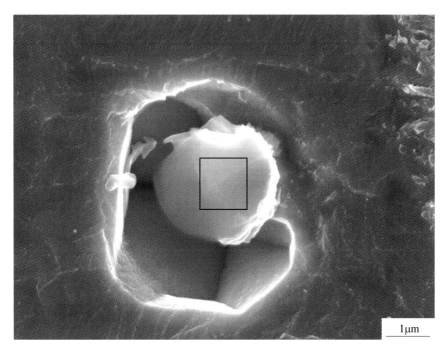

成分（wt%）：CaO 4.23%，Al_2O_3 68.99%，SiO_2 0.35%，MnO 11.15%，MgO 14.09%，TiO_2 1.18%

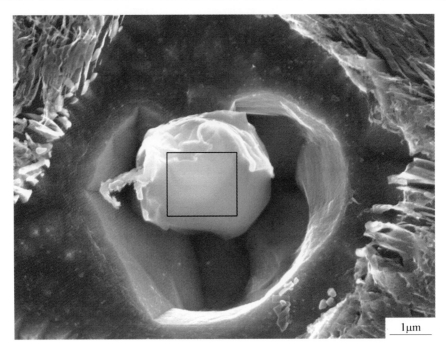

成分（wt%）：CaO 4.04%，Al_2O_3 67.78%，SiO_2 0.56%，MnO 7.54%，MgO 19.24%，TiN 0.83%

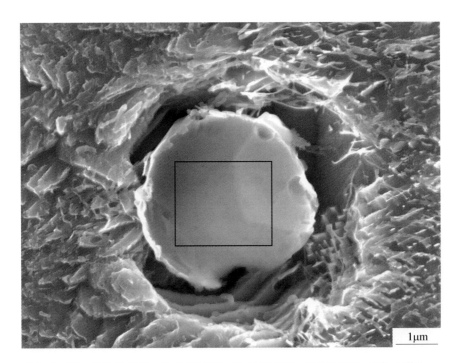

成分（wt%）：CaO 11.00%，Al_2O_3 60.19%，MnO 17.34%，MgO 9.89%，TiO_2 1.58%

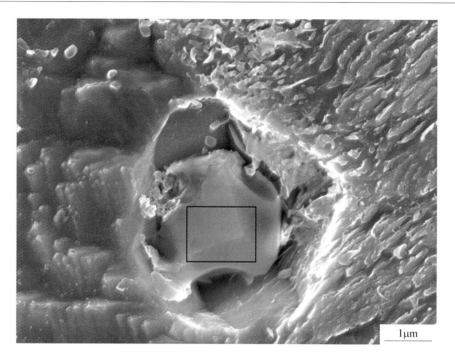

成分（wt%）：CaO 0.67%，Al_2O_3 70.59%，SiO_2 0.55%，MnO 2.36%，MgO 24.99%，TiO_2 0.84%

成分（wt%）：Al_2O_3 14.90%，TiN 85.10%

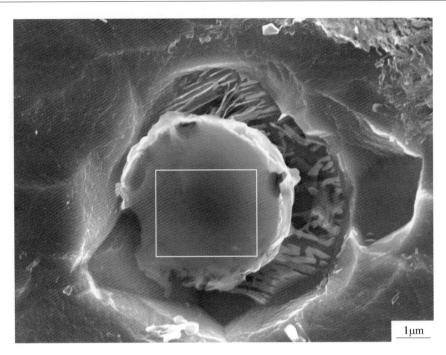

成分（wt%）：CaO 16.62%，Al_2O_3 54.77%，MnO 27.27%，TiO_2 1.34%

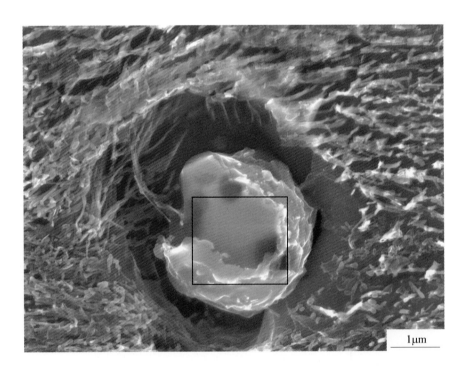

成分（wt%）：CaO 6.99%，Al_2O_3 64.33%，SiO_2 0.38%，MnO 11.27%，MgO 15.86%，
TiO_2 1.17%

7.15　连铸坯中非金属夹杂物和析出相（有机溶液电解侵蚀）

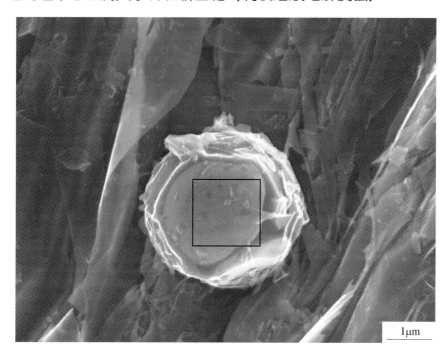

成分（wt%）：MnS 0.96%，CaS 25.16%，CaO 3.91%，Al_2O_3 44.82%，SiO_2 0.42%，MnO 13.66%，MgO 9.45%，TiO_2 1.62%

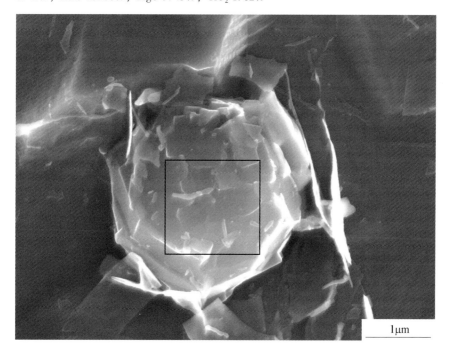

成分（wt%）：MnS 2.00%，CaS 26.71%，CaO 4.64%，Al_2O_3 34.72%，SiO_2 0.88%，MnO 17.71%，MgO 1.88%，TiO_2 11.47%

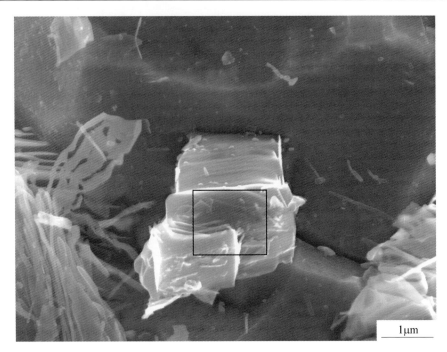

成分（wt%）：TiN 100%

成分（wt%）：TiN 100%

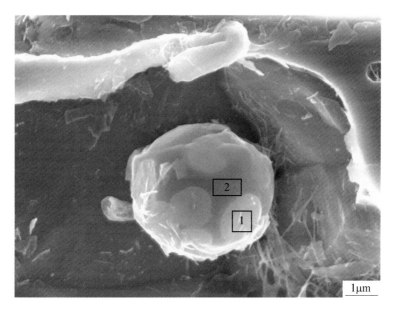

成分（wt%）：

1. MnS　6. 95%，　CaS　31. 09%，　Al_2O_3　42. 08%，　SiO_2　7. 91%，　MgO 8. 71%，　TiO_2　3. 26%

2. CaS　9. 00%，　CaO　12. 16%，　Al_2O_3　52. 58%，　SiO_2　22. 44%，　MnO 0. 30%，　MgO 2. 29%，　TiO_2　1. 23%

7. 16　轧材中非金属夹杂物和析出相（传统抛光观察）

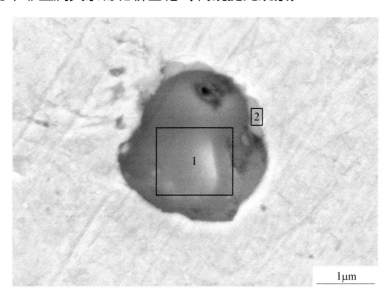

成分（wt%）：

1. Al_2O_3 14. 76%，　MgO 5. 44%，　TiN 51. 78%，　TiO_2 28. 02%

2. CaS 7. 06%，　CaO 1. 10%，　Al_2O_3 70. 29%，　MgO 21. 55%

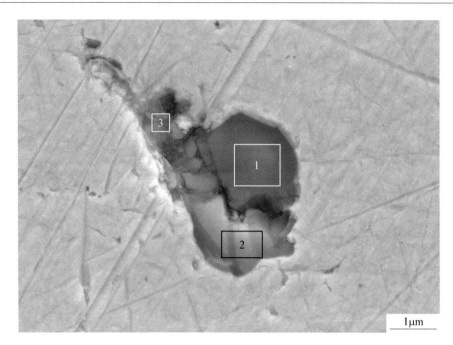

成分（wt%）：
1. MnS 3.24%，CaS 10.96%，CaO 1.70%，Al_2O_3 59.08%，SiO_2 1.42%，TiO_2 23.59%
2. CaO 59.19%，Al_2O_3 31.35%，MnO 6.72%，MgO 2.75%
3. Al_2O_3 76.92%，MgO 23.08%

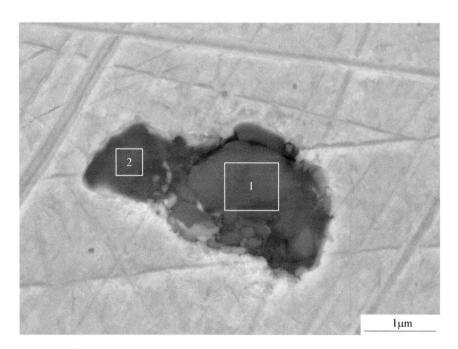

成分（wt%）：
1. CaS 3.90%，CaO 10.57%，Al_2O_3 67.43%，MnO 3.92%，MgO 14.18%
2. CaS 3.56%，CaO 11.26%，Al_2O_3 67.05%，MnO 5.68%，MgO 12.45%

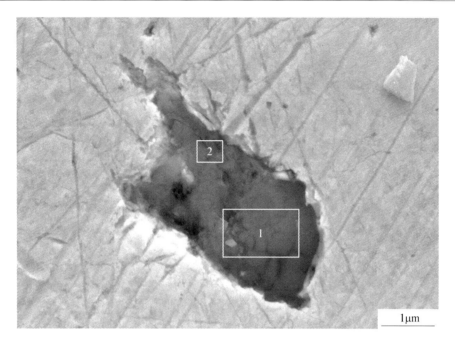

成分（wt%）:

1. CaS 3.68%，CaO 37.32%，Al$_2$O$_3$ 41.32%，MnO 17.68%
2. MnS 21.44%，CaS 36.28%，CaO 15.69%，Al$_2$O$_3$ 17.70%，SiO$_2$ 9.41%

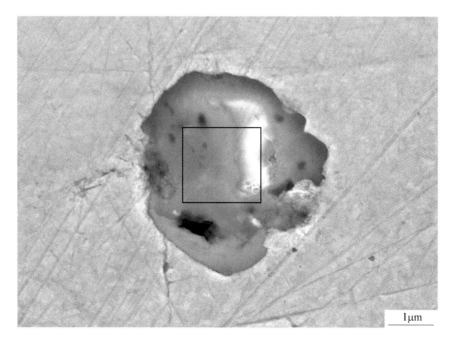

成分（wt%）：CaO 35.83%，Al$_2$O$_3$ 50.81%，MnO 13.36%

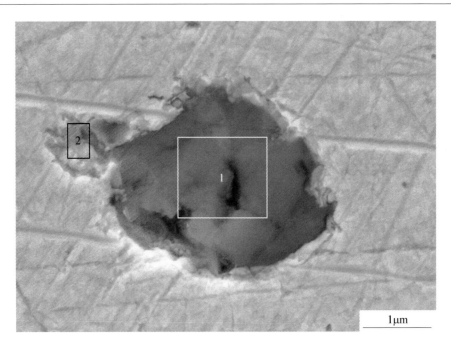

成分（wt%）：

1. CaS 14.04%，CaO 2.18%，Al_2O_3 14.56%，TiO_2 69.22%

2. CaS 6.19%，CaO 20.56%，Al_2O_3 48.25%，MnO 14.22%，MgO 6.23%，TiO_2 4.55%

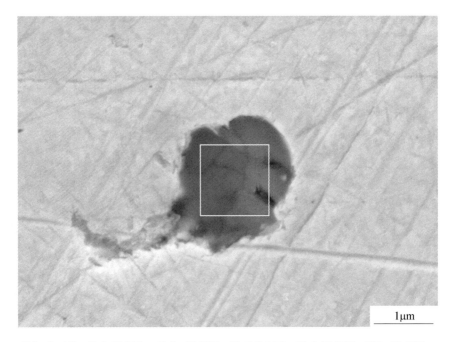

成分（wt%）：CaO 10.31%，Al_2O_3 58.99%，MnO 8.34%，MgO 12.07%，TiO_2 10.29%

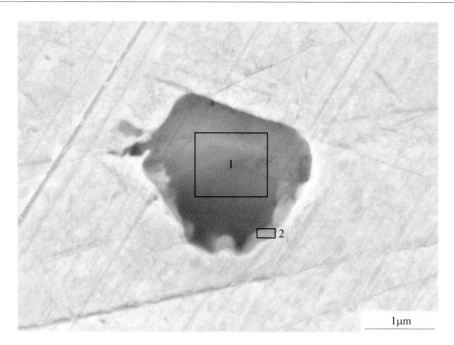

成分（wt%）：

1. CaS 3.75%，CaO 0.58%，Al_2O_3 14.34%，MgO 2.72%，TiN 31.49%，TiO_2 47.12%

2. MnS 7.16%，CaS 23.80%，CaO 3.70%，Al_2O_3 45.09%，SiO_2 3.15%，MnO 4.31%，

　　MgO 8.00%，TiO_2 4.79%

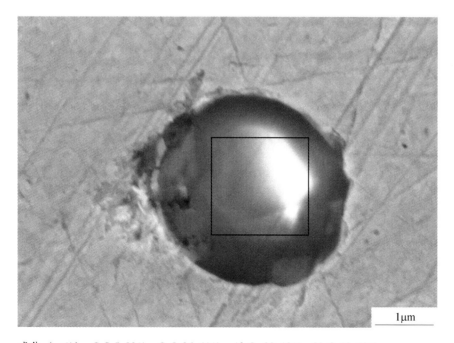

成分（wt%）：CaS 5.93%，CaO 36.41%，Al_2O_3 39.13%，MnO 18.53%

7.17 轧材中非金属夹杂物和析出相（酸蚀）

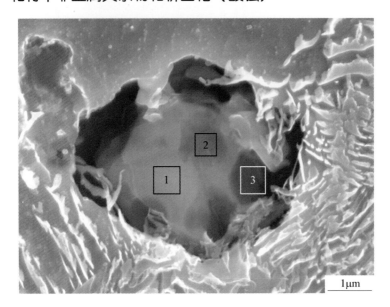

成分（wt%）：

1. CaO 7.08%，Al_2O_3 65.36%，SiO_2 3.98%，MnO 1.03%，MgO 20.40%，TiO_2 2.15%
2. CaO 28.28%，Al_2O_3 50.27%，SiO_2 13.10%，MgO 3.48%，TiO_2 4.86%
3. CaO 29.29%，Al_2O_3 47.53%，SiO_2 14.01%，MgO 2.88%，TiO_2 6.29%

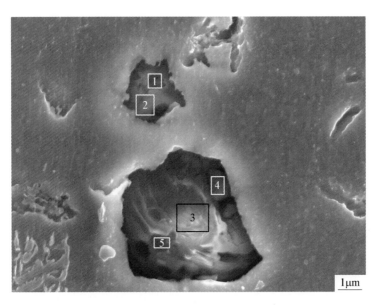

成分（wt%）：

1. CaO 59.19%，Al_2O_3 27.15%，MnO 5.82%，MgO 2.26%，TiO_2 5.57%
2. CaO 33.16%，Al_2O_3 45.14%，SiO_2 2.23%，MnO 10.33%，MgO 6.35%，TiO_2 2.78%
3. CaO 36.23%，Al_2O_3 52.40%，MnO 6.64%，MgO 4.73%
4. CaO 45.79%，Al_2O_3 42.46%，MnO 6.21%，MgO 3.61%，TiO_2 1.92%
5. CaO 45.33%，Al_2O_3 46.62%，MnO 5.53%，MgO 2.53%

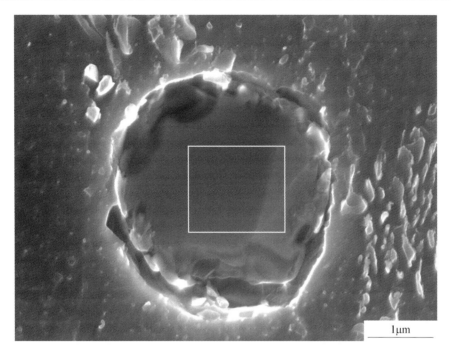

成分（wt%）：CaO 21.80%，Al_2O_3 53.30%，MnO 13.51%，MgO 6.99%，TiO_2 4.40%

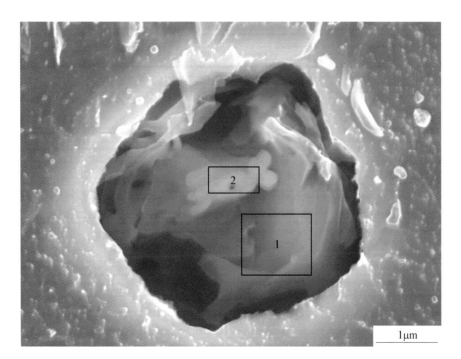

成分（wt%）：

1. CaO 4.50%，Al_2O_3 69.87%，SiO_2 1.80%，MnO 1.66%，MgO 18.92%，TiO_2 3.25%
2. CaO 24.33%，Al_2O_3 47.44%，MnO 8.40%，MgO 4.77%，TiO_2 15.06%

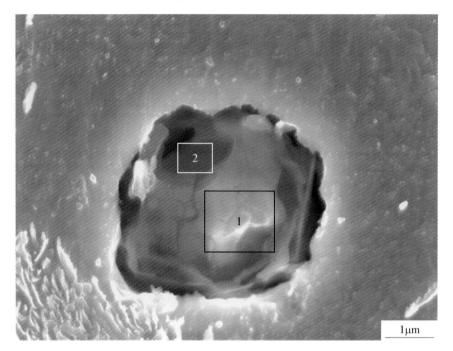

成分（wt%）：

1. CaO 12.05%，Al_2O_3 50.90%，SiO_2 2.01%，MnO 2.93%，MgO 14.91%，TiO_2 17.21%

2. CaO 30.58%，Al_2O_3 21.89%，MnO 4.88%，MgO 4.77%，TiO_2 37.88%

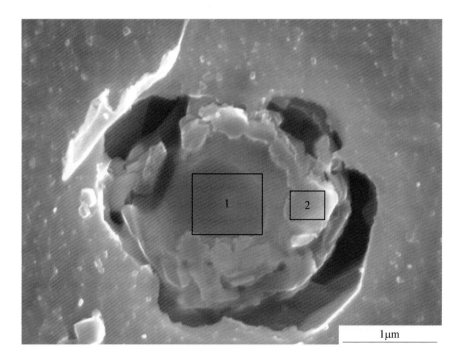

成分（wt%）：

1. CaO 21.73%，Al_2O_3 51.18%，MnO 13.50%，MgO 6.28%，TiO_2 7.31%

2. CaO 12.34%，Al_2O_3 42.13%，MnO 11.79%，MgO 4.11%，TiO_2 29.63%

7.18 轧材中非金属夹杂物和析出相（有机溶液电解侵蚀）

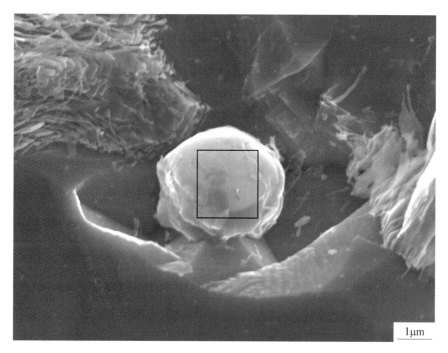

成分（wt%）：MnS 1.13%，CaS 18.11%，CaO 3.59%，Al_2O_3 58.67%，SiO_2 0.50%，MnO 8.85%，MgO 7.61%，TiO_2 1.54%

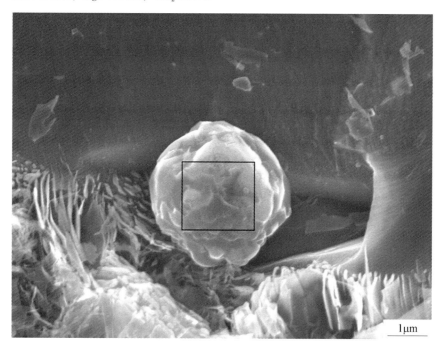

成分（wt%）：MnS 1.26%，CaS 19.51%，CaO 3.04%，Al_2O_3 50.55%，SiO_2 0.55%，MnO 15.23%，MgO 8.09%，TiO_2 1.76%

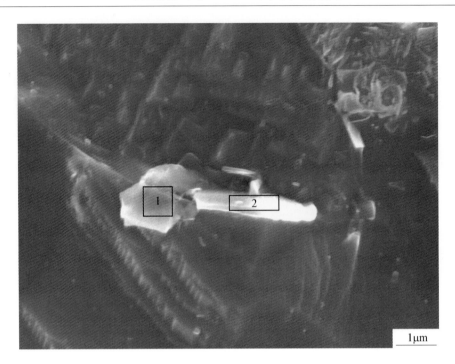

成分（wt%）：
1. SiO$_2$ 8. 23%，TiN 91. 77%
2. MnS 7. 60%，SiO$_2$ 3. 34%，TiN 89. 06%
（说明：1、2 点的成分由于电子束透过 TiN 析出相打到钢基体，实际应该为 TiN 析出相）

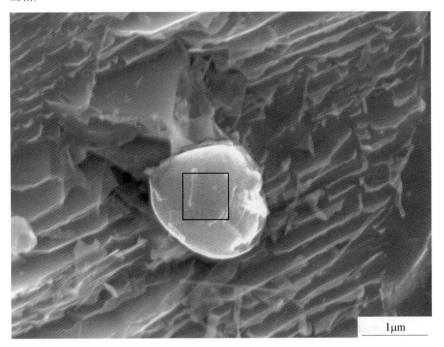

成分（wt%）：MnS 18. 94%，CaS 9. 95%，CaO 1. 55%，Al$_2$O$_3$ 43. 42%，SiO$_2$ 8. 32%，
MgO 10. 51%，TiO$_2$ 7. 32%

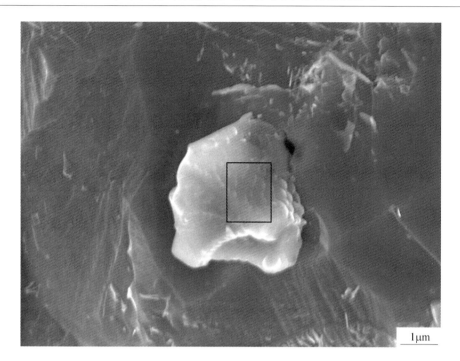

成分（wt%）：SiO$_2$ 2.06%，TiN 97.94%

（说明：点的成分由于电子束透过 TiN 析出相打到钢基体，实际应该为 TiN 析出相）

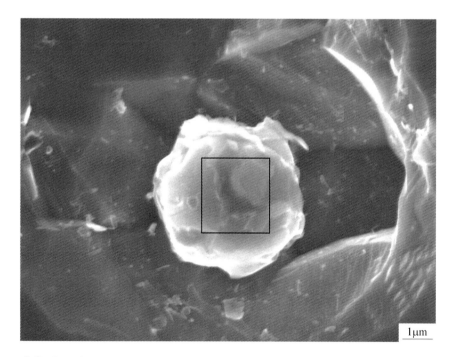

成分（wt%）：MnS 2.20%，CaS 23.21%，CaO 5.53%，Al$_2$O$_3$ 45.87%，SiO$_2$ 0.97%，MnO 22.22%

⑧ 非调质钢（8620RH）中非金属夹杂物

非调质钢（8620RH）基本化学成分为：C 0.20%，Si 0.18%，Mn 0.80%，P 0.02%，S 0.02%，Cr 0.53%，Ni 0.54%，Mo 0.18%。国内某钢厂生产非调质钢的工艺流程为：电炉→LF 精炼→VD 精炼→连铸。电炉采用废钢兑铁水生产工艺，70%铁水以及30%废钢。废钢来源为剪切废钢、自产废钢与普通废钢。电炉偏心炉底出钢。钢包的公称容量为90t，LF 精炼过程进行合金调整、造白渣和加入石墨增碳等操作。脱氧方式为铝脱氧，加入合金为硅铁与锰铁，不采用钙处理工艺。取样时同时进行测温。VD 真空处理平均时间30min，真空度为50Pa。软吹时间约25min，吹氩量根据各炉情况调节，约20NL/min。VD 过程在真空结束后进行增硫操作，喂入硫线或是加入 FeS。正常浇铸时中间包内钢水重量为50t 左右，在结晶器与凝固末端均有电磁搅拌，该连铸机无轻压下。采用3流大方坯连铸生产，断面为320mm×480mm，拉速为0.51m/min。

8.1 LF 处理前钢液中非金属夹杂物（传统抛光观察）

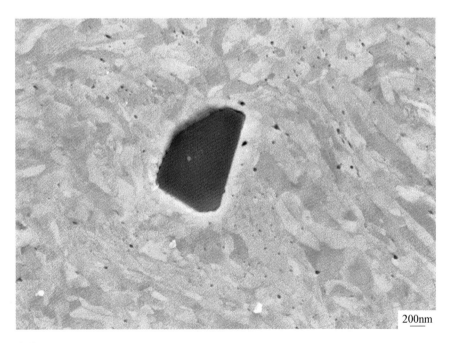

成分（wt%）：MgO 14.80%，Al₂O₃ 85.20%

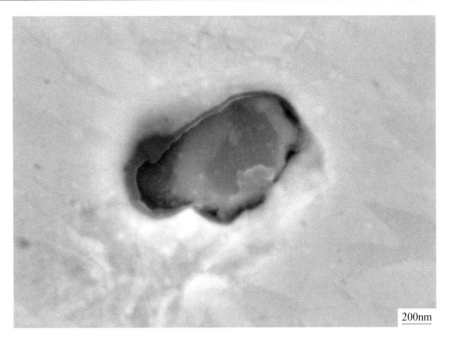

成分（wt%）：MgO 2.33%，Al_2O_3 47.24%，SiO_2 3.17%，CaO 5.33%，MnS 41.94%

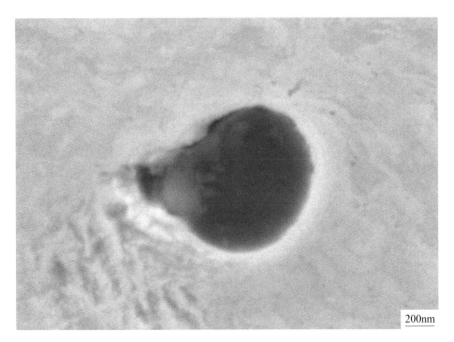

成分（wt%）：Al_2O_3 17.78%，MnS 82.22%

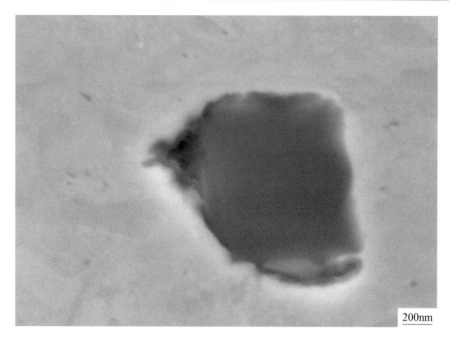

成分（wt%）：MgO 6.84%，Al$_2$O$_3$ 93.16%

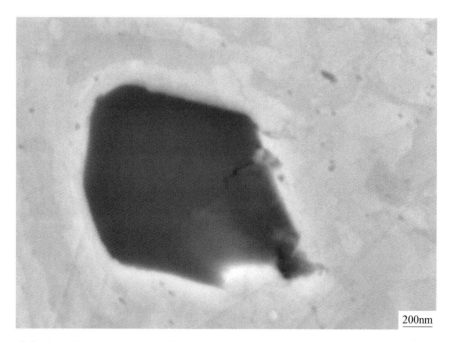

成分（wt%）：MgO 14.69%，Al$_2$O$_3$ 85.31%

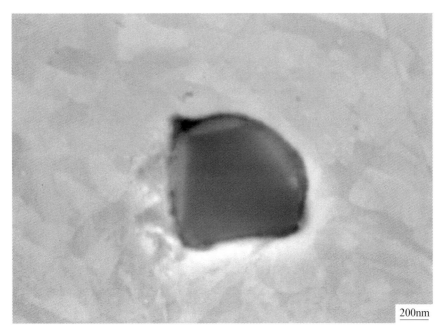

成分（wt%）：MgO 11.81%，Al$_2$O$_3$ 86.10%，MnS 2.08%

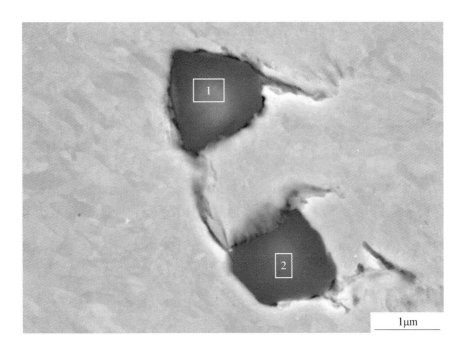

成分（wt%）：

1. MgO 16.49%，Al$_2$O$_3$ 83.51%

2. MgO 15.27%，Al$_2$O$_3$ 84.73%

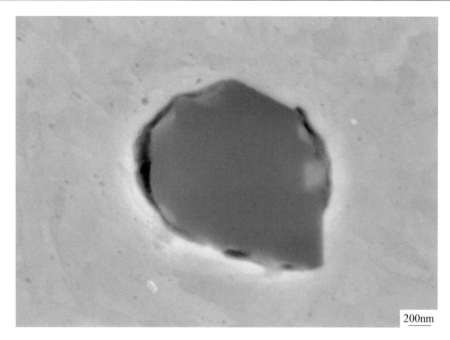

成分 (wt%)：MgO 14.50%，Al_2O_3 85.50%

8.2 LF 处理前钢液中非金属夹杂物（酸蚀）

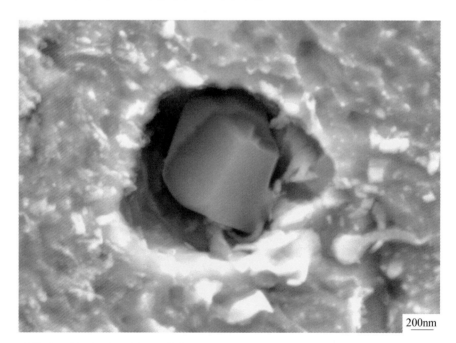

成分 (wt%)：MgO 8.36%，Al_2O_3 91.64%

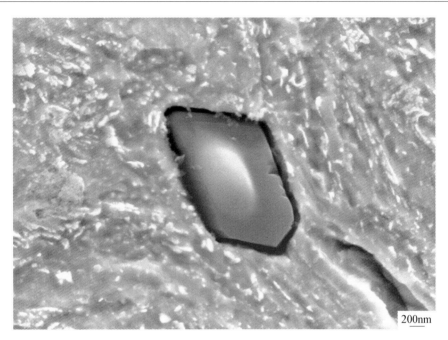

成分（wt%）：MgO 13.72%，Al$_2$O$_3$ 86.28%

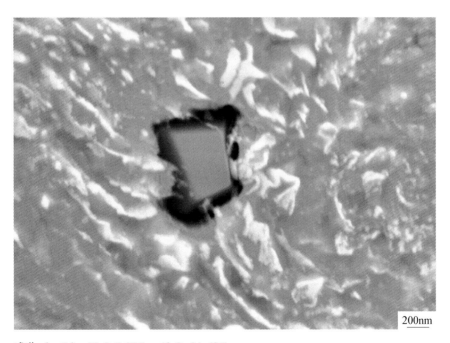

成分（wt%）：MgO 5.38%，Al$_2$O$_3$ 94.62%

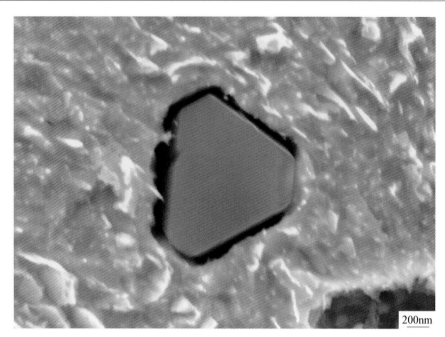

成分（wt%）：MgO 11.48%，Al$_2$O$_3$ 88.52%

成分（wt%）：MgO 17.09%，Al$_2$O$_3$ 82.91%

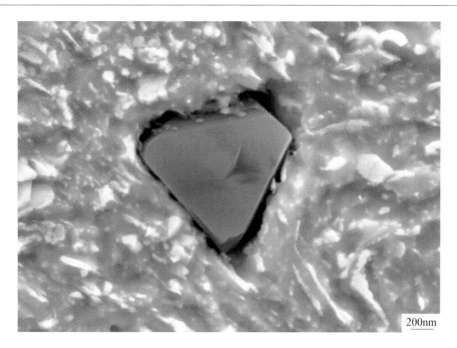

成分（wt%）：MgO 13.02%，Al_2O_3 86.98%

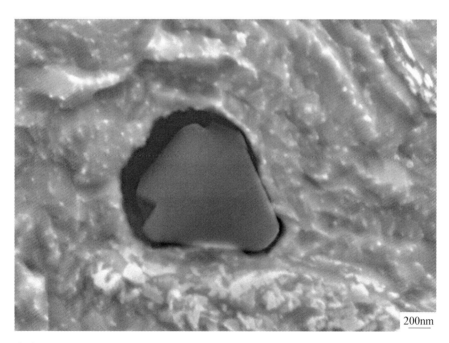

成分（wt%）：MgO 8.77%，Al_2O_3 91.23%

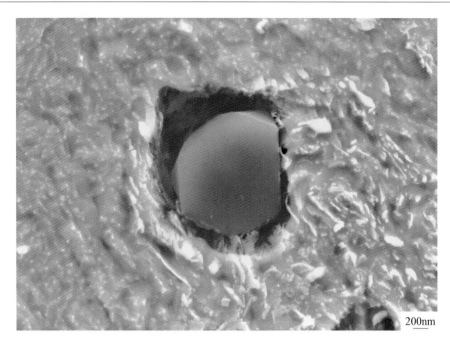

成分（wt%）：MgO 15.43%，Al$_2$O$_3$ 84.57%

成分（wt%）：MgO 17.09%，Al$_2$O$_3$ 82.91%

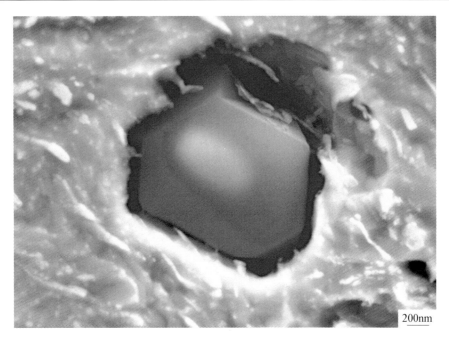

成分（wt%）：MgO 12.93%，Al$_2$O$_3$ 87.07%

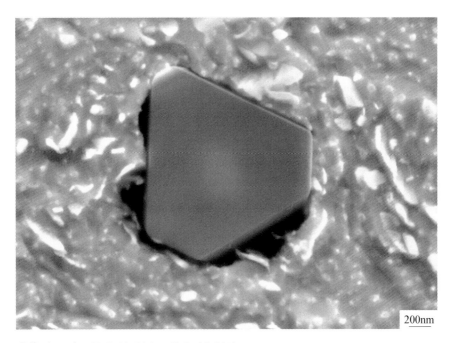

成分（wt%）：MgO 18.76%，Al$_2$O$_3$ 81.24%

8.3　LF 处理前钢液中非金属夹杂物（有机溶液电解侵蚀）

成分（wt%）：MnS 100%

成分（wt%）：MnS 100%

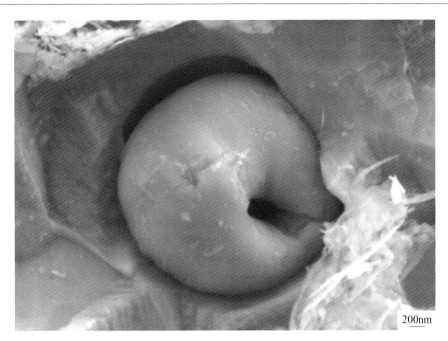

成分（wt%）：MnS 100%

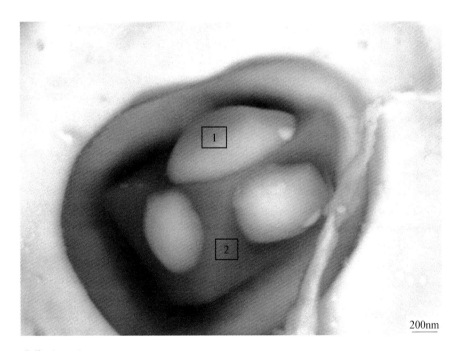

成分（wt%）：

1. MgO 4.13%，Al_2O_3 21.15%，MnS 74.71%

2. MgO 9.63%，Al_2O_3 90.37%

（说明：1 点的成分由于电子束透过 MnS 析出相打到 MgO·Al_2O_3 基体，实际应该
为 MnS 析出相）

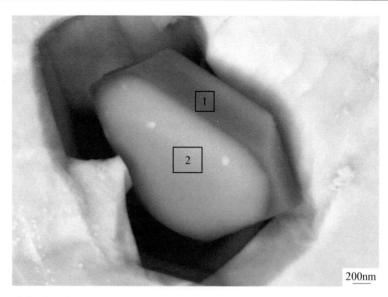

成分（wt%）：

1. MgO 9.82%，Al_2O_3 90.18%

2. MgO 10.12%，Al_2O_3 70.52%，MnS 19.36%

（说明：2 点的成分由于电子束透过 MnS 析出相打到 MgO·Al_2O_3 基体，实际应该为 MnS 析出相）

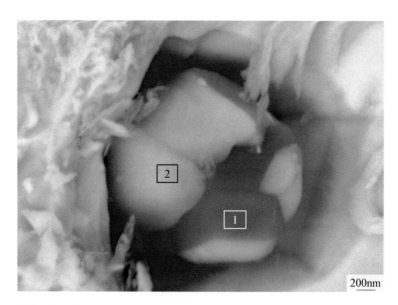

成分（wt%）：

1. MgO 5.72%，Al_2O_3 44.44%，MnS 49.83%

2. MgO 7.98%，Al_2O_3 92.02%

（说明：1 点的成分由于电子束透过 MnS 析出相打到 MgO·Al_2O_3 基体，实际应该为 MnS 析出相）

8.4 LF 处理前钢液中非金属夹杂物（有机溶液电解）

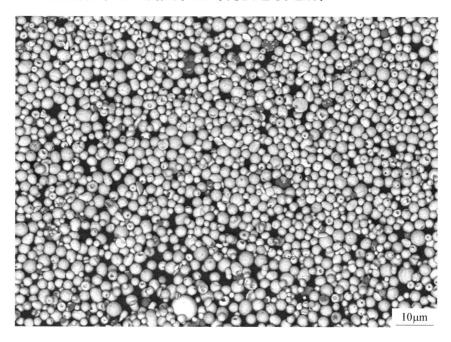

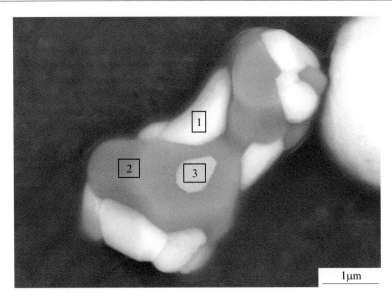

成分（wt%）：
1. MgO 3.94%，Al_2O_3 24.81%，MnS 71.25%
2. Al_2O_3 100%
3. Al_2O_3 100%
（说明：1 点的成分由于电子束透过 MnS 析出相打到 $MgO \cdot Al_2O_3$ 基体，实际应该为 MnS 析出相）

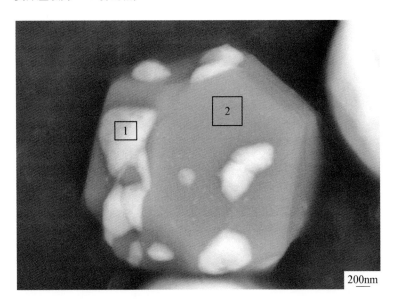

成分（wt%）：
1. MgO 2.32%，Al_2O_3 62.36%，MnS 35.32%
2. Al_2O_3 100%
（说明：1 点的成分由于电子束透过 MnS 析出相打到 $MgO \cdot Al_2O_3$ 基体，实际应该为 MnS 析出相）

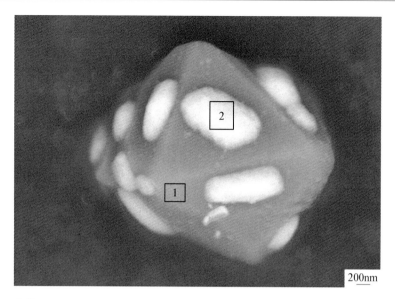

成分（wt%）：

1. MgO 14.08%，Al_2O_3 85.92%

2. MgO 10.15%，Al_2O_3 53.01%，MnS 36.83%

（说明：2 点的成分由于电子束透过 MnS 析出相打到 $MgO \cdot Al_2O_3$ 基体，实际应该为 MnS 析出相）

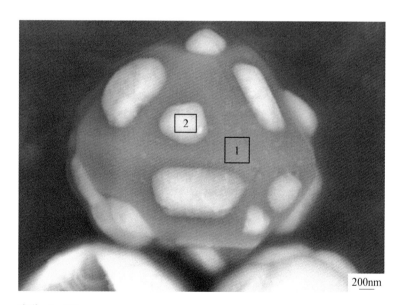

成分（wt%）：

1. MgO 13.10%，Al_2O_3 86.90%

2. MgO 13.43%，Al_2O_3 80.16%，MnS 6.41%

（说明：2 点的成分由于电子束透过 MnS 析出相打到 $MgO \cdot Al_2O_3$ 基体，实际应该为 MnS 析出相）

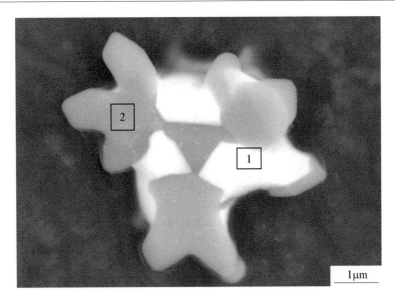

成分（wt%）：

1. MgO 1.16%，Al_2O_3 2.92%，MnS 95.91%

2. Al_2O_3 100%

（说明：1 点的成分由于电子束透过 MnS 析出相打到 MgO·Al_2O_3 基体，实际应该为 MnS 析出相）

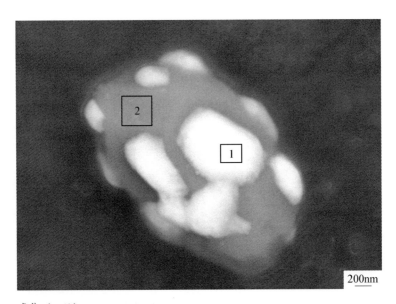

成分（wt%）：

1. MgO 7.59%，Al_2O_3 32.98%，MnS 59.43%

2. MgO 14.06%，Al_2O_3 85.94%

（说明：1 点的成分由于电子束透过 MnS 析出相打到 MgO·Al_2O_3 基体，实际应该为 MnS 析出相）

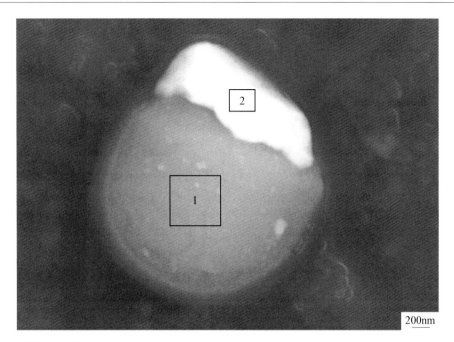

成分（wt%）：

1. Al_2O_3 100%

2. Al_2O_3 67.92%，MnS 32.08%

（说明：2 点的成分由于电子束透过 MnS 析出相打到 Al_2O_3 基体，实际应该为 MnS 析出相）

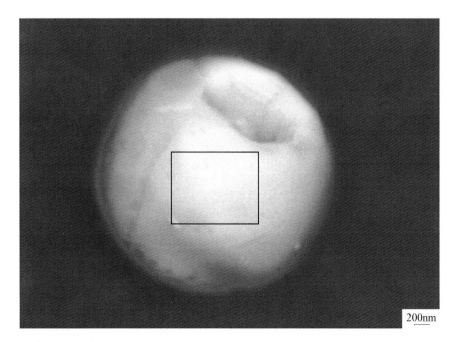

成分（wt%）：MnS 100%

8.5　LF 处理后钢液中非金属夹杂物（传统抛光观察）

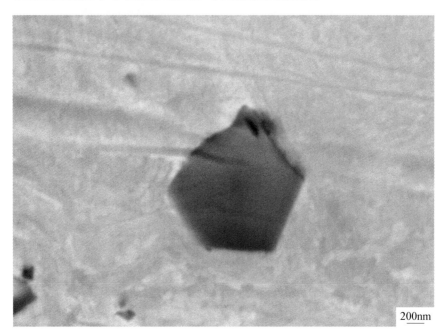

成分（wt%）：TiN 84.56%，VN 15.44%

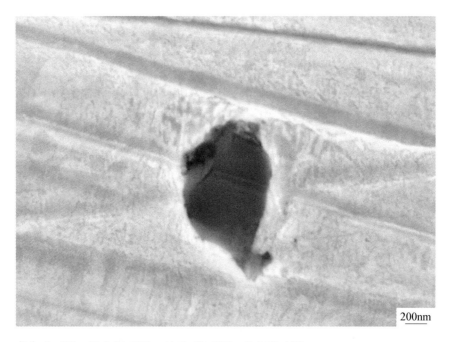

成分（wt%）：MgO 24.74%，Al_2O_3 53.80%，CaS 21.46%

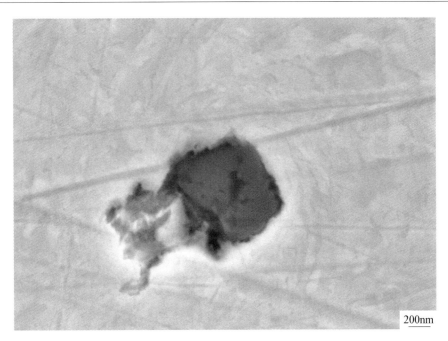

成分（wt%）：MgO 35.91%，Al_2O_3 64.09%

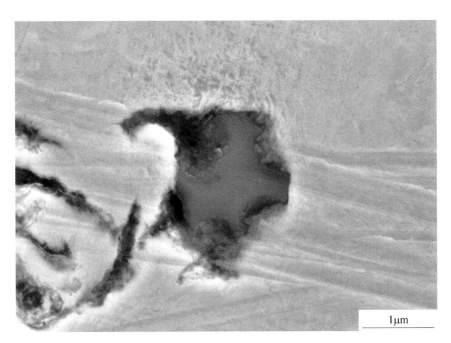

成分（wt%）：MgO 26.69%，Al_2O_3 64.50%，SiO_2 2.46%，CaO 6.35%

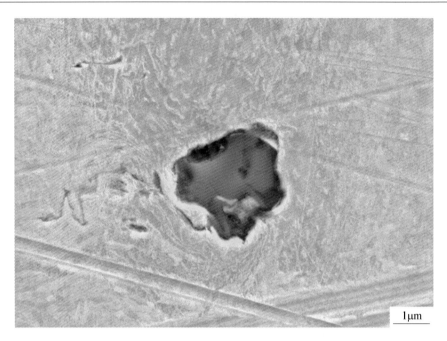

成分（wt%）：MgO 13.79%，Al_2O_3 55.67%，SiO_2 7.77%，CaO 22.77%

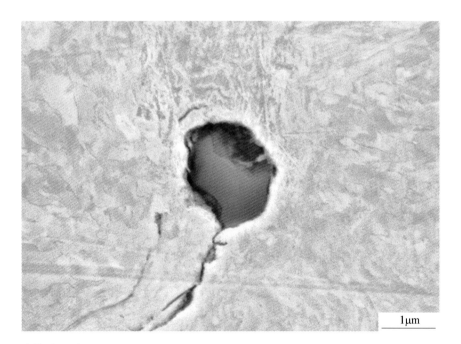

成分（wt%）：MgO 34.19%，Al_2O_3 56.81%，SiO_2 2.93%，CaO 6.06%

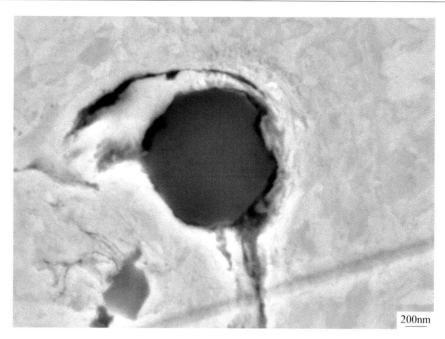

成分（wt%）：MgO 31.61%，Al_2O_3 57.83%，SiO_2 2.80%，CaO 7.76%

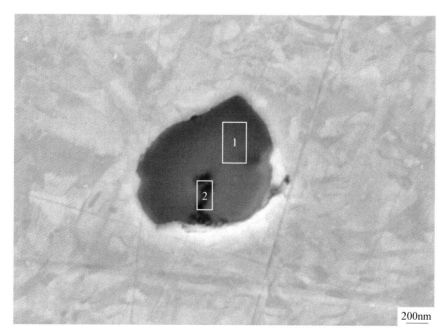

成分（wt%）：

1. MgO 31.22%，Al_2O_3 63.66%，CaO 5.11%
2. MgO 31.61%，Al_2O_3 54.83%，SiO_2 2.80%，CaO 2.80%，CaS 7.96%

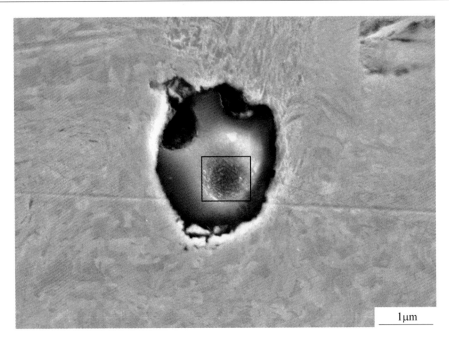

成分（wt%）：MgO 3.55%，Al$_2$O$_3$ 30.42%，SiO$_2$ 12.99%，CaO 53.04%

8.6　LF 处理后钢液中非金属夹杂物（酸蚀）

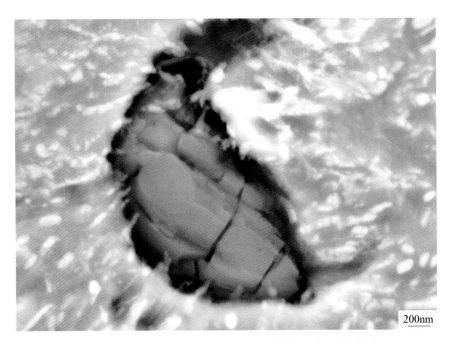

成分（wt%）：MgO 3.55%，Al$_2$O$_3$ 30.42%，SiO$_2$ 12.99%，CaO 53.04%

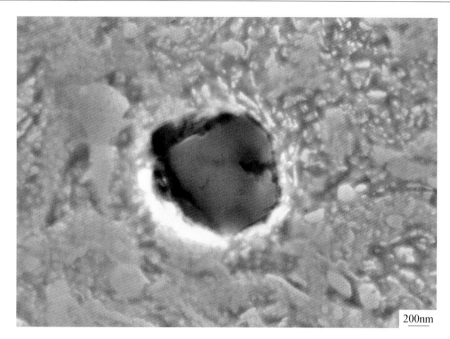

成分（wt%）：MgO 32.92%，Al_2O_3 67.08%

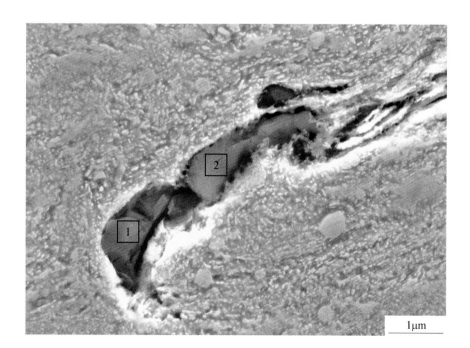

成分（wt%）：

1. MgO 78.55%，Al_2O_3 13.44%，CaO 8.02%

2. MgO 33.09%，Al_2O_3 47.50%，SiO_2 6.11%，CaO 13.30%

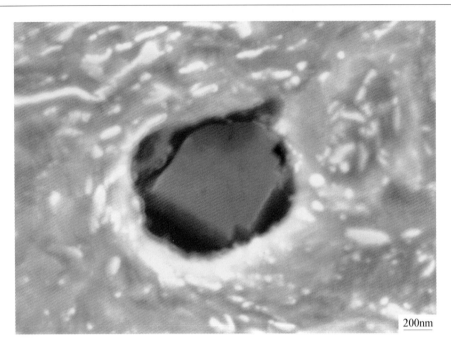

成分（wt%）：MgO 42.59%，Al_2O_3 57.41%

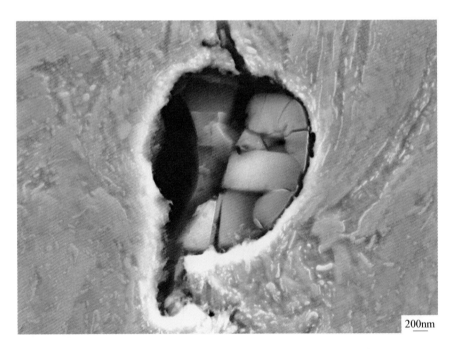

成分（wt%）：MgO 26.38%，Al_2O_3 34.22%，SiO_2 6.26%，CaO 33.15%

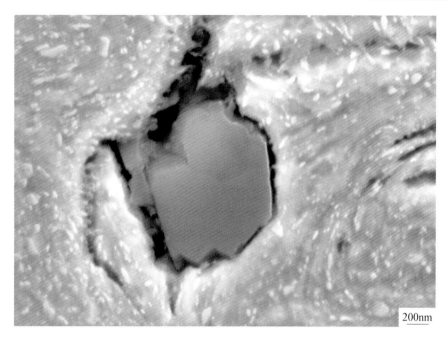

成分（wt%）：MgO 27.20%，Al$_2$O$_3$ 67.71%，SiO$_2$ 2.51%，CaO 2.58%

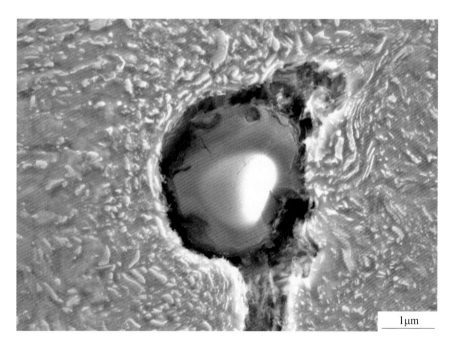

成分（wt%）：MgO 15.64%，Al$_2$O$_3$ 38.07%，SiO$_2$ 9.96%，CaO 36.34%

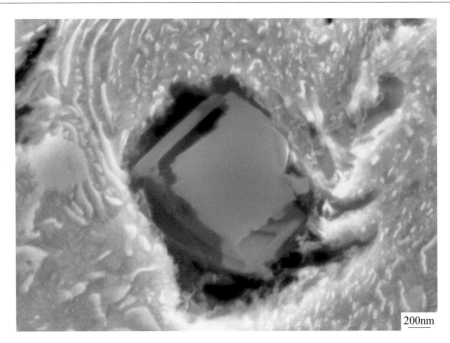

成分（wt%）：MgO 37.50%，Al_2O_3 59.17%，CaO 3.33%

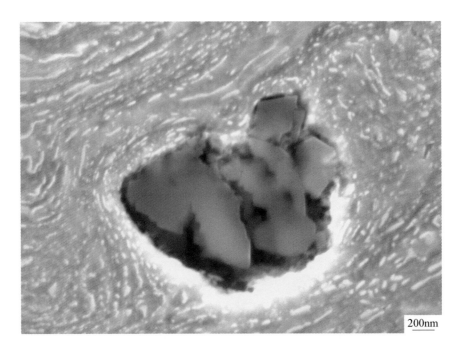

成分（wt%）：MgO 32.01%，Al_2O_3 62.69%，SiO_2 5.30%

8.7 LF 处理后钢液中非金属夹杂物（有机溶液电解侵蚀）

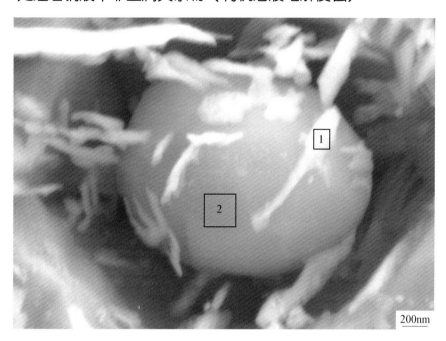

成分（wt%）:

1. MnS 100%
2. MgO 2.32%，Al$_2$O$_3$ 6.67%，CaO 4.52%，MnS 86.49%

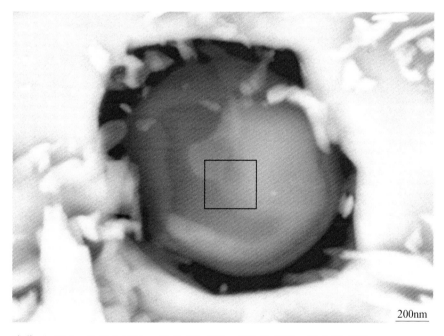

成分（wt%）: MgO 9.07%，Al$_2$O$_3$ 29.49%，SiO$_2$ 3.66%，MnS 57.78%

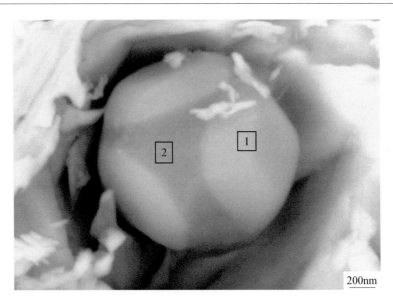

200nm

成分（wt%）：

1. MgO 3.72%，Al$_2$O$_3$ 13.55%，SiO$_2$ 3.04%，MnS 79.70%

2. MgO 19.63%，Al$_2$O$_3$ 57.63%，SiO$_2$ 6.52%，MnS 16.22%

（说明：1 点的成分由于电子束透过 MnS 析出相打到 MgO·Al$_2$O$_3$·SiO$_2$ 基体，实际应该为 MnS 析出相）

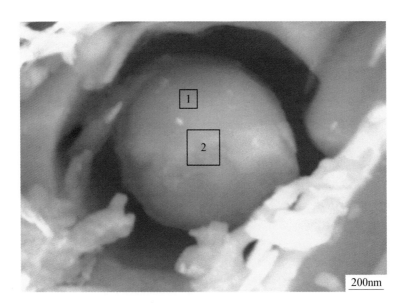

200nm

成分（wt%）：

1. MgO 5.27%，Al$_2$O$_3$ 8.94%，CaO 4.89%，CaS 13.19%，MnS 67.71%

2. MgO 28.07%，Al$_2$O$_3$ 58.90%，SiO$_2$ 4.66%，MnS 8.37%

（说明：1 点的成分由于电子束透过 MnS 析出相打到 MgO·Al$_2$O$_3$·CaO 基体，实际应该为 MnS 析出相）

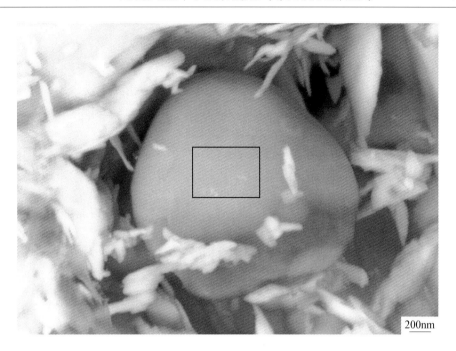

成分（wt%）：MgO 1.53%，Al_2O_3 3.74%，MnS 94.73%

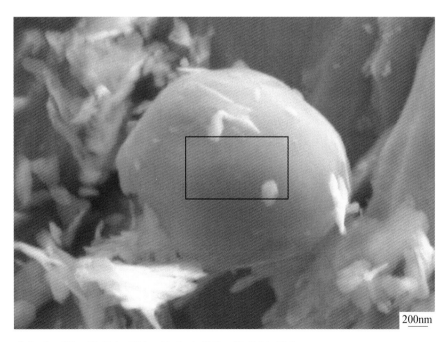

成分（wt%）：MgO 1.66%，Al_2O_3 4.31%，MnS 94.03%

8.8 LF 处理后钢液中非金属夹杂物（有机溶液电解）

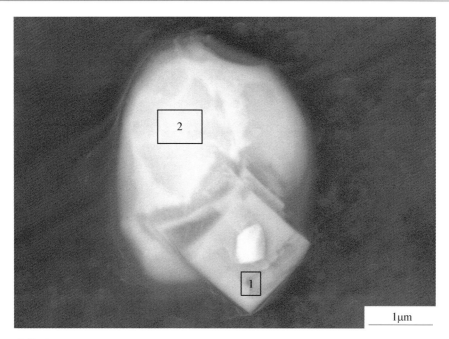

成分（wt%）：

1. TiN 100%

2. MnS 100%

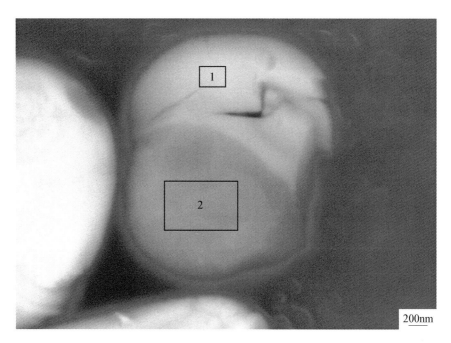

成分（wt%）：

1. CaS 100%

2. MgO 16.60%，Al_2O_3 46.72%，SiO_2 6.22%，CaO 5.23%，CaS 25.24%

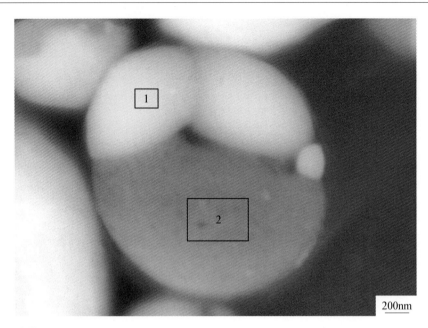

成分（wt%）：

1. MgO 3. 18%，Al_2O_3 4. 80%，CaS 92. 03%

2. MgO 30. 75%，Al_2O_3 60. 16%，CaO 9. 09%

（说明：1 点的成分由于电子束透过 CaS 析出相打到 $MgO \cdot Al_2O_3$ 基体，实际应该为 CaS 析出相）

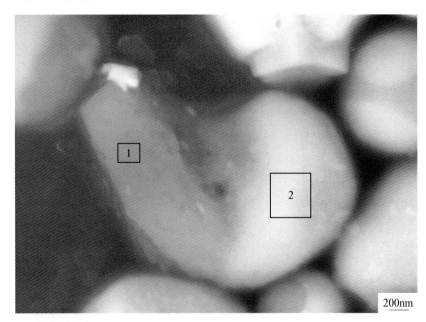

成分（wt%）：

1. CaS 100%

2. MgO 16. 68%，Al_2O_3 57. 94%，SiO_2 7. 19%，CaO 9. 09%，CaS 9. 10%

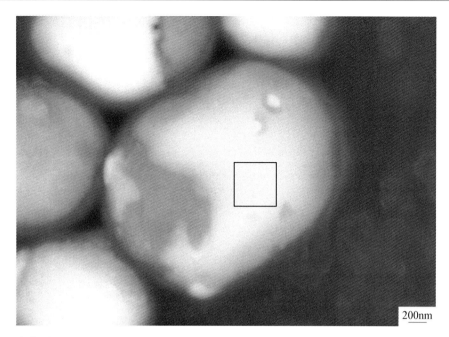

成分（wt%）：CaS 100%

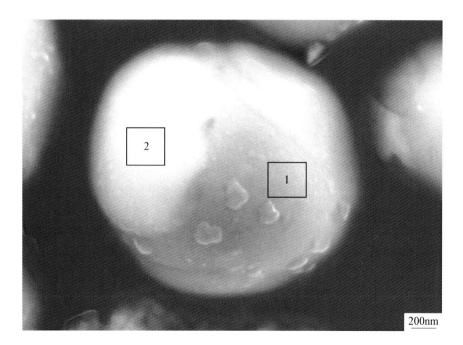

成分（wt%）：

1. MgO 33.95%，Al_2O_3 66.05%

2. MgO 7.14%，Al_2O_3 8.98%，CaS 83.88%

（说明：2 点的成分由于电子束透过 CaS 析出相打到 MgO·Al_2O_3 基体，实际应该
为 CaS 析出相）

8.9 VD 真空处理前钢液中非金属夹杂物（传统抛光观察）

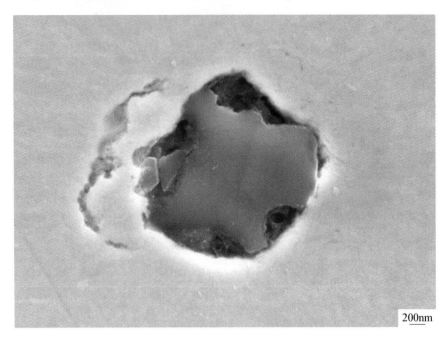

200nm

成分（wt%）：MgO 18.07%，Al_2O_3 52.63%，SiO_2 12.62%，CaO 16.68%

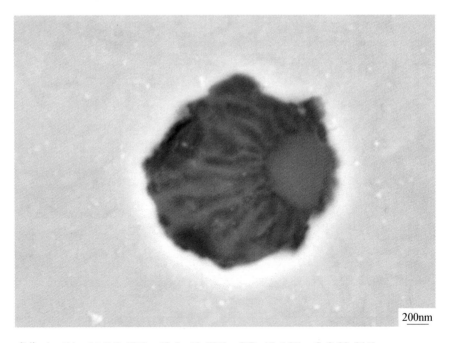

200nm

成分（wt%）：MgO 2.20%，Al_2O_3 40.73%，SiO_2 17.16%，CaO 39.91%

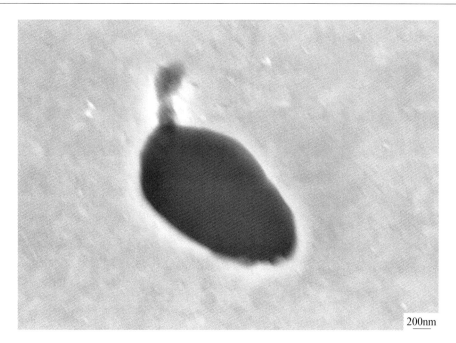

成分（wt%）：MgO 2.05%，Al_2O_3 34.56%，SiO_2 17.33%，CaO 39.76%，CaS 6.30%

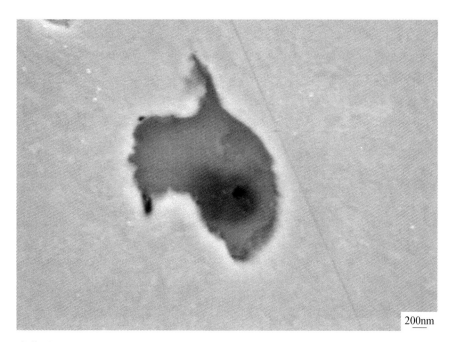

成分（wt%）：MgO 5.16%，Al_2O_3 6.57%，CaO 5.04%，CaS 8.53%，MnS 74.71%

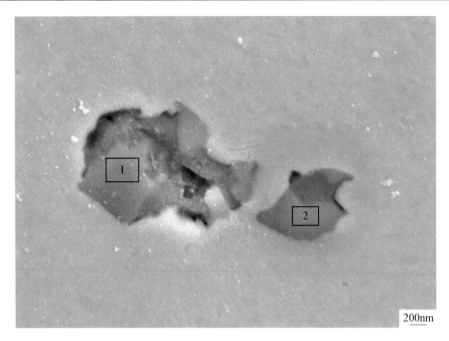

成分（wt%）：

1. MgO 44.03%，Al$_2$O$_3$ 51.90%，CaS 4.07%

2. TiN 78.00%，VN 22.00%

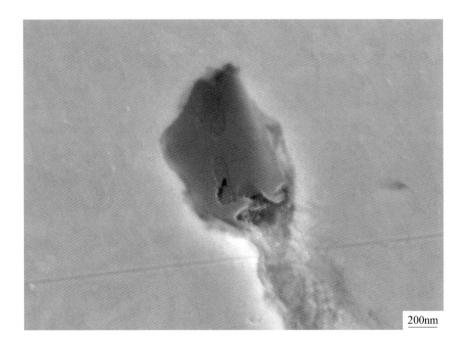

成分（wt%）：MgO 0.75%，Al$_2$O$_3$ 1.28%，TiN 77.94%，VN 20.03%

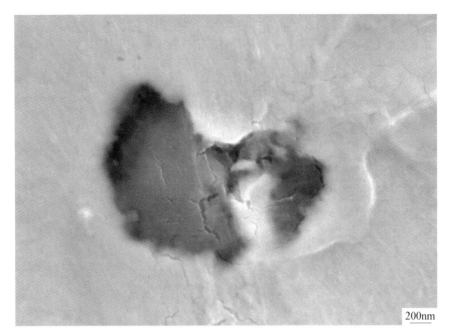

成分（wt%）：MgO 2.35%，Al_2O_3 39.85%，SiO_2 11.18%，CaO 25.29%，CaS 21.32%

8.10　VD 真空处理前钢液中非金属夹杂物（酸蚀）

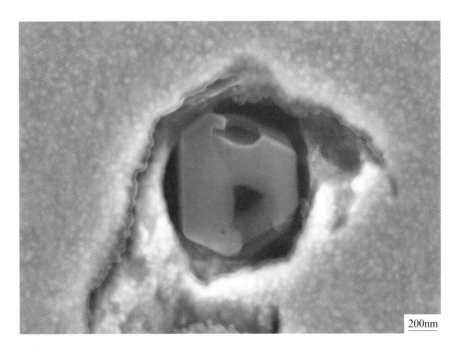

成分（wt%）：MgO 44.94%，Al_2O_3 55.06%

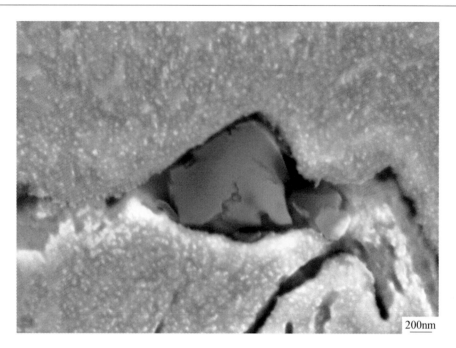

成分（wt%）：MgO 39.44%，Al_2O_3 56.23%，SiO_2 4.33%

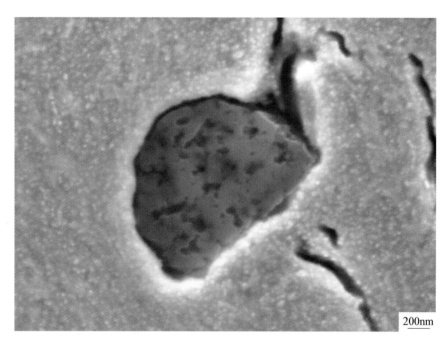

成分（wt%）：MgO 44.38%，Al_2O_3 55.62%

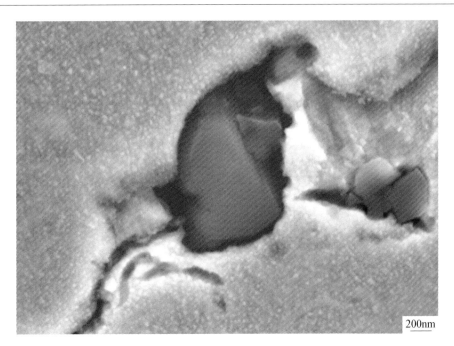

成分（wt%）：MgO 74.00%，Al_2O_3 26.00%

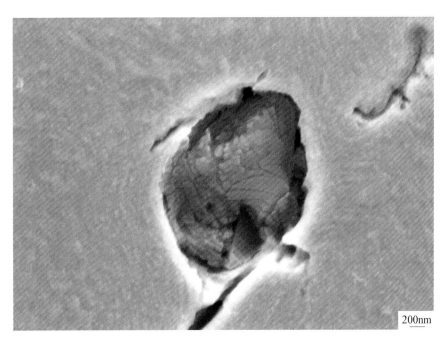

成分（wt%）：MgO 4.57%，Al_2O_3 43.29%，SiO_2 12.78%，CaO 39.36%

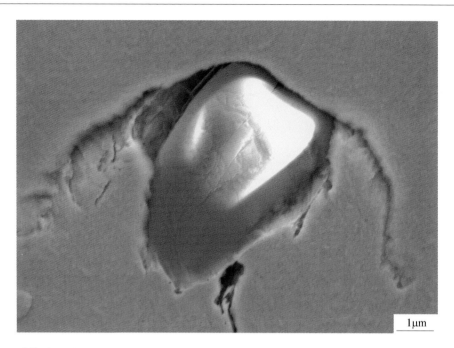

成分（wt%）：MgO 44.88%，SiO$_2$ 15.26%，CaO 39.86%

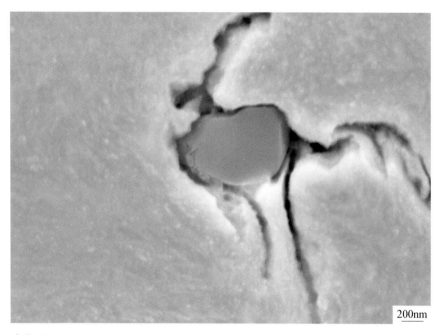

成分（wt%）：MgO 43.18%，Al$_2$O$_3$ 56.82%

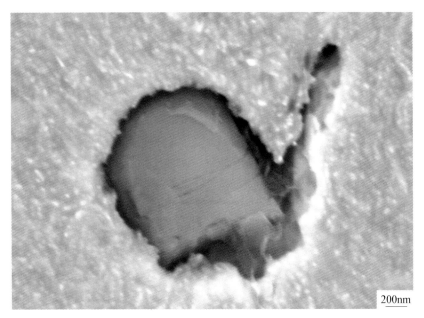

成分（wt%）：MgO 1.78%，Al_2O_3 42.89%，SiO_2 13.95%，CaO 41.37%

8.11　VD 真空处理前钢液中非金属夹杂物（有机溶液电解侵蚀）

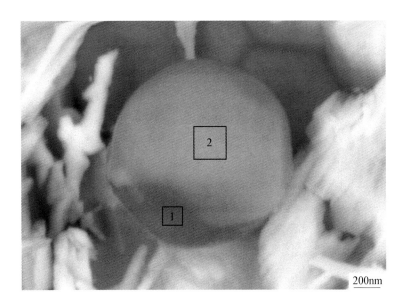

成分（wt%）：

1. MgO 22.02%，Al_2O_3 57.55%，SiO_2 8.99%，CaO 8.39%，MnS 3.06%

2. MgO 25.11%，Al_2O_3 59.67%，SiO_2 6.06%，CaO 2.74%，MnS 6.42%

（说明：2 点的成分由于电子束透过 MnS 析出相打到 $MgO \cdot Al_2O_3 \cdot SiO_2 \cdot CaO$ 基体，实际应该为 MnS 析出相）

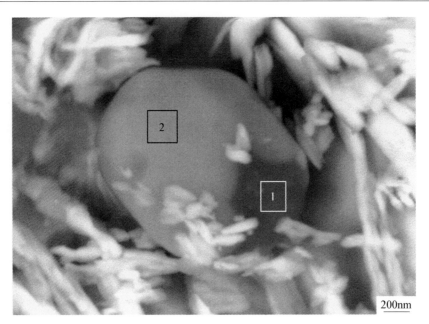

成分（wt%）：

1. MgO 59.67%，Al_2O_3 16.06%，SiO_2 2.74%，CaO 6.71%，MnS 14.82%

2. MnS 100%

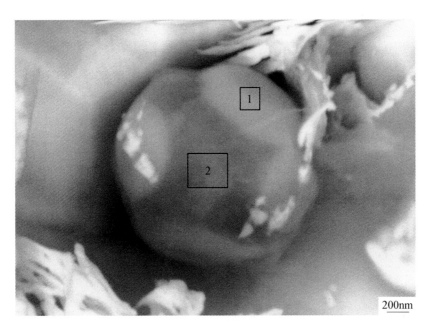

成分（wt%）：

1. MnO 4.46%，Al_2O_3 14.25%，SiO_2 3.74%，CaO 6.71%，MnS 70.85%

2. MgO 64.90%，Al_2O_3 13.37%，SiO_2 3.34%，CaO 3.34%，MnS 15.05%

（说明：1 点的成分由于电子束透过 MnS 析出相打到 $MgO \cdot Al_2O_3 \cdot SiO_2 \cdot CaO$ 基体，实际应该为 MnS 析出相）

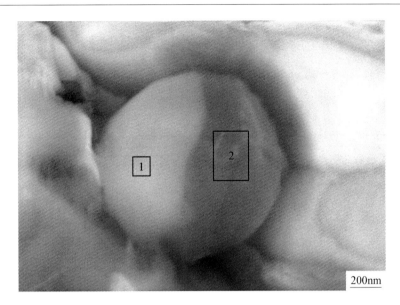

成分（wt%）：

1. MgO 6.72%，Al$_2$O$_3$ 15.52%，MnS 77.76%

2. MgO 19.69%，Al$_2$O$_3$ 66.43%，SiO$_2$ 4.13%，CaO 2.89%，MnS 6.86%

（说明：2 点的成分由于电子束透过 MnS 析出相打到 MgO·Al$_2$O$_3$ 基体，实际应该为 MnS 析出相）

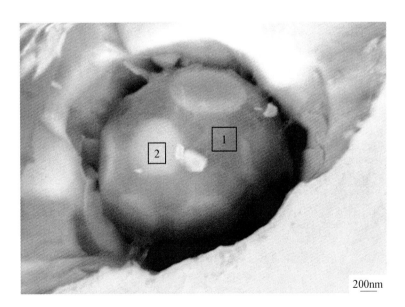

成分（wt%）：

1. MgO 5.94%，Al$_2$O$_3$ 48.45%，SiO$_2$ 3.60%，CaO 30.74%，MnS 11.27%

2. MgO 4.19%，Al$_2$O$_3$ 33.44%，CaO 22.50%，MnS 39.86%

（说明：2 点的成分由于电子束透过 MnS 析出相打到 MgO·Al$_2$O$_3$·CaO 基体，实际应该为 MnS 析出相）

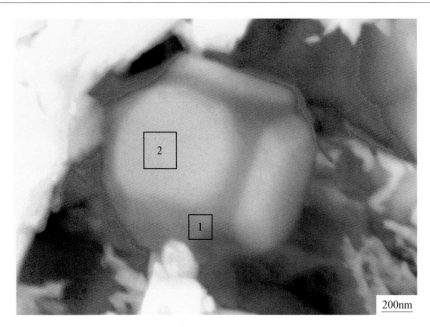

成分（wt%）：

1. MgO 7. 20%，Al$_2$O$_3$ 51. 34%，SiO$_2$ 6. 65%，CaO 23. 37%，MnS 11. 45%

2. MgO 9. 58%，Al$_2$O$_3$ 45. 04%，CaO 4. 34%，MnS 41. 04%

（说明：2 点的成分由于电子束透过 MnS 析出相打到 MgO·Al$_2$O$_3$·CaO 基体，实际应该为 MnS 析出相）

8. 12 VD 真空处理前钢液中非金属夹杂物（有机溶液电解）

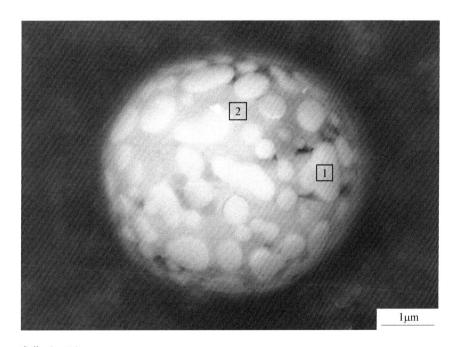

成分（wt%）：

1. Al_2O_3 32.43%，CaO 28.91%，CaS 38.66%

2. MgO 19.58%，Al_2O_3 48.58%，SiO_2 4.13%，CaS 27.71%

（说明：1 点的成分由于电子束透过 CaS 析出相打到 $Al_2O_3 \cdot CaO$ 基体，实际应该为 CaS 析出相）

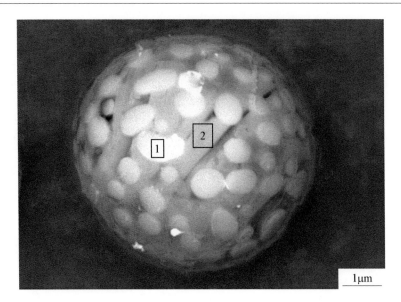

成分（wt%）：
1. Al_2O_3 23.70%，CaO 20.28%，CaS 56.02%
2. Al_2O_3 50.18%，CaO 44.10%，CaS 5.73%
（说明：1 点的成分由于电子束透过 CaS 析出相打到 $Al_2O_3 \cdot CaO$ 基体，实际应该为 CaS 析出相）

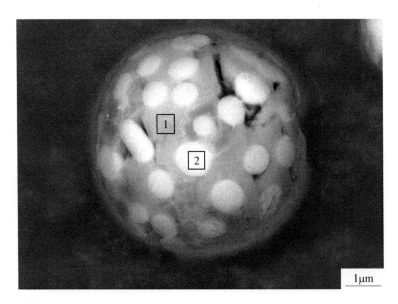

成分（wt%）：
1. MgO 9.89%，Al_2O_3 42.51%，CaO 45.00%，CaS 2.61%
2. Al_2O_3 17.07%，CaO 16.04%，CaS 66.89%
（说明：2 点的成分由于电子束透过 CaS 析出相打到 $Al_2O_3 \cdot CaO$ 基体，实际应该为 CaS 析出相）

成分（wt%）：

1. MgO 2.79%，Al$_2$O$_3$ 51.03%，CaO 41.46%，CaS 4.72%

2. MgO 1.90%，Al$_2$O$_3$ 32.83%，SiO$_2$ 1.37%，CaO 23.78%，CaS 40.11%

（说明：2 点的成分由于电子束透过 CaS 析出相打到 MgO·Al$_2$O$_3$·SiO$_2$·CaO 基体，实际应该为 CaS 析出相）

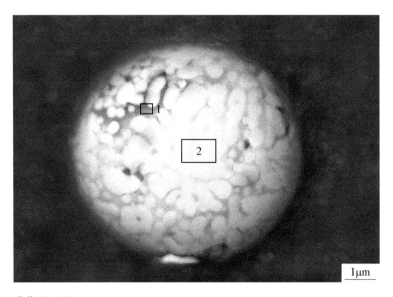

成分（wt%）：

1. Al$_2$O$_3$ 36.49%，CaO 63.51%

2. Al$_2$O$_3$ 43.38%，SiO$_2$ 38.84%，CaS 17.78%

（说明：2 点的成分由于电子束透过 CaS 析出相打到 Al$_2$O$_3$·SiO$_2$ 基体，实际应该为 CaS 析出相）

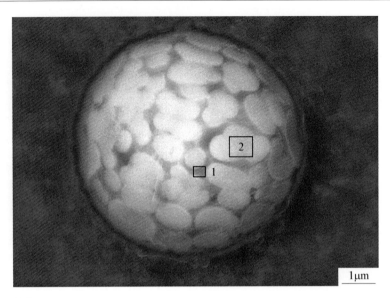

成分（wt%）：

1. MgO 39.92%，Al_2O_3 32.57%，SiO_2 1.27%，CaO 17.39%，CaS 8.86%

2. MgO 2.34%，Al_2O_3 35.78%，CaO 25.04%，CaS 36.84%

（说明：2 点的成分由于电子束透过 CaS 析出相打到 MgO·Al_2O_3·CaO 基体，实际应该为 CaS 析出相）

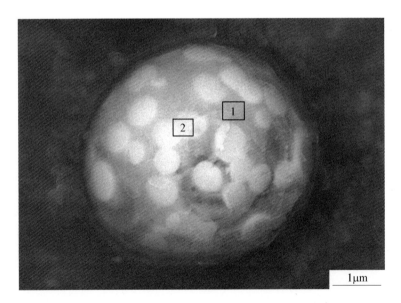

成分（wt%）：

1. MgO 2.70%，Al_2O_3 52.79%，CaO 36.98%，CaS 7.52%

2. MgO 1.57%，Al_2O_3 28.66%，CaO 24.16%，CaS 45.61%

（说明：2 点的成分由于电子束透过 CaS 析出相打到 MgO·Al_2O_3·CaO 基体，实际应该为 CaS 析出相）

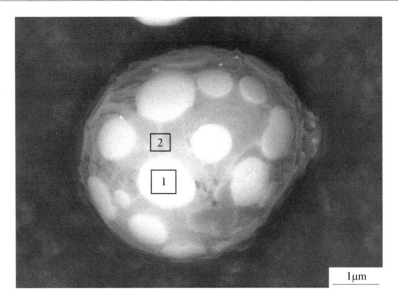

成分（wt%）：

1. Al_2O_3 18.52%，CaO 16.36%，CaS 65.12%

2. Al_2O_3 56.49%，CaO 37.69%，CaS 5.83%

（说明：1 点的成分由于电子束透过 CaS 析出相打到 $Al_2O_3 \cdot CaO$ 基体，实际应该为 CaS 析出相）

8.13 VD 真空处理后钢液中非金属夹杂物（传统抛光观察）

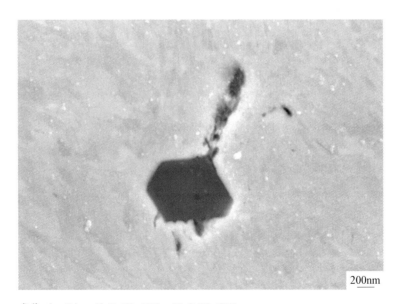

成分（wt%）：Al_2O_3 71.43%，MgO 28.57%

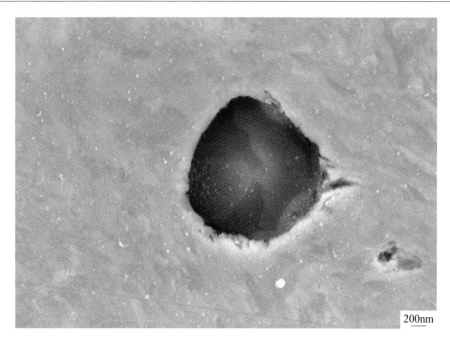

成分（wt%）：Al$_2$O$_3$ 57.81%，MgO 12.59%，SiO$_2$ 11.49%，CaO 18.10%

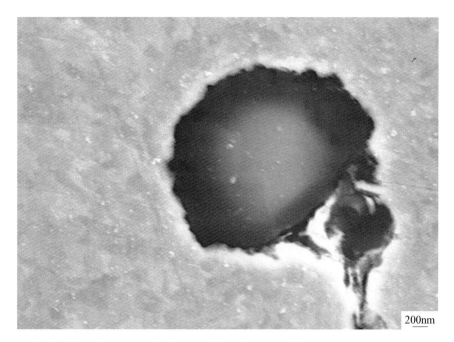

成分（wt%）：Al$_2$O$_3$ 48.94%，MgO 4.73%，SiO$_2$ 10.99%，CaO 35.34%

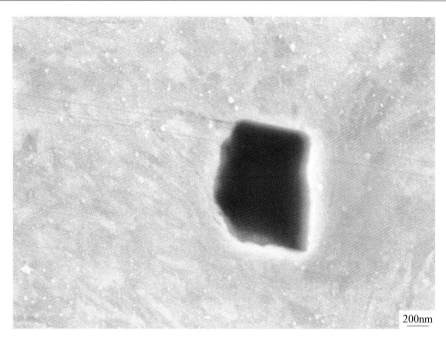

成分（wt%）：Al$_2$O$_3$ 74.02%，MgO 25.98%

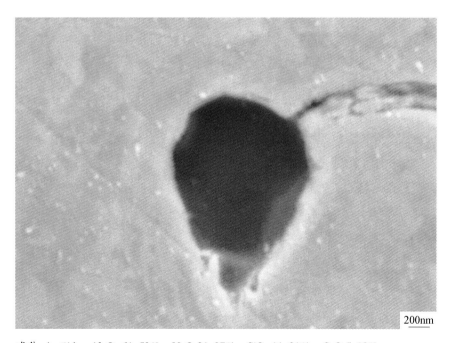

成分（wt%）：Al$_2$O$_3$ 61.53%，MgO 21.97%，SiO$_2$ 11.31%，CaO 5.18%

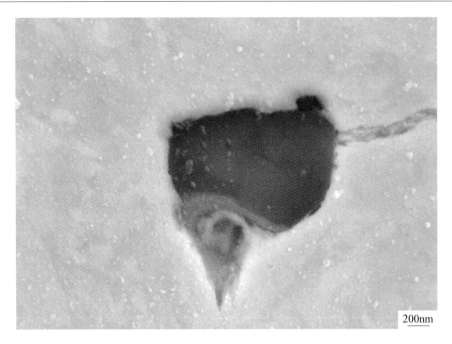

成分（wt%）：Al_2O_3 63.46%，MgO 20.52%，SiO_2 6.99%，CaS 9.03%

8.14　VD 真空处理后钢液中非金属夹杂物（酸蚀）

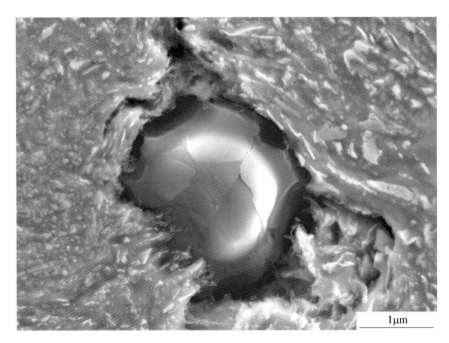

成分（wt%）：Al_2O_3 53.40%，MgO 9.18%，SiO_2 12.29%，CaO 25.13%

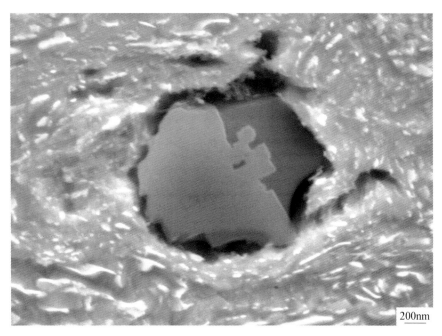

成分（wt%）：Al_2O_3 53.58%，MgO 10.56%，SiO_2 14.71%，CaO 21.16%

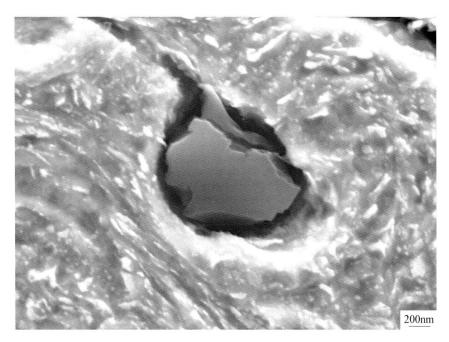

成分（wt%）：Al_2O_3 64.90%，MgO 17.82%，SiO_2 9.07%，CaO 8.21%

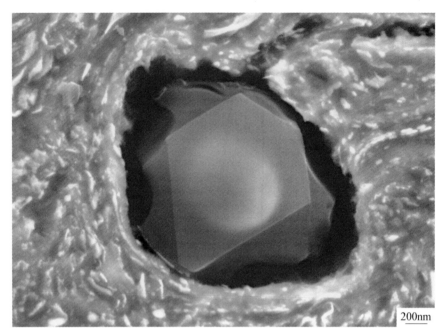

成分（wt%）：Al_2O_3 78.50%，MgO 18.93%，SiO_2 2.57%

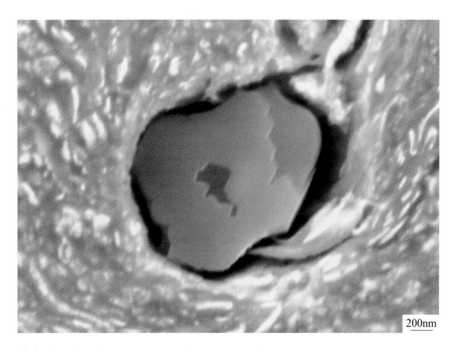

成分（wt%）：Al_2O_3 70.83%，MgO 21.17%，SiO_2 3.98%，CaO 4.02%

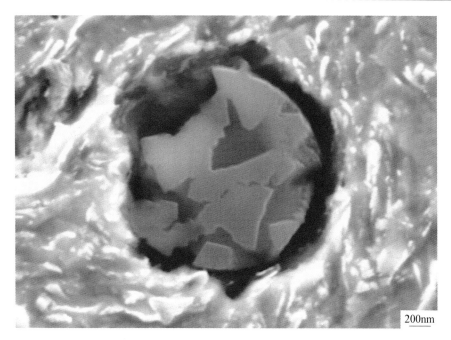

成分（wt%）：Al_2O_3 65.25%，MgO 14.45%，SiO_2 8.44%，CaO 11.86%

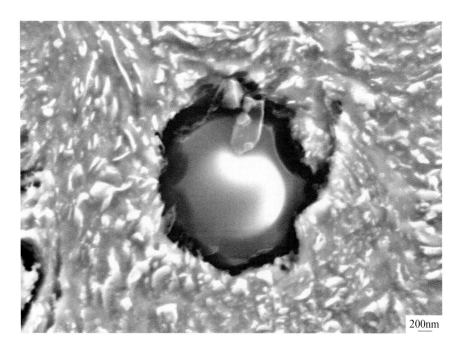

成分（wt%）：Al_2O_3 46.92%，MgO 3.06%，SiO_2 18.73%，CaO 31.29%

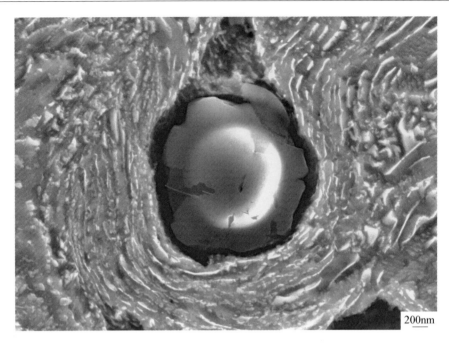

成分（wt%）：Al_2O_3 77.80%，MgO 12.40%，SiO_2 4.77%，CaO 5.03%

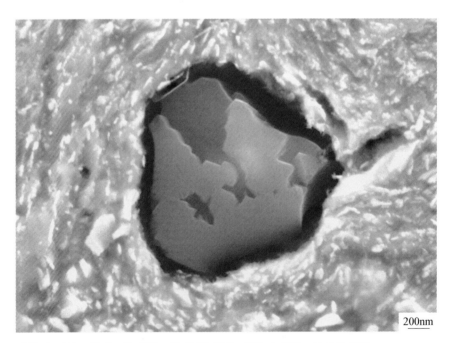

成分（wt%）：Al_2O_3 64.47%，MgO 17.26%，SiO_2 8.31%，CaO 9.96%

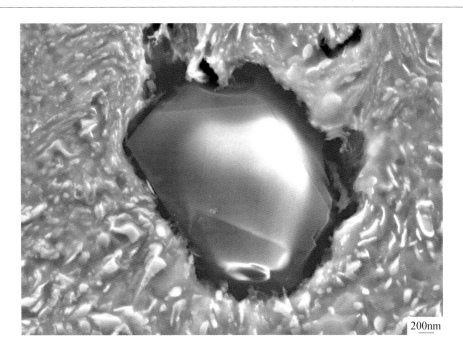

成分（wt%）：Al_2O_3 78.83%，MgO 21.17%

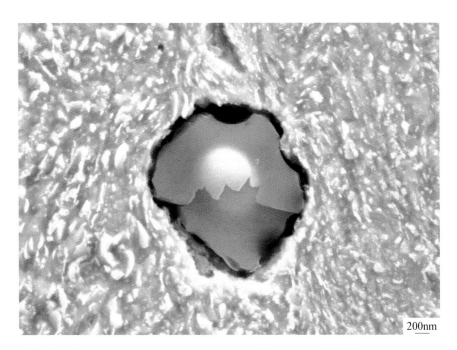

成分（wt%）：Al_2O_3 68.40%，MgO 20.48%，SiO_2 5.47%，CaO 5.65%

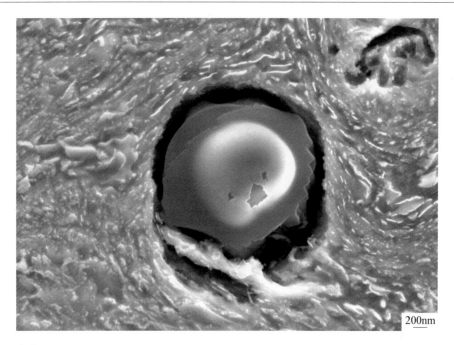

成分（wt%）：Al_2O_3 73.49%，MgO 19.64%，SiO_2 3.49%，CaO 3.38%

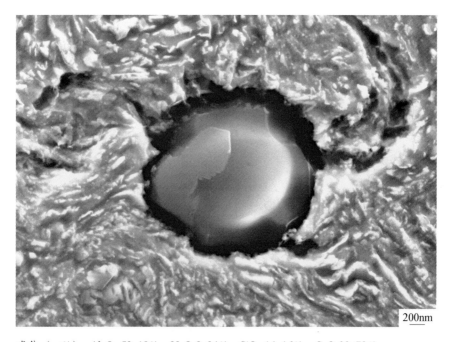

成分（wt%）：Al_2O_3 53.18%，MgO 8.94%，SiO_2 14.16%，CaO 23.72%

8.15　VD 真空处理后钢液中非金属夹杂物（有机溶液电解）

2μm

1μm

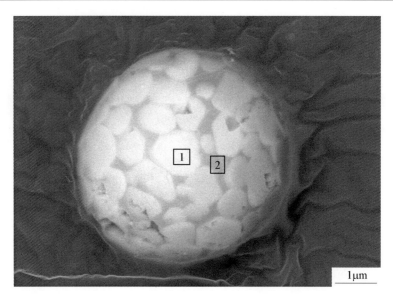

1μm

成分（wt%）：

1. Al_2O_3 39.13%，MgO 5.02%，CaO 21.40%，CaS 34.45%

2. Al_2O_3 60.48%，MgO 8.30%，CaO 22.58%，CaS 8.64%

（说明：1 点的成分由于电子束透过 CaS 析出相打到 $MgO \cdot Al_2O_3 \cdot CaO$ 基体，实际应该为 CaS 析出相）

1μm

成分（wt%）：

1. SiO_2 6.38%，CaO 66.21%，CaS 27.41%

2. Al_2O_3 39.66%，MgO 10.50%，CaO 4.89%，CaS 44.96%

（说明：2 点的成分由于电子束透过 CaS 析出相打到 $MgO \cdot Al_2O_3 \cdot CaO$ 基体，实际应该为 CaS 析出相）

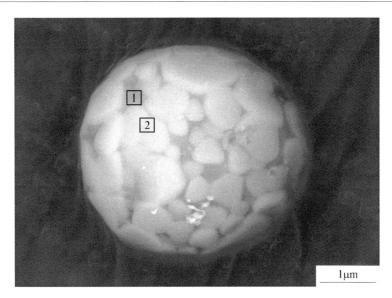

成分（wt%）：

1. MgO 5.26%，CaO 74.46%，CaS 20.28%

2. Al$_2$O$_3$ 41.34%，MgO 3.59%，CaO 19.08%，CaS 35.99%

（说明：2点的成分由于电子束透过 CaS 析出相打到 MgO·Al$_2$O$_3$·CaO 基体，实际应该为 CaS 析出相）

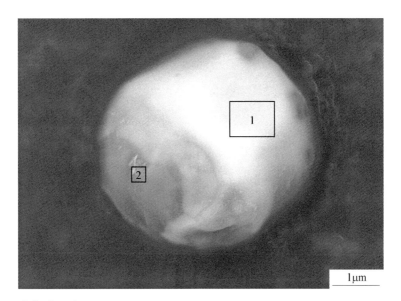

成分（wt%）：

1. CaS 100%

2. Al$_2$O$_3$ 89.32%，MgO 10.68%

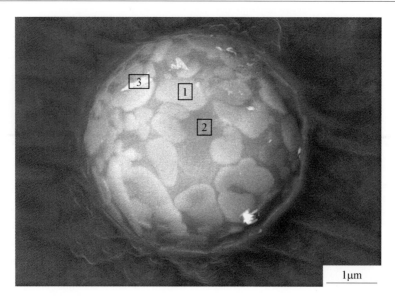

成分 (wt%):

1. Al_2O_3 48.98%, MgO 6.34%, CaO 21.43%, CaS 23.25%

2. Al_2O_3 61.90%, MgO 12.85%, CaO 16.12%, CaS 9.14%

3. Al_2O_3 46.43%, CaO 21.95%, CaS 31.63%

(说明: 1 点和 3 点的成分由于电子束透过 CaS 析出相打到 MgO·Al_2O_3·CaO 基体, 实际应该为 CaS 析出相)

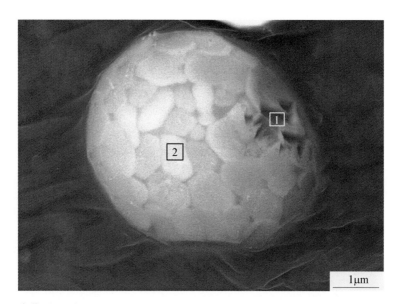

成分 (wt%):

1. Al_2O_3 60.47%, MgO 4.98%, SiO_2 2.86%, CaO 26.02%, CaS 5.68%

2. Al_2O_3 43.49%, MgO 4.84%, CaO 21.62%, CaS 30.05%

(说明: 2 点的成分由于电子束透过 CaS 析出相打到 MgO·Al_2O_3·CaO 基体, 实际应该为 CaS 析出相)

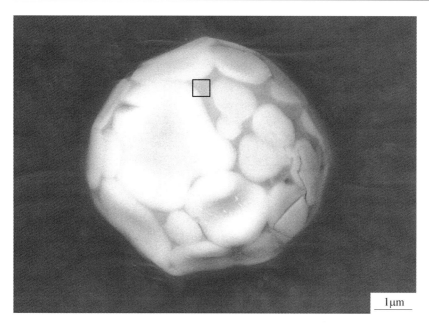

成分（wt%）：Al_2O_3 58.37%，SiO_2 2.97%，CaO 27.60%，CaS 11.05%

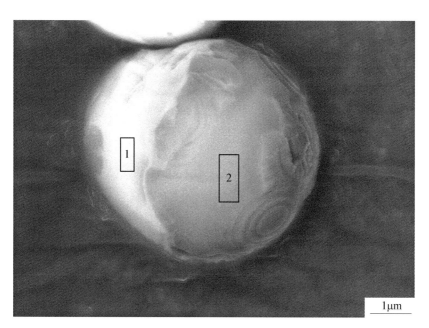

成分（wt%）：

1. Al_2O_3 6.86%，MgO 0.83%，CaO 27.71%，CaS 64.60%

2. Al_2O_3 64.58%，MgO 7.20%，CaO 28.22%

（说明：1点的成分由于电子束透过 CaS 析出相打到 $MgO \cdot Al_2O_3 \cdot CaO$ 基体，实际应该为 CaS 析出相）

8.16 连铸中间包钢液中非金属夹杂物（传统抛光观察）

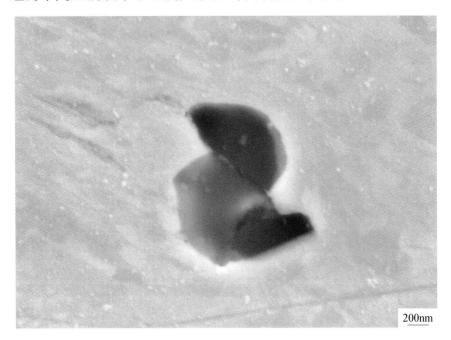

成分（wt%）：Al_2O_3 38.67%，MgO 6.13%，CaO 2.63%，MnS 52.58%

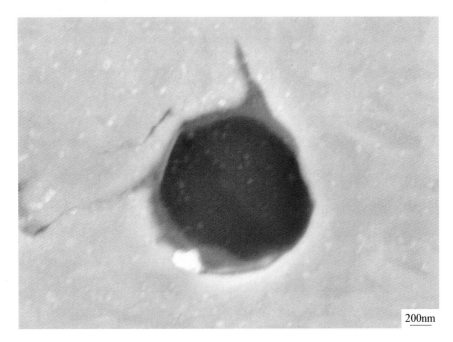

成分（wt%）：Al_2O_3 76.46%，MgO 12.26%，SiO_2 4.78%，CaO 3.62%，CaS 2.87%

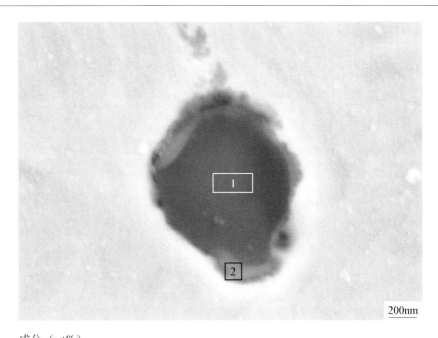

成分（wt%）：

1. Al_2O_3 74.59%，MgO 11.51%，SiO_2 7.81%，CaO 6.09%

2. Al_2O_3 53.30%，MgO 9.88%，SiO_2 6.81%，MnS 17.71%，CaS 12.31%

（说明：2 点的成分由于电子束透过 CaS 和 MnS 复合析出相打到 $MgO \cdot Al_2O_3 \cdot SiO_2$ 基体，实际应该为 CaS 和 MnS 复合析出相）

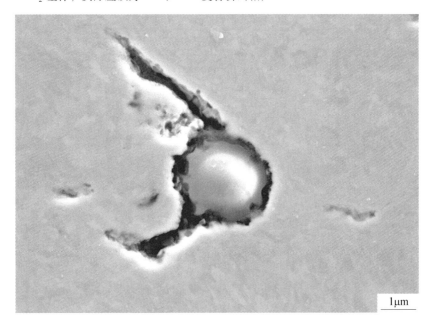

成分（wt%）：Al_2O_3 55.31%，SiO_2 11.05%，CaO 33.64%

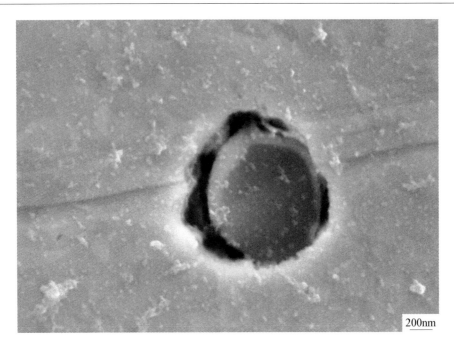

成分（wt%）：Al_2O_3 48.68%，MgO 5.32%，SiO_2 17.51%，CaO 15.66%，CaS 12.84%

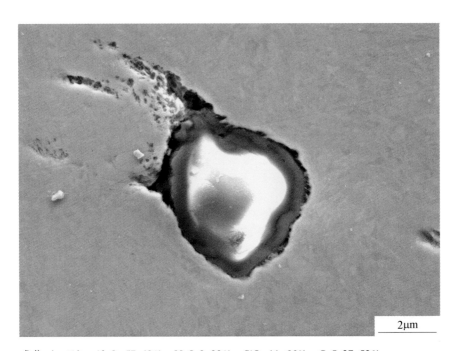

成分（wt%）：Al_2O_3 57.49%，MgO 3.33%，SiO_2 11.66%，CaO 27.52%

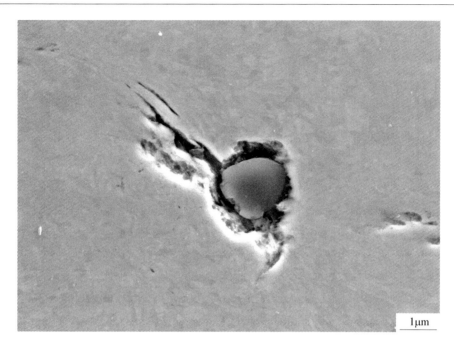

成分（wt%）：Al$_2$O$_3$ 55.51%，MgO 2.77%，SiO$_2$ 13.35%，CaO 28.37%

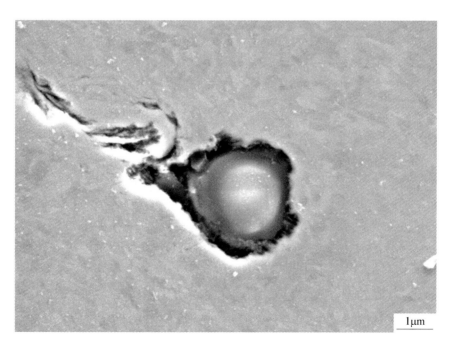

成分（wt%）：Al$_2$O$_3$ 79.58%，SiO$_2$ 20.42%

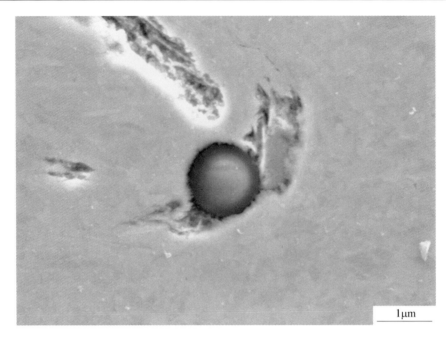

成分（wt%）：Al_2O_3 94.07%，MgO 5.93%

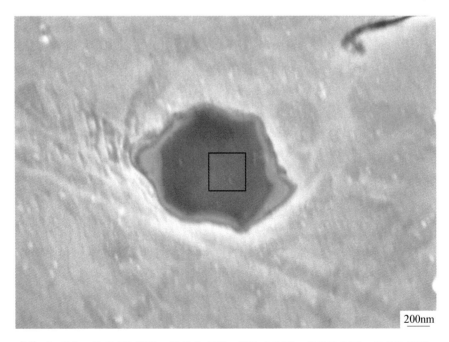

成分（wt%）：Al_2O_3 74.77%，MgO 9.40%，SiO_2 4.94%，CaO 7.14%，CaS 3.74%

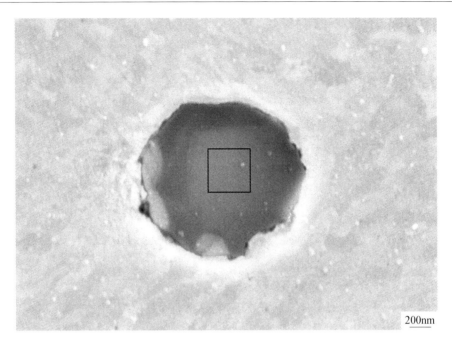

成分（wt%）：Al_2O_3 78.41%，MgO 6.96%，SiO_2 5.36%，CaO 9.27%

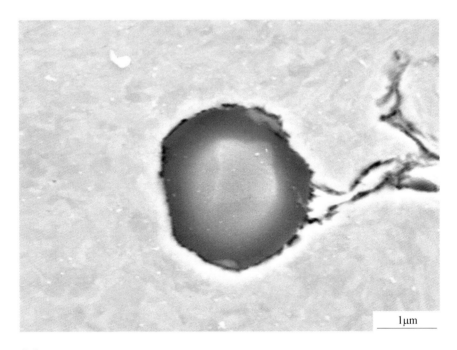

成分（wt%）：Al_2O_3 76.08%，MgO 14.05%，SiO_2 4.06%，CaO 5.81%

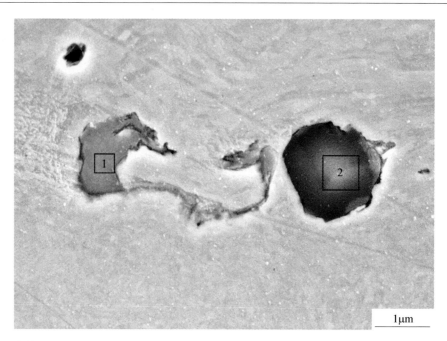

成分（wt%）：

1. CaS 44.88%，MnS 55.12%
2. Al_2O_3 54.95%，MgO 1.20%，SiO_2 13.38%，CaO 28.39%，CaS 2.08%

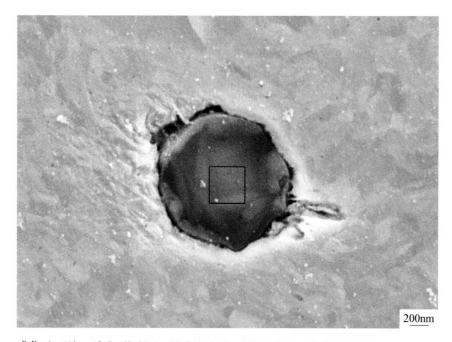

成分（wt%）：Al_2O_3 69.91%，MgO 3.44%，SiO_2 7.78%，CaO 18.87%

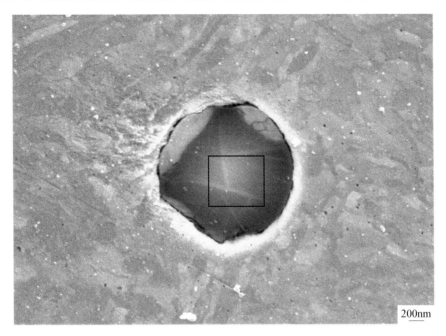

成分（wt%）：Al_2O_3 60.04%，MgO 1.52%，SiO_2 12.19%，CaO 23.42%，CaS 2.83%

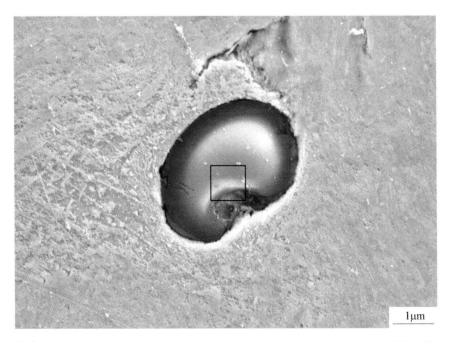

成分（wt%）：Al_2O_3 52.56%，MgO 2.37%，SiO_2 13.79%，CaO 29.39%，CaS 1.89%

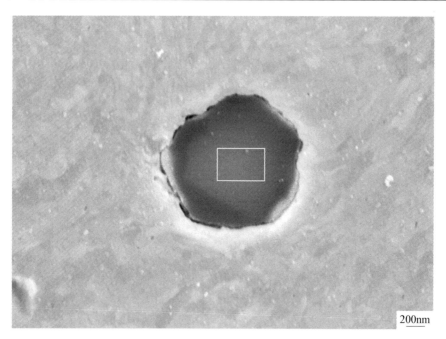

成分（wt%）：Al_2O_3 89.94%，MgO 7.44%，CaO 2.62%

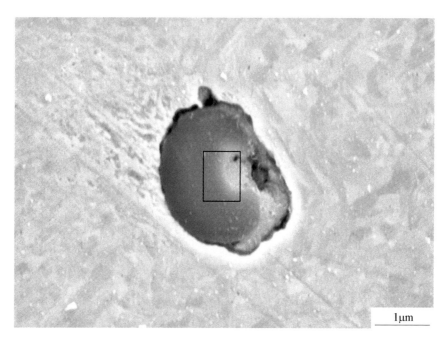

成分（wt%）：Al_2O_3 28.78%，MgO 0.39%，SiO_2 7.88%，CaO 4.51%，MnS 5.42%，CaS 53.03%

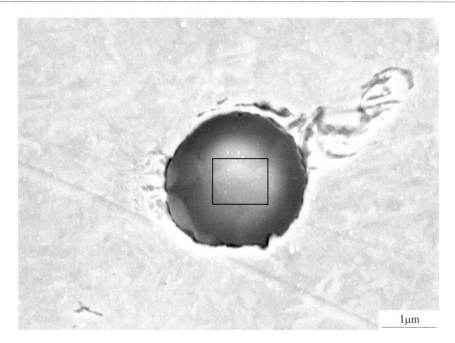

成分（wt%）：Al_2O_3 66.38%，MgO 6.68%，SiO_2 8.39%，CaO 18.55%

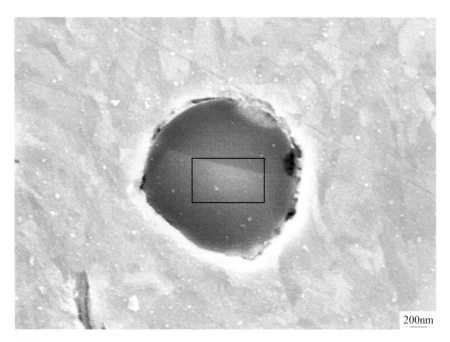

成分（wt%）：Al_2O_3 72.98%，MgO 4.60%，SiO_2 6.31%，CaO 14.32%，CaS 1.79%

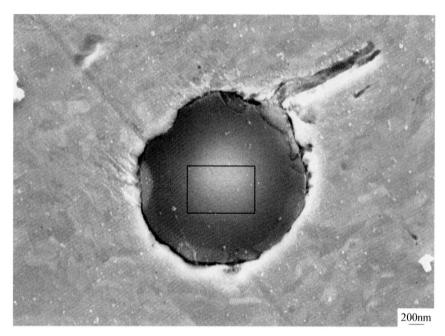

成分（wt%）：Al_2O_3 56.51%，MgO 1.32%，SiO_2 13.36%，CaO 28.81%

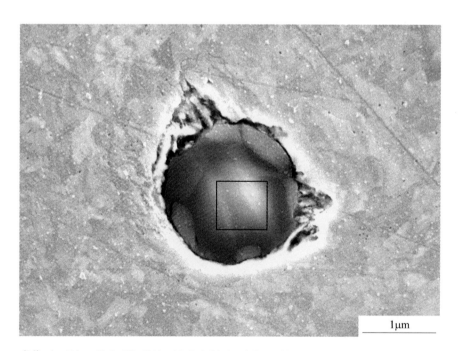

成分（wt%）：Al_2O_3 70.68%，MgO 4.83%，SiO_2 7.03%，CaO 17.46%

8.17　连铸中间包钢液中非金属夹杂物（酸蚀）

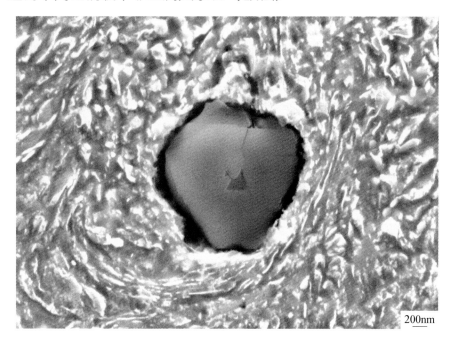

成分（wt%）：Al$_2$O$_3$ 86.23%，MgO 13.77%

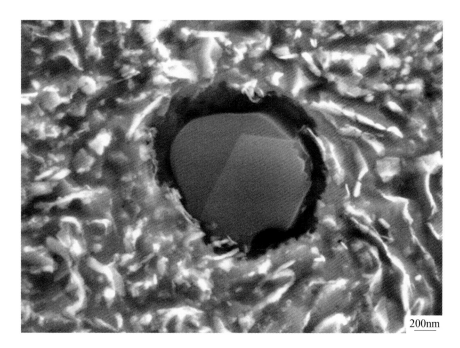

成分（wt%）：Al$_2$O$_3$ 71.71%，MgO 8.83%，SiO$_2$ 9.80%，CaO 9.67%

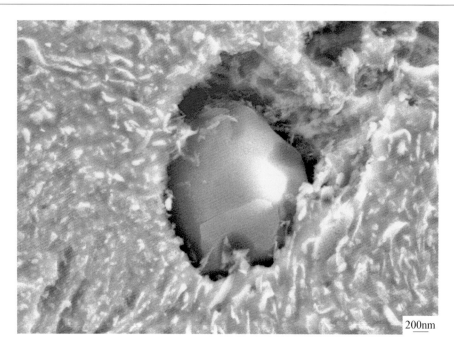

成分（wt%）：Al_2O_3 57.98%，MgO 3.24%，SiO_2 13.50%，CaO 25.29%

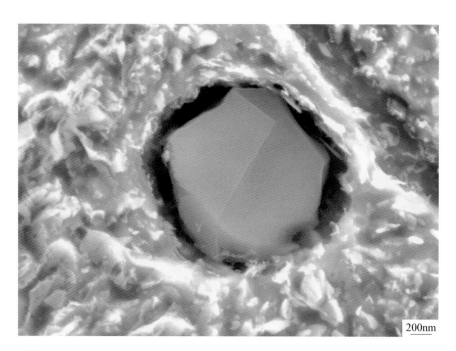

成分（wt%）：Al_2O_3 72.46%，MgO 8.92%，SiO_2 7.10%，CaO 11.52%

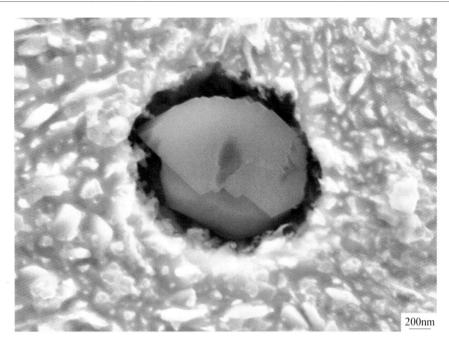

成分（wt%）：Al_2O_3 83.80%，MgO 13.50%，CaO 2.70%

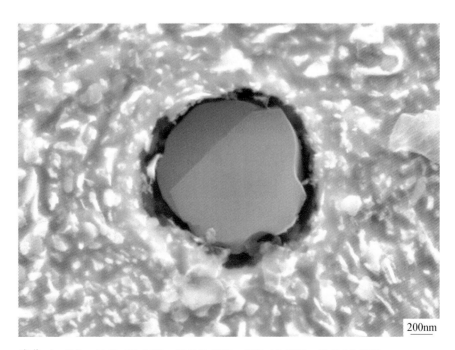

成分（wt%）：Al_2O_3 64.64%，MgO 8.08%，SiO_2 11.30%，CaO 15.98%

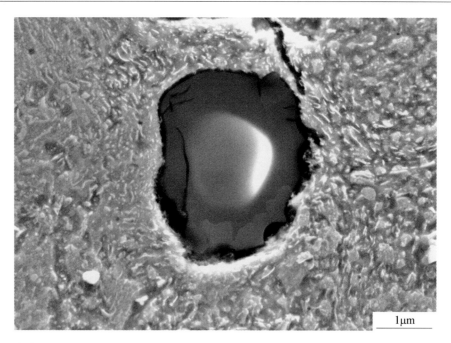

成分（wt%）：Al_2O_3 52.38%，MgO 1.47%，SiO_2 15.17%，CaO 30.98%

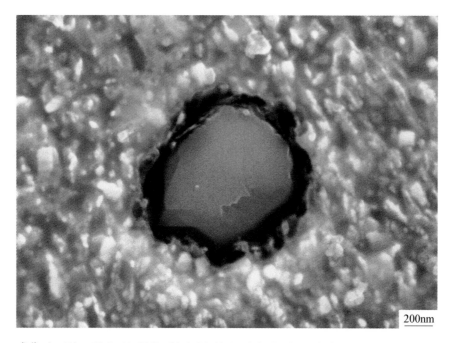

成分（wt%）：Al_2O_3 11.83%，MgO 81.42%，SiO_2 3.79%，CaO 2.96%

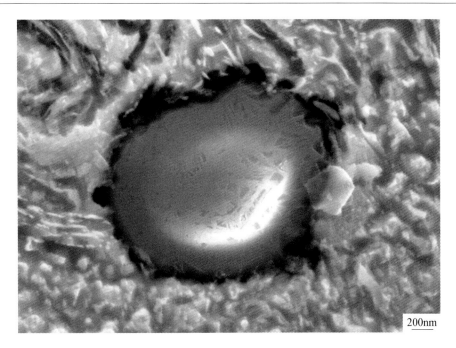

成分（wt%）：Al$_2$O$_3$ 78.39%，MgO 2.84%，SiO$_2$ 6.46%，CaO 12.31%

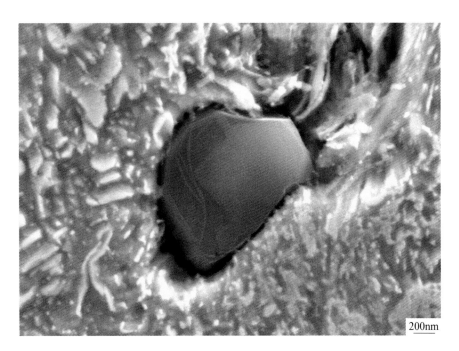

成分（wt%）：Al$_2$O$_3$ 82.21%，MgO 7.50%，SiO$_2$ 3.91%，CaO 6.38%

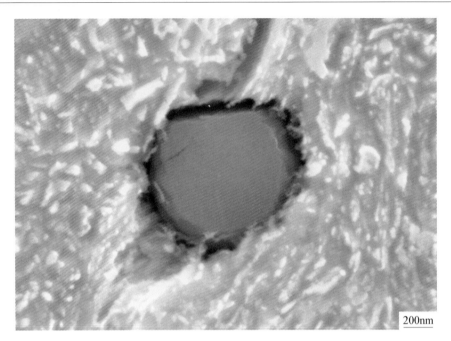

成分（wt%）：Al_2O_3 89.62%，MgO 7.42%，CaO 2.96%

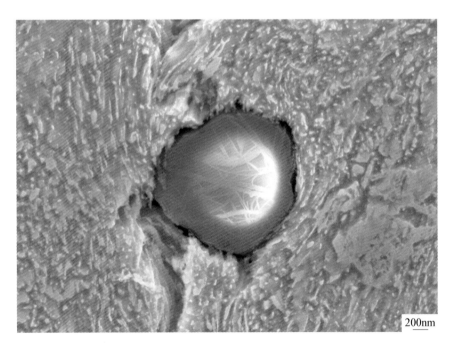

成分（wt%）：Al_2O_3 65.31%，MgO 1.96%，SiO_2 9.74%，CaO 22.99%

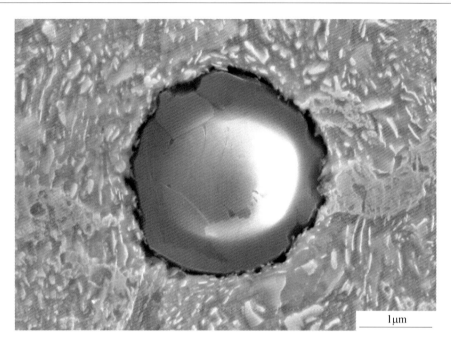

成分（wt%）：Al$_2$O$_3$ 57.98%，SiO$_2$ 11.48%，CaO 30.54%

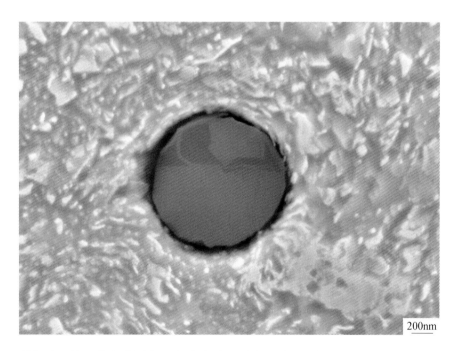

成分（wt%）：Al$_2$O$_3$ 72.34%，MgO 5.73%，SiO$_2$ 9.63%，CaO 12.30%

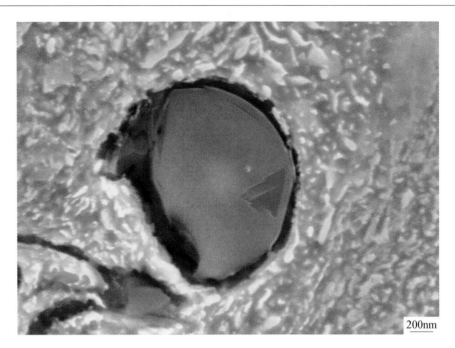

成分（wt%）：Al$_2$O$_3$ 87.51%，MgO 9.69%，CaO 2.80%

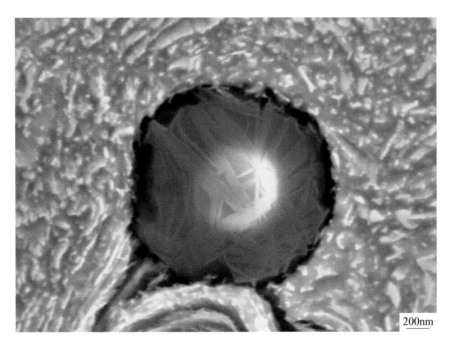

成分（wt%）：Al$_2$O$_3$ 73.23%，MgO 3.12%，SiO$_2$ 6.43%，CaO 17.22%

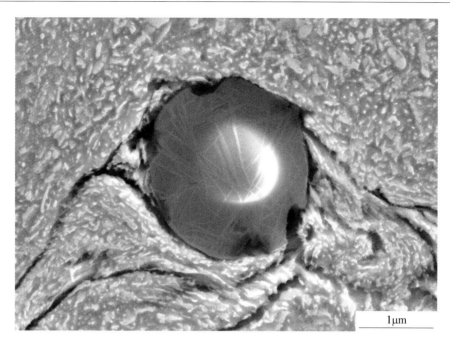

成分（wt%）：Al_2O_3 61.72%，MgO 1.90%，SiO_2 11.17%，CaO 25.21%

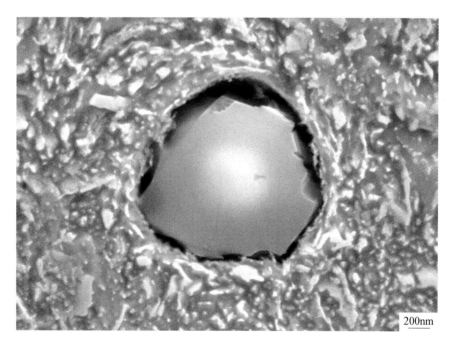

成分（wt%）：Al_2O_3 87.66%，MgO 10.01%，CaO 2.33%

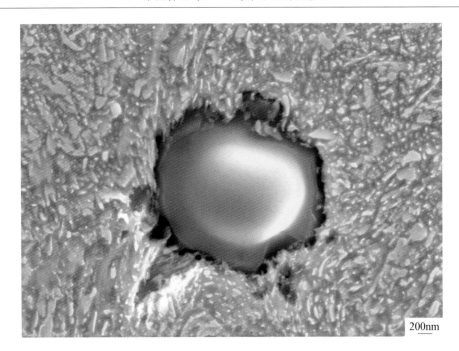

成分（wt%）：Al_2O_3 58.95%，SiO_2 10.55%，CaO 30.49%

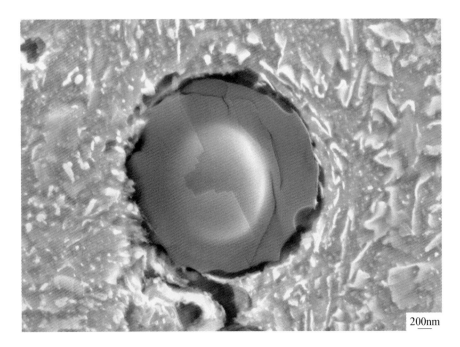

成分（wt%）：Al_2O_3 63.55%，MgO 3.65%，SiO_2 8.82%，CaO 23.98%

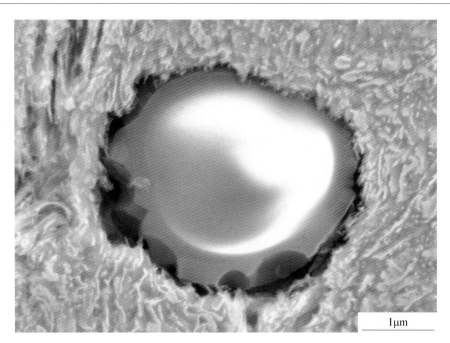

成分（wt%）：Al$_2$O$_3$ 44.06%，MgO 1.65%，SiO$_2$ 11.06%，CaO 43.24%

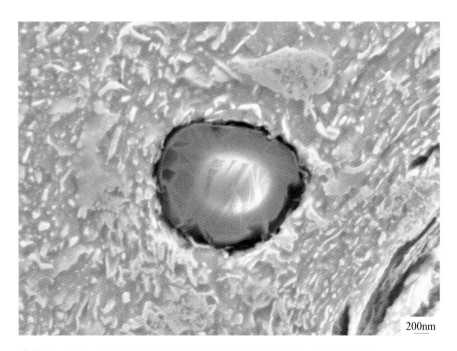

成分（wt%）：Al$_2$O$_3$ 77.21%，MgO 3.86%，SiO$_2$ 5.66%，CaO 13.27%

8.18　连铸中间包钢液中非金属夹杂物（有机溶液电解侵蚀）

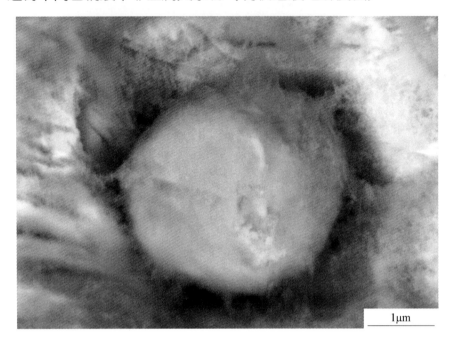

1μm

成分（wt%）：MnS 100%

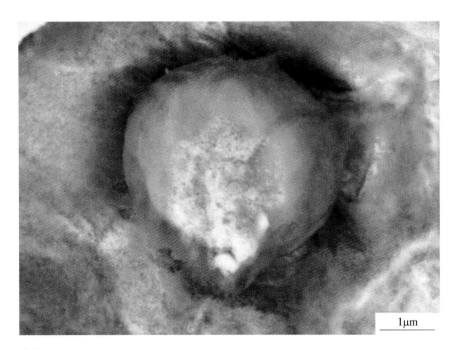

1μm

成分（wt%）：MnS 100%

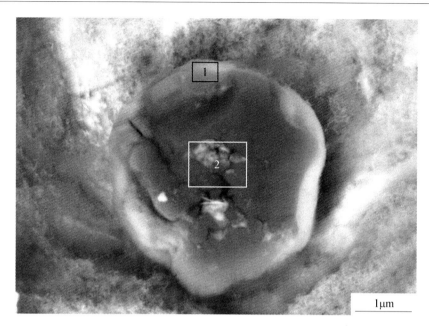

成分（wt%）：

1. Al$_2$O$_3$ 45.18%，MgO 6.23%，CaS 48.60%

2. Al$_2$O$_3$ 89.14%，MgO 10.86%

（说明：1点的成分由于电子束透过 CaS 析出相打到 MgO·Al$_2$O$_3$ 基体，实际应该为 CaS 析出相）

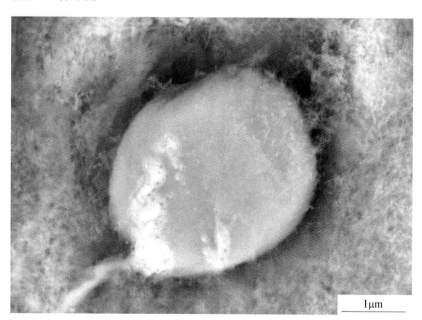

成分（wt%）：MnS 100%

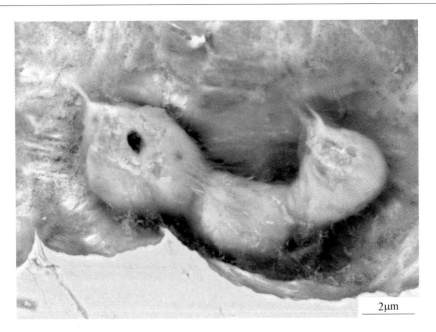

成分（wt%）：MnS 100%

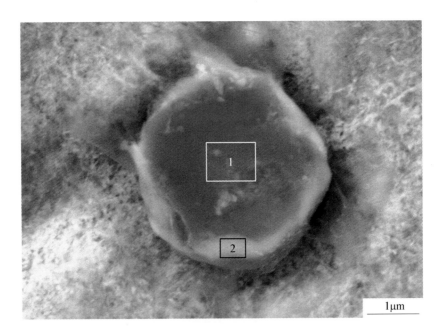

成分（wt%）：

1. Al₂O₃ 83.82%，MgO 10.62%，CaO 5.56%
2. Al₂O₃ 19.56%，SiO₂ 3.35%，CaS 67.10%，MnS 9.99%

（说明：2 点的成分由于电子束透过 CaS 和 MnS 复合析出相打到 Al₂O₃ · SiO₂ 基体，实际应该为 CaS 和 MnS 复合析出相）

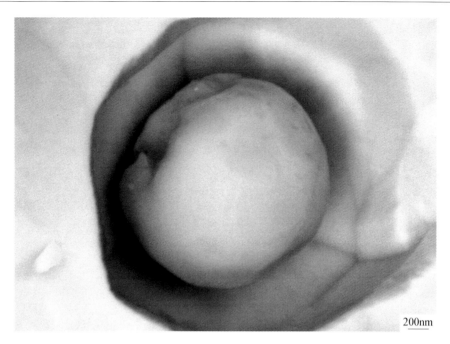

200nm

成分（wt%）：MnS 100%

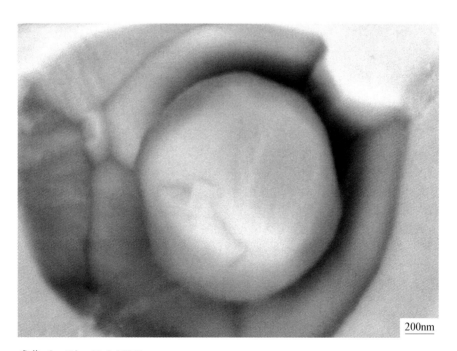

200nm

成分（wt%）：MnS 100%

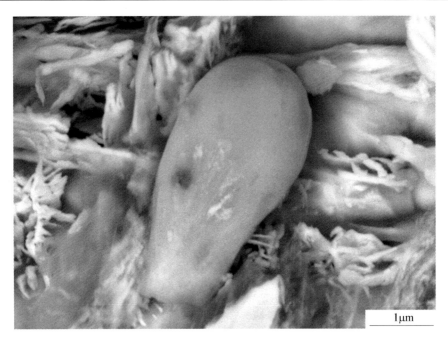

成分（wt%）：MnS 100%

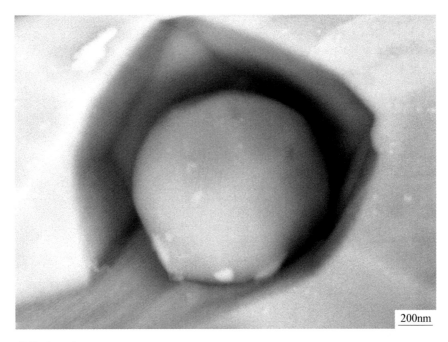

成分（wt%）：MnS 100%

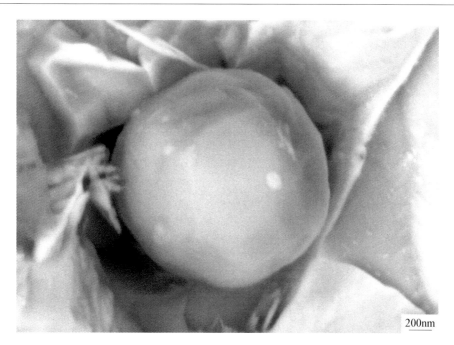

成分（wt%）：MnS 100%

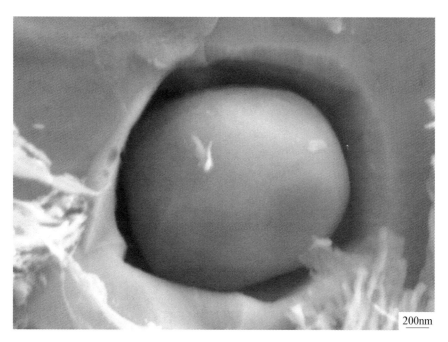

成分（wt%）：MnS 100%

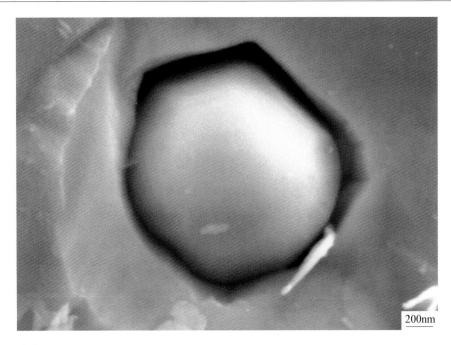

成分（wt%）：MnS 100%

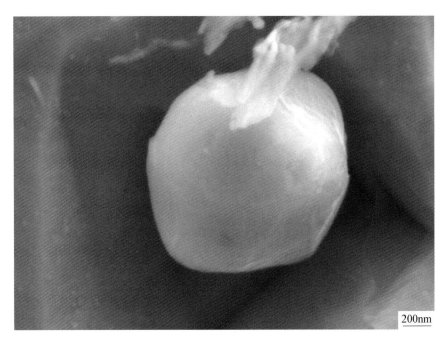

成分（wt%）：MnS 100%

8.19 连铸中间包钢液中非金属夹杂物（有机溶液电解）

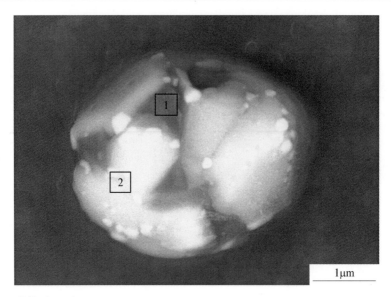

成分（wt%）：

1. Al_2O_3 71.96%，MgO 1.94%，SiO_2 7.75%，CaO 10.51%，CaS 7.83%

2. Al_2O_3 20.83%，CaS 54.49%，MnS 24.68%

（说明：2点的成分由于电子束透过 CaS 和 MnS 复合析出相打到 Al_2O_3 基体，实际应该为 CaS 和 MnS 复合析出相）

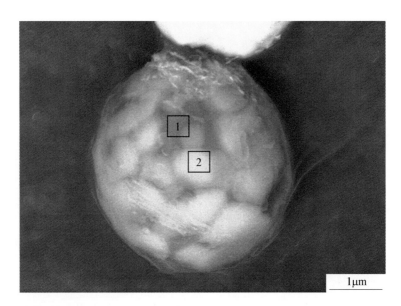

成分（wt%）：

1. Al_2O_3 88.16%，MgO 11.84%

2. Al_2O_3 53.75%，MgO 7.04%，CaS 39.21%

（说明：2点的成分由于电子束透过 CaS 析出相打到 $MgO \cdot Al_2O_3$ 基体，实际应该为 CaS 析出相）

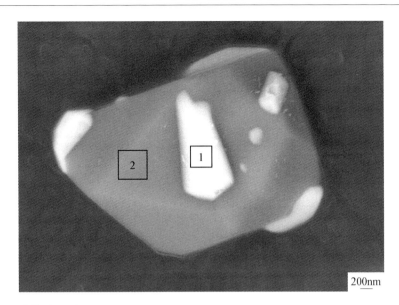

成分（wt%）：

1. Al$_2$O$_3$ 35.58%，MgO 15.67%，MnS 48.74%

2. Al$_2$O$_3$ 73.87%，MgO 26.13%

（说明：1点的成分由于电子束透过 MnS 析出相打到 MgO·Al$_2$O$_3$ 基体，实际应该为 MnS 析出相）

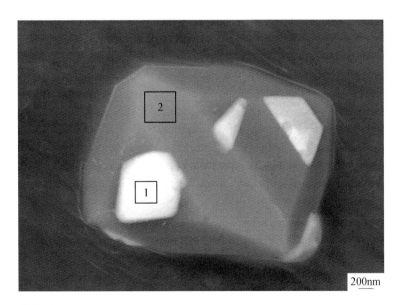

成分（wt%）：

1. Al$_2$O$_3$ 34.12%，MgO 12.53%，MnS 53.35%

2. Al$_2$O$_3$ 77.43%，MgO 22.57%

（说明：1点的成分由于电子束透过 MnS 析出相打到 MgO·Al$_2$O$_3$ 基体，实际应该为 MnS 析出相）

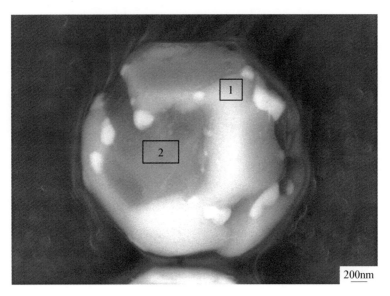

成分（wt%）：

1. Al_2O_3 35.33%，MgO 1.99%，SiO_2 3.88%，CaS 58.80%

2. Al_2O_3 71.36%，MgO 6.75%，SiO_2 7.97%，CaO 13.92%

（说明：1 点的成分由于电子束透过 CaS 析出相打到 $MgO \cdot Al_2O_3 \cdot SiO_2$ 基体，实际应该为 CaS 析出相）

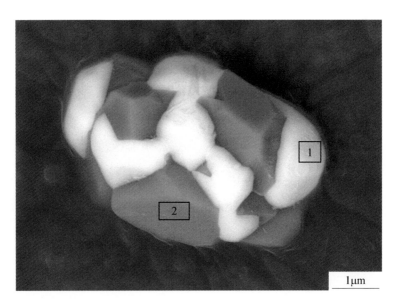

成分（wt%）：

1. Al_2O_3 4.03%，MgO 2.74%，MnS 93.23%

2. Al_2O_3 74.18%，MgO 25.82%

（说明：1 点的成分由于电子束透过 MnS 析出相打到 $MgO \cdot Al_2O_3$ 基体，实际应该为 MnS 析出相）

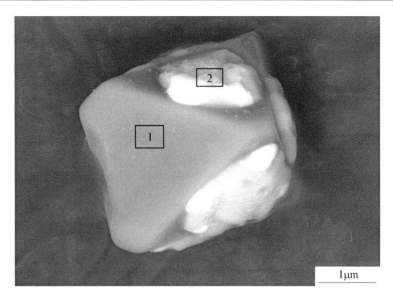

1μm

成分（wt%）：

1. Al_2O_3 75.61%，MgO 24.39%

2. Al_2O_3 7.30%，MgO 4.93%，CaO 9.00%，MnS 78.77%

（说明：2 点的成分由于电子束透过 MnS 析出相打到 $MgO \cdot Al_2O_3 \cdot CaO$ 基体，实际应该为 MnS 析出相）

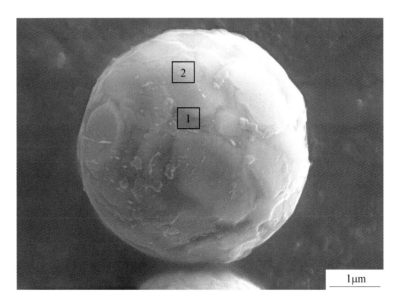

1μm

成分（wt%）：

1. Al_2O_3 60.78%，SiO_2 4.03%，CaO 29.09%，CaS 6.11%

2. Al_2O_3 45.59%，CaO 18.38%，CaS 36.03%

（说明：1 点的成分由于电子束透过 CaS 析出相打到 $Al_2O_3 \cdot SiO_2 \cdot CaO$ 基体，实际应该为 CaS 析出相）

8.20　连铸坯中非金属夹杂物和析出相（传统抛光观察）

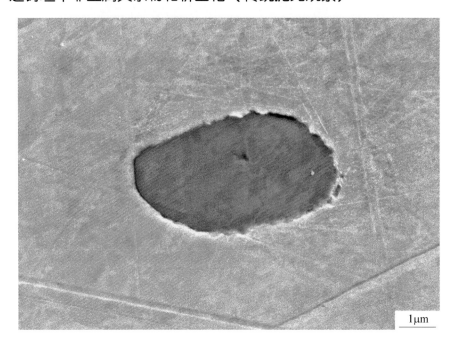

成分（wt%）：MnS 100%

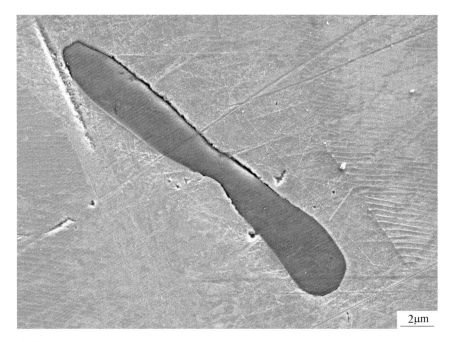

成分（wt%）：MnS 100%

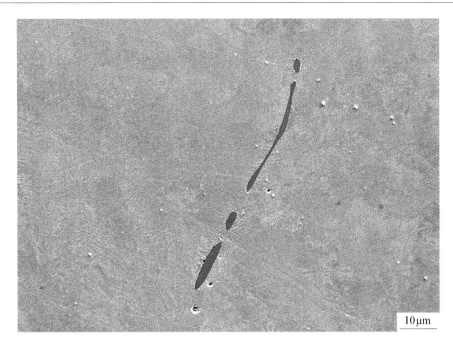

成分（wt%）：MnS 100%

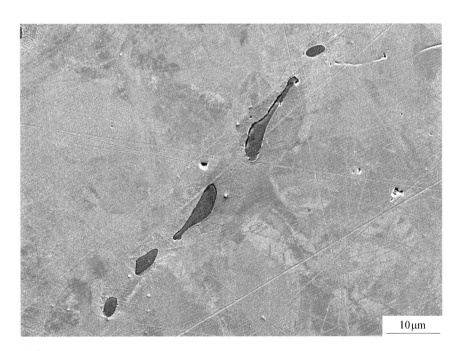

成分（wt%）：MnS 100.00%

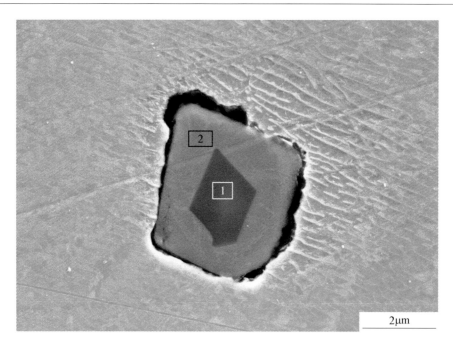

成分（wt%）：

1. Al_2O_3 92.51%，MgO 7.49%
2. CaS 10.19%，MnS 89.81%

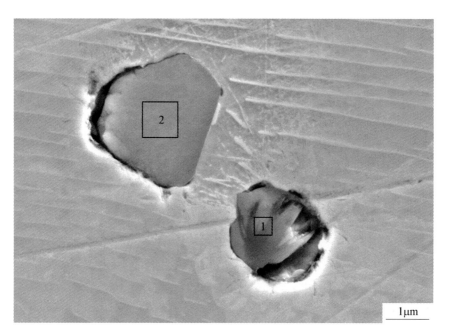

成分（wt%）：

1. Al_2O_3 59.04%，MgO 3.03%，CaO 7.06%，MnS 30.87%
2. CaS 6.38%，MnS 93.62%

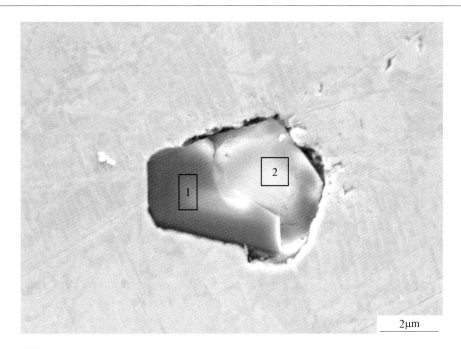

成分（wt%）：
1. Al_2O_3 73.10%，MgO 26.90%
2. CaS 30.76%，MnS 69.24%

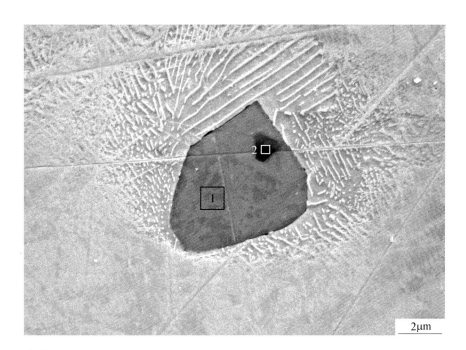

成分（wt%）：
1. MnS 100%
2. Al_2O_3 100%

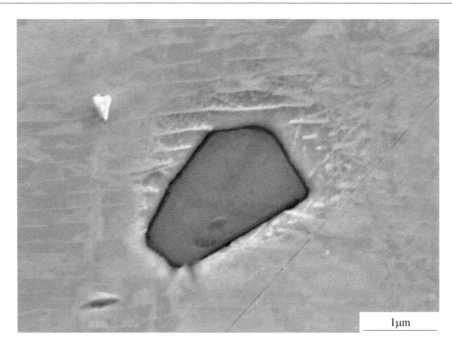

成分（wt%）：CaS 12.00%，MnS 88.00%

8.21　连铸坯中非金属夹杂物和析出相（酸蚀）

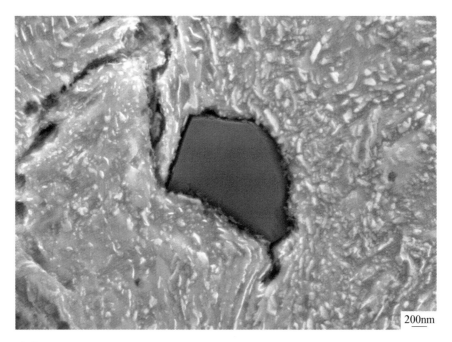

成分（wt%）：Al$_2$O$_3$ 82.26%，MgO 17.74%

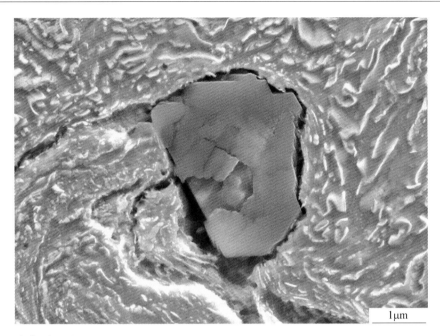

成分（wt%）：Al$_2$O$_3$ 83.25%，MgO 16.75%

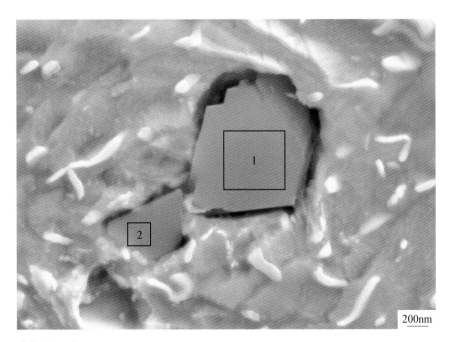

成分（wt%）：
1. Al$_2$O$_3$ 83.82%，MgO 16.18%
2. Al$_2$O$_3$ 83.00%，MgO 17.00%

8.22　连铸坯中非金属夹杂物和析出相（有机溶液电解侵蚀）

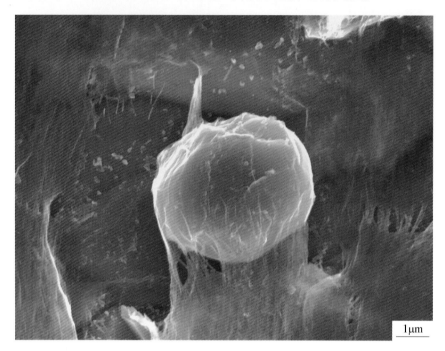

成分（wt%）：Al_2O_3 16.83%，CaS 5.83%，MnS 77.34%

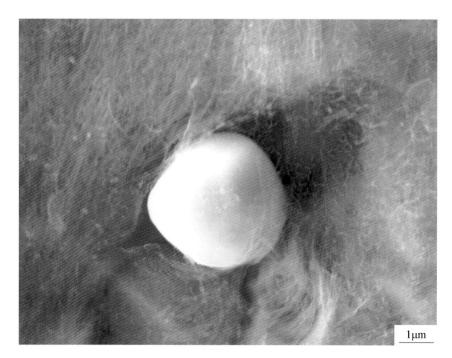

成分（wt%）：Al_2O_3 10.44%，CaS 5.04%，MnS 84.52%

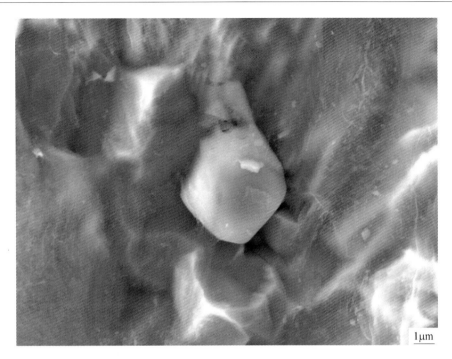

成分（wt%）：Al_2O_3 31.31%，CaS 8.84%，MnS 59.86%

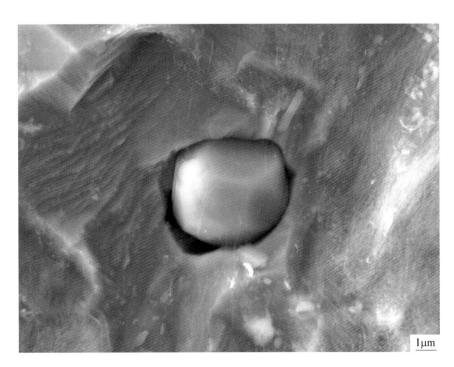

成分（wt%）：Al_2O_3 15.68%，CaS 12.51%，MnS 71.80%

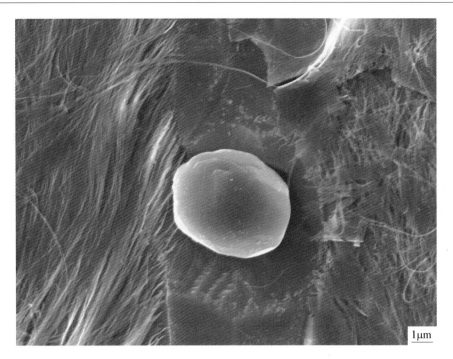

成分（wt%）：Al_2O_3 21.59%，CaS 7.81%，MnS 70.59%

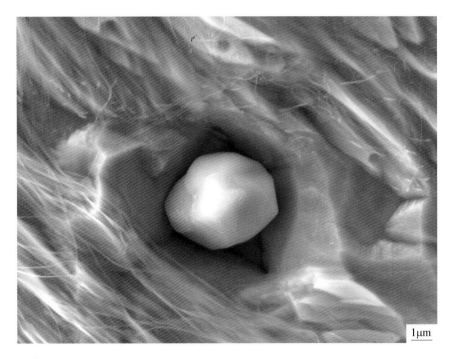

成分（wt%）：Al_2O_3 5.63%，CaS 10.09%，MnS 84.28%

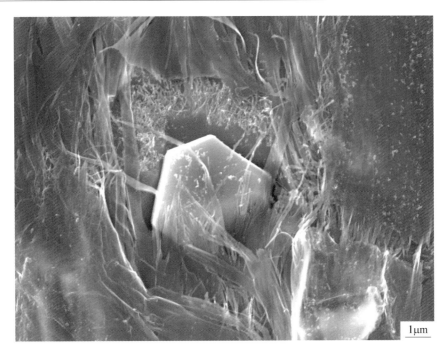

成分（wt%）：Al_2O_3 9.49%，CaS 5.40%，MnS 85.11%

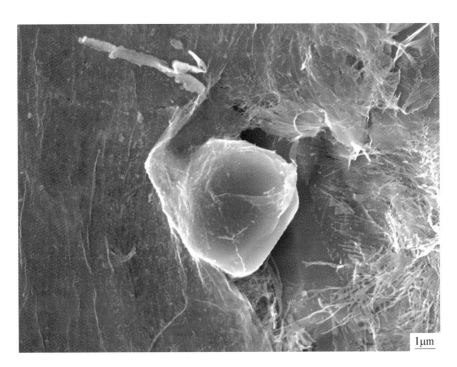

成分（wt%）：Al_2O_3 9.47%，CaS 16.17%，MnS 74.36%

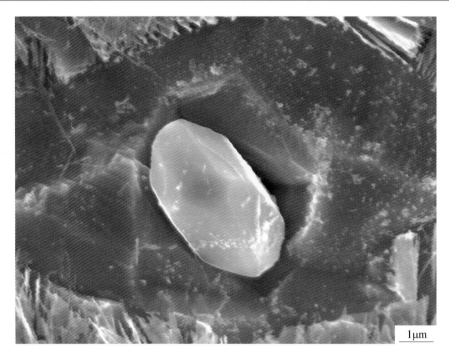

成分（wt%）：Al₂O₃ 24.53%，CaS 1.68%，MnS 73.79%

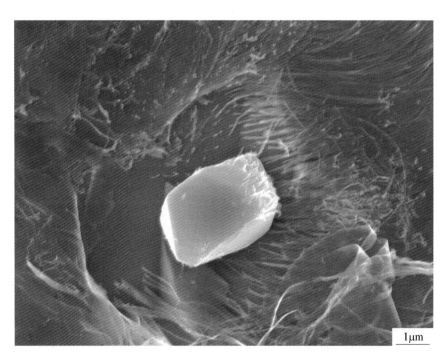

成分（wt%）：Al₂O₃ 13.92%，CaS 2.64%，MnS 83.45%

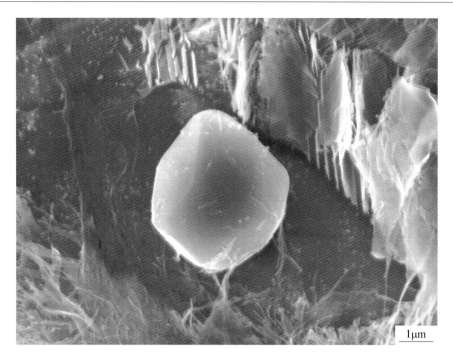

成分（wt%）：Al_2O_3 6.45%，CaS 6.25%，MnS 87.30%

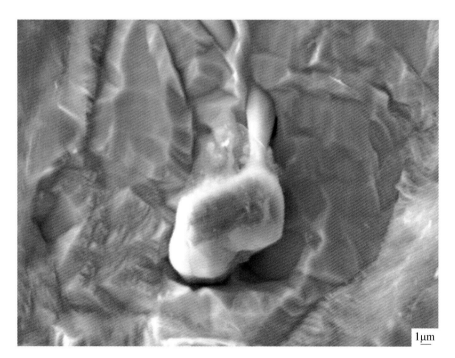

成分（wt%）：Al_2O_3 58.04%，MgO 8.65%，MnS 33.31%

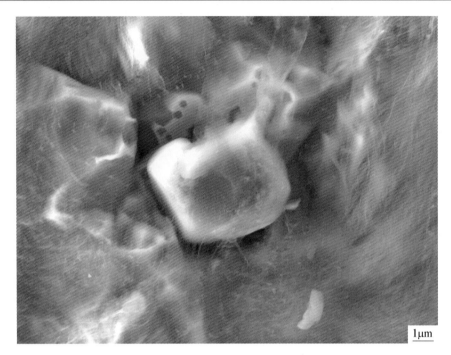

成分（wt%）：Al_2O_3 72.39%，MgO 21.20%，MnS 6.41%

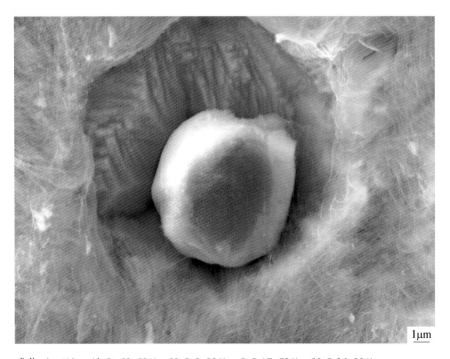

成分（wt%）：Al_2O_3 52.59%，MgO 2.99%，CaS 17.53%，MnS 26.89%

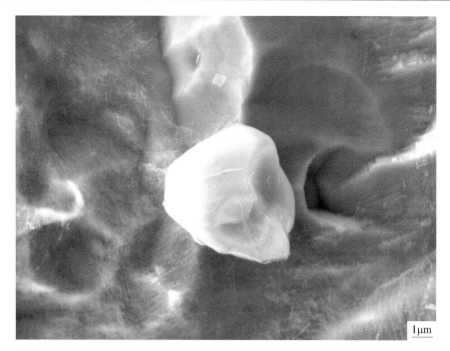

成分（wt%）：Al$_2$O$_3$ 18.18%，MgO 3.50%，CaS 7.80%，MnS 70.52%

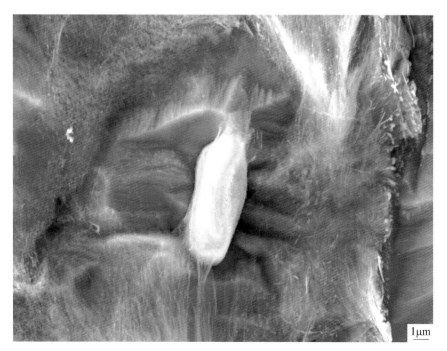

成分（wt%）：MnS 100%

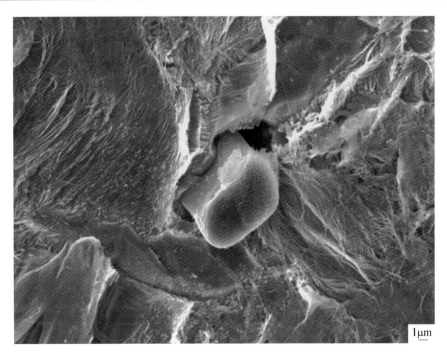

成分（wt%）：MnS 100%

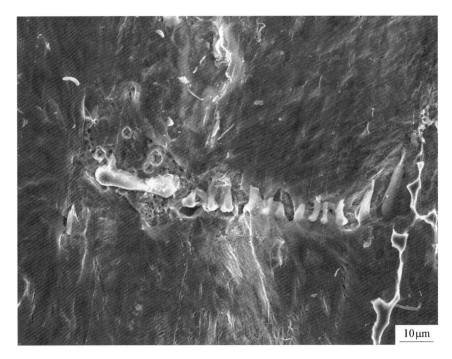

成分（wt%）：MnS 100%

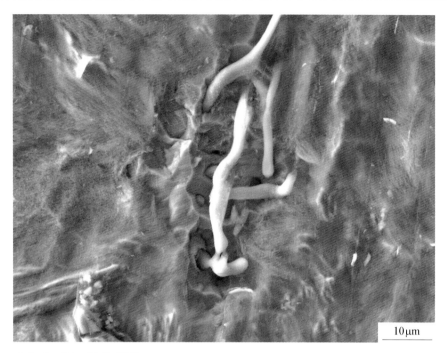

成分（wt%）：MnS 100%

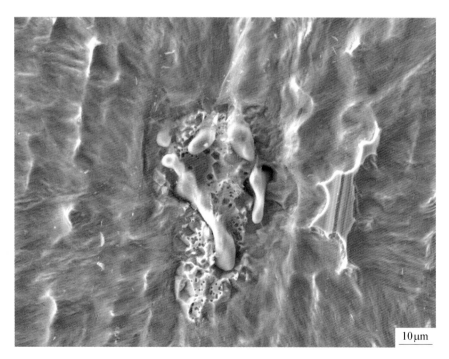

成分（wt%）：MnS 100%

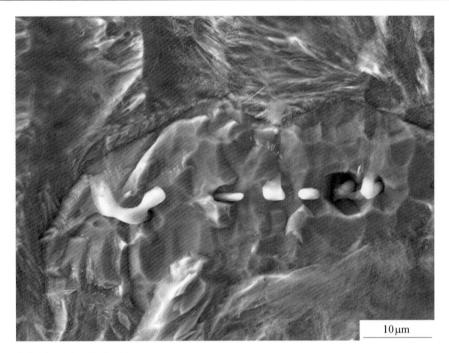

成分（wt%）：MnS 100%

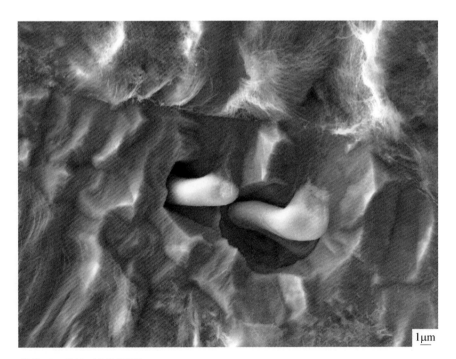

成分（wt%）：MnS 100%

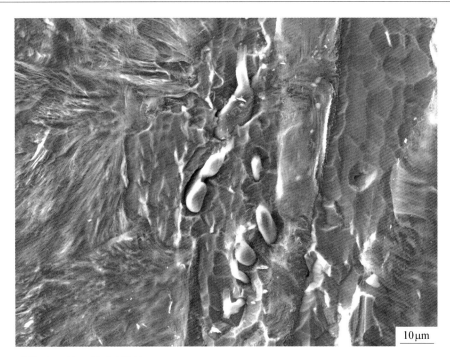

成分（wt%）：MnS 100%

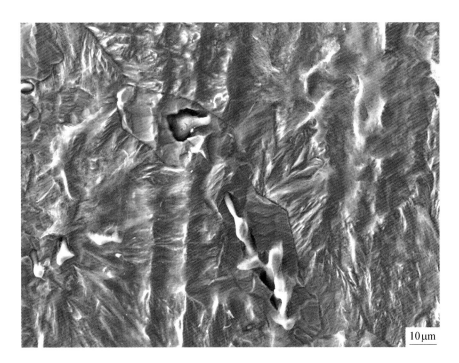

成分（wt%）：MnS 100%

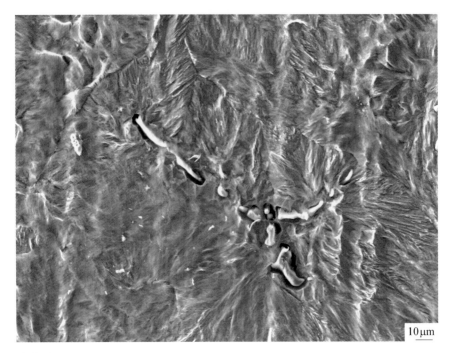

成分（wt%）：MnS 100%

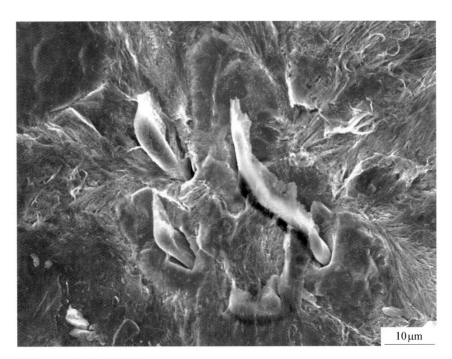

成分（wt%）：MnS 100%

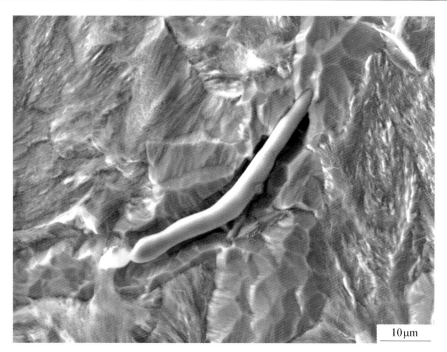

成分（wt%）：MnS 100%

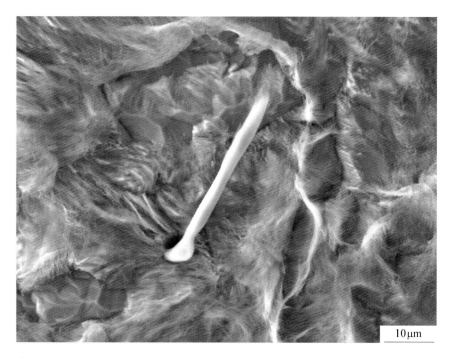

成分（wt%）：MnS 100%

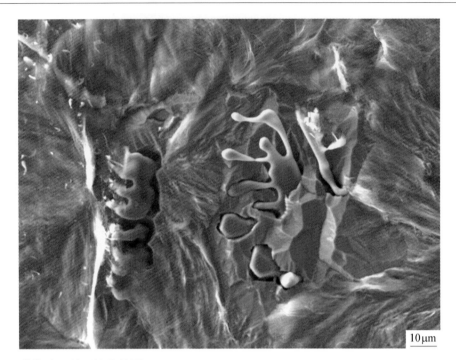

成分（wt%）：MnS 100%

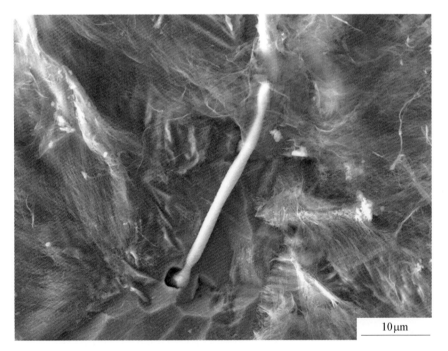

成分（wt%）：MnS 100%

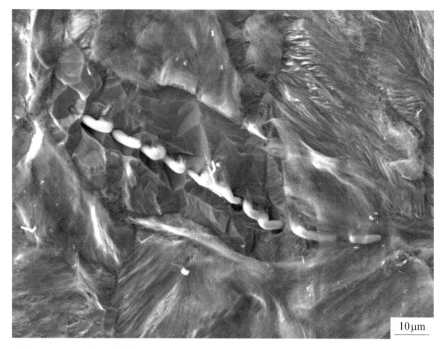

成分（wt%）：MnS 100%

8.23 连铸坯中非金属夹杂物和析出相（有机溶液电解）

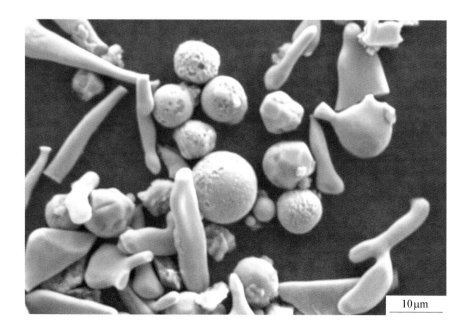

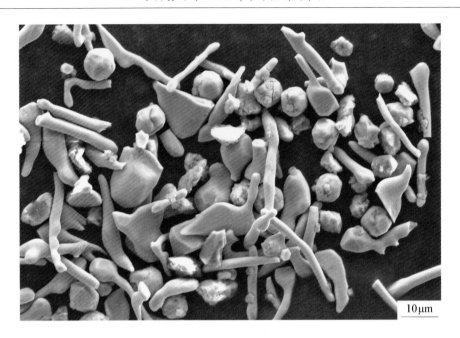

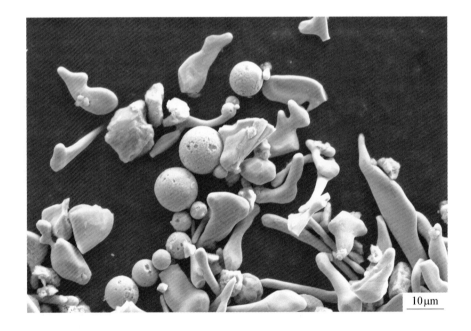

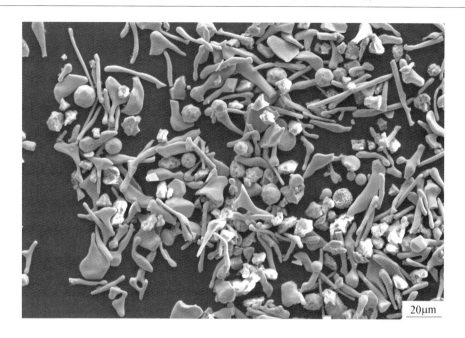

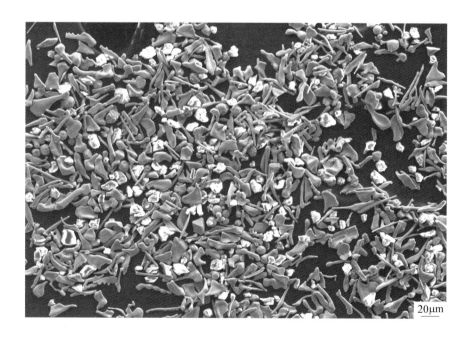

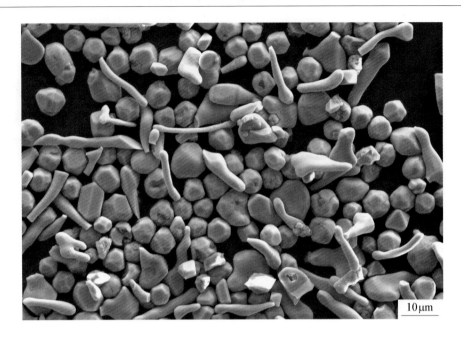

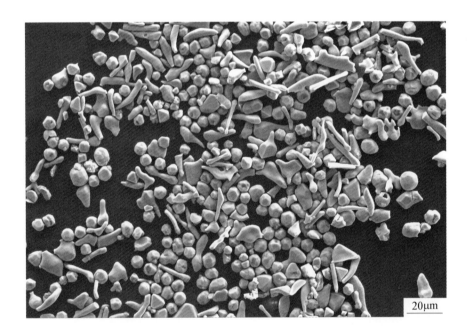

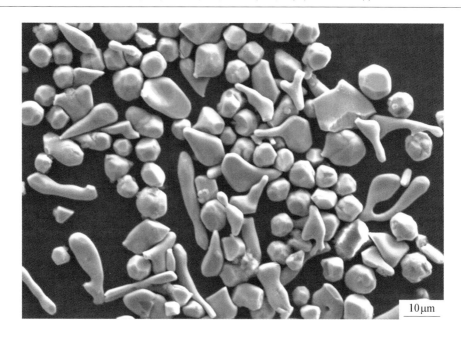

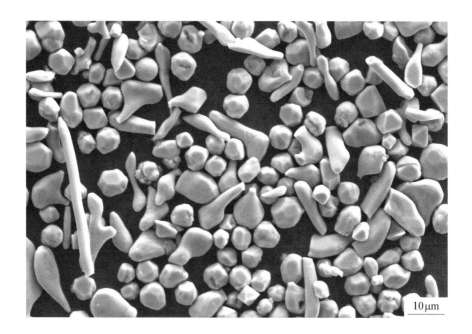

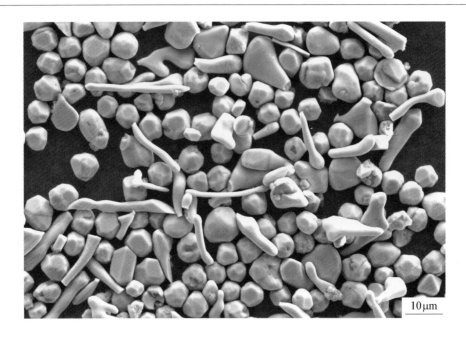

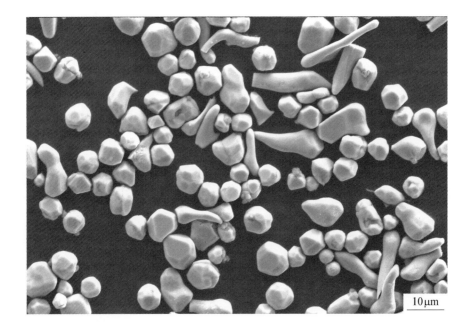

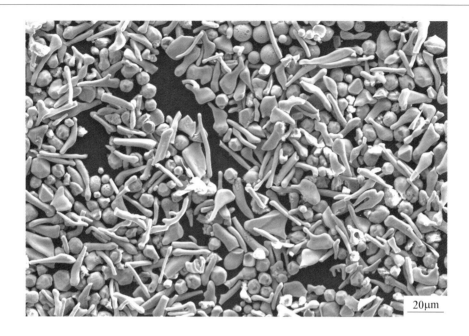

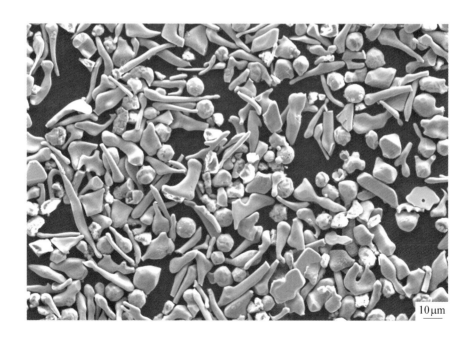

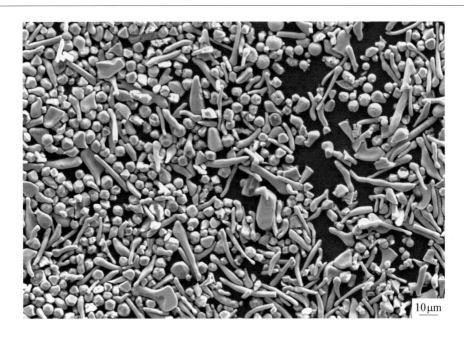

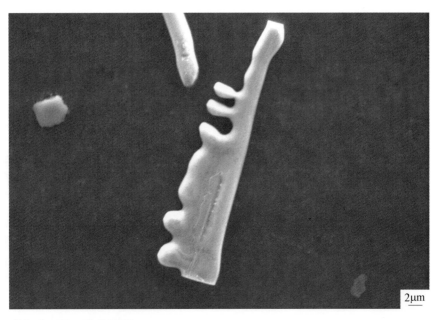

成分（wt%）：MnS 100%

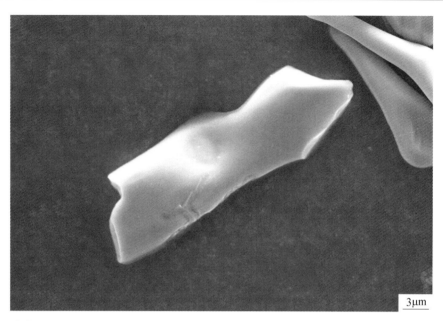

成分（wt%）：MnS 100%

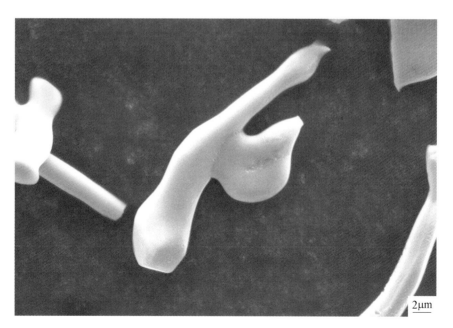

成分（wt%）：MnS 100%

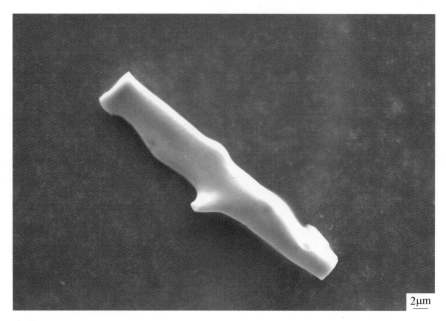

成分（wt%）：MnS 100%

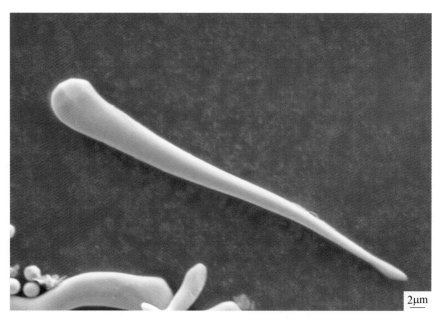

成分（wt%）：MnS 100%

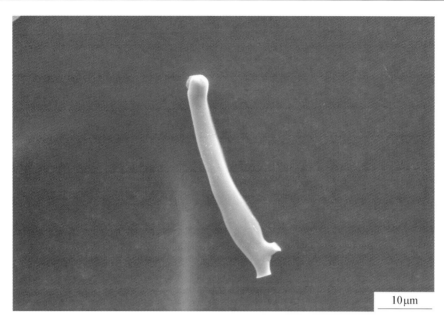

成分（wt%）：MnS 100%

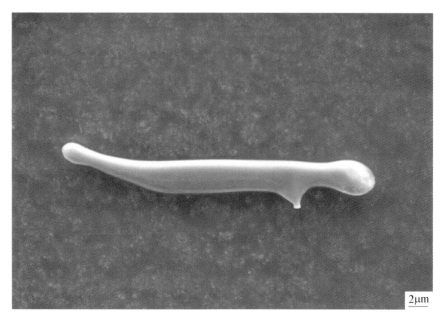

成分（wt%）：MnS 100%

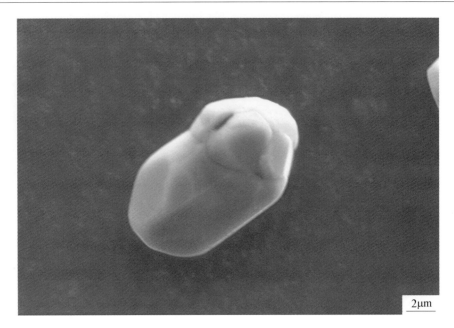

成分（wt%）：MnS 100%

成分（wt%）：MnS 100%

成分（wt%）：MnS 100%

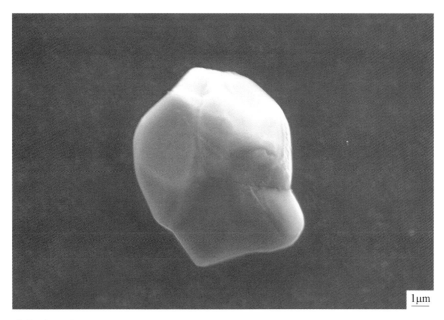

成分（wt%）：MnS 100%

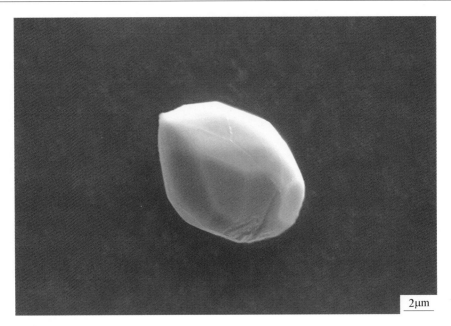

成分（wt%）：MnS 100%

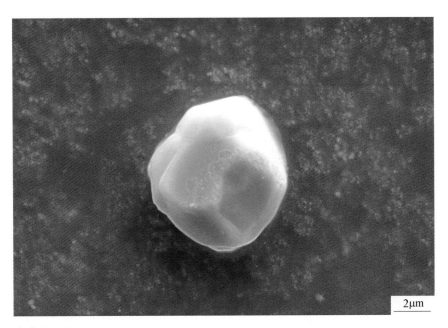

成分（wt%）：MnS 100%

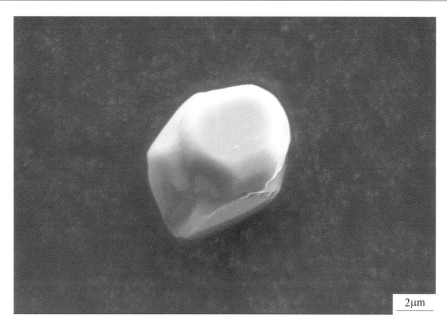

成分（wt%）：MnS 100%

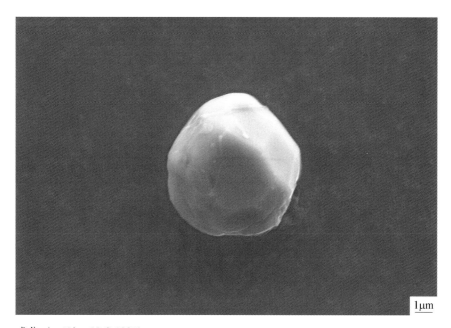

成分（wt%）：MnS 100%

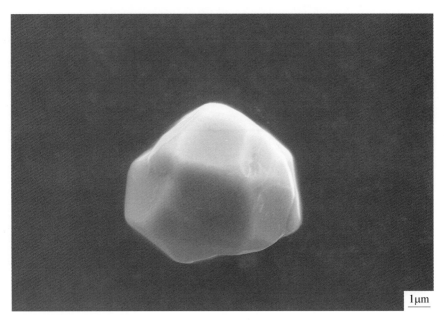

成分（wt%）：MnS 100%

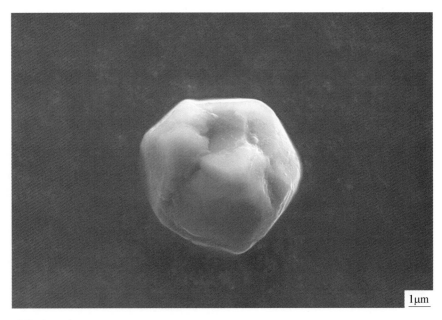

成分（wt%）：MnS 100%

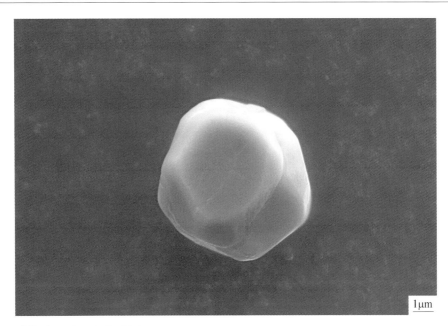

成分（wt%）：MnS 100%

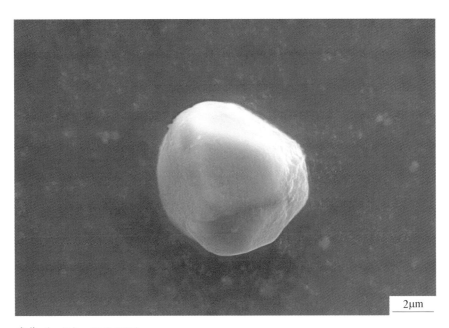

成分（wt%）：MnS 100%

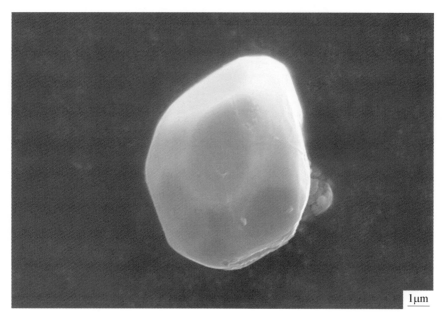

成分（wt%）：MnS 100%

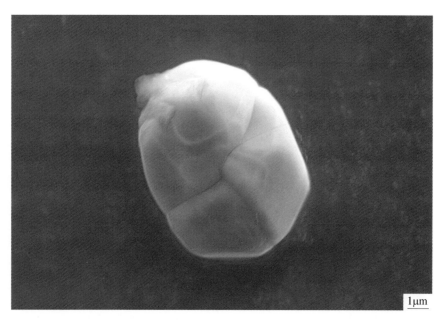

成分（wt%）：MnS 100%

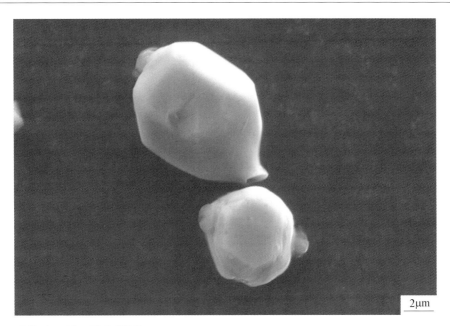

成分（wt%）：MnS 100%

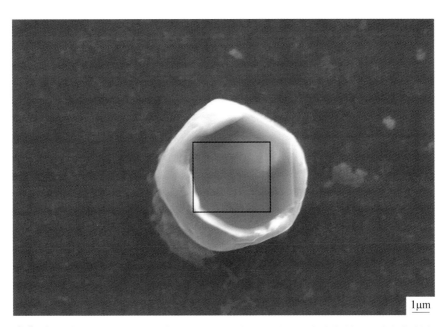

成分（wt%）：MgO 0.82%，Al_2O_3 83.11%，SiO_2 0.53%，CaO 9.08%，MnS 6.46%

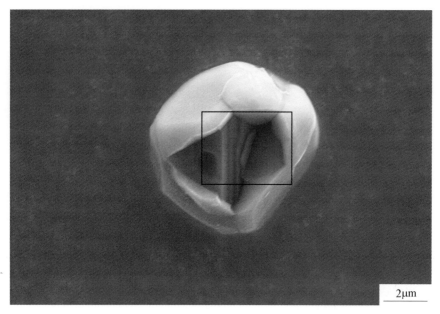

成分（wt%）：MgO 5.22%，Al_2O_3 38.21%，CaO 6.38%，MnS 50.19%

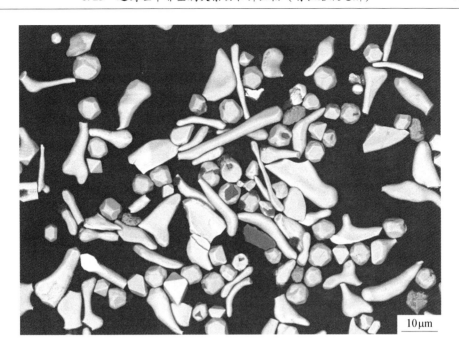

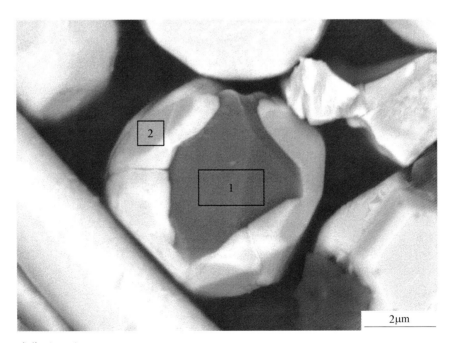

成分（wt%）：

1. MgO 21.51%，Al$_2$O$_3$ 78.49%

2. MgO 1.83%，Al$_2$O$_3$ 2.10%，CaO 3.52%，MnS 92.55%

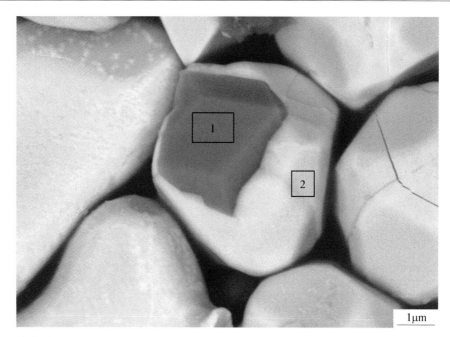

成分（wt%）：

1. MgO 12.87%，Al_2O_3 52.84%，SiO_2 8.14%，CaO 26.16%

2. MgO 1.96%，MnS 92.77%，CaS 5.27%

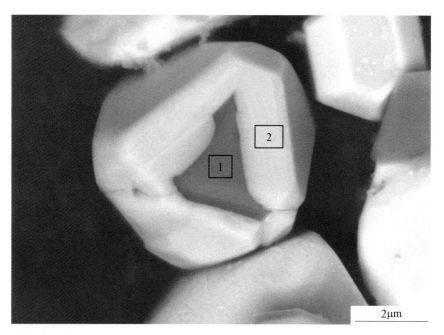

成分（wt%）：

1. MgO 19.58%，Al_2O_3 80.42%

2. MgO 1.62%，Al_2O_3 1.70%，MnS 90.60%，CaS 6.08%

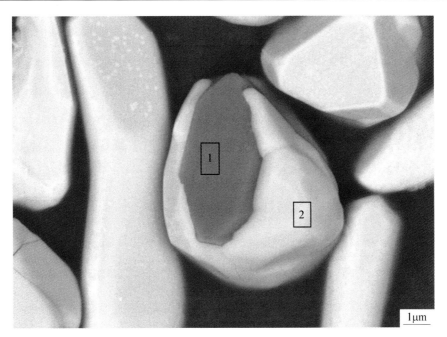

成分（wt%）：

1. MgO 22.26%，Al_2O_3 77.74%

2. MnS 91.10%，CaS 8.90%

成分（wt%）：

1. MgO 60.51%，Al_2O_3 36.66%，CaO 0.71%，CaS 2.12%

2. Al_2O_3 2.20%，CaO 2.02%，MnS 87.75%，CaS 8.03%

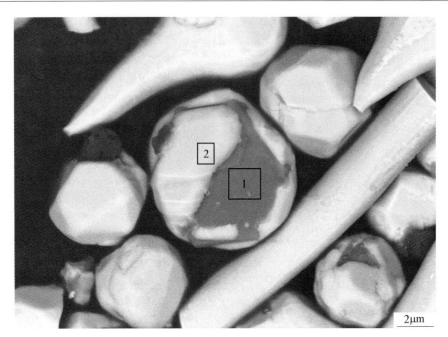

成分（wt%）：

1. Al$_2$O$_3$ 90.95%，CaO 9.05%

2. MnS 80.47%，CaS 19.53%

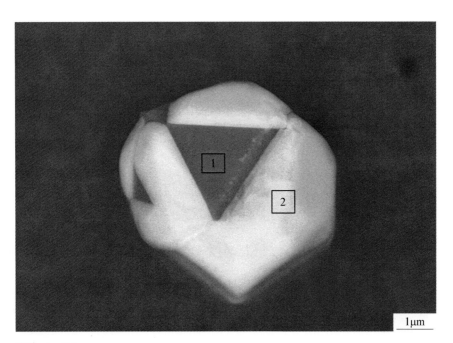

成分（wt%）：

1. Al$_2$O$_3$ 81.77%，MgO 18.23%

2. MnS 93.25%，CaS 6.75%

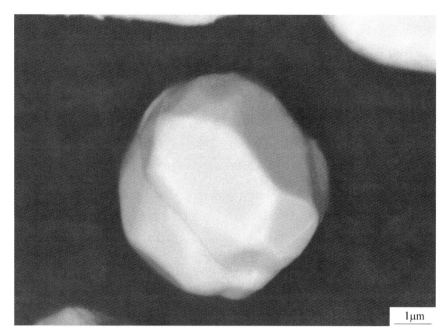

成分（wt%）：MnS 100%

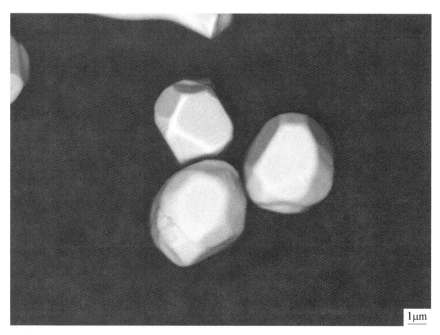

成分（wt%）：MnS 100%

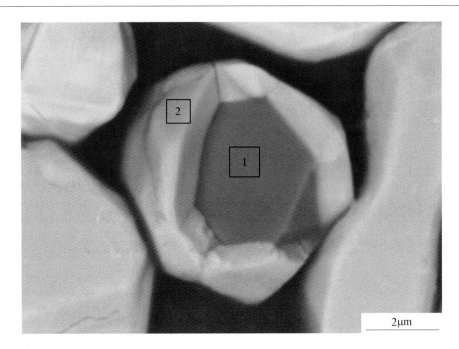

成分（wt%）：
1. Al$_2$O$_3$ 90.82%，MgO 9.18%
2. MnS 89.89%，CaS 10.11%

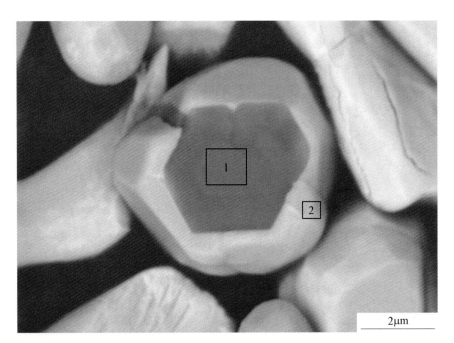

成分（wt%）：
1. Al$_2$O$_3$ 96.83%，MgO 3.17%
2. MnS 94.11%，CaS 5.89%

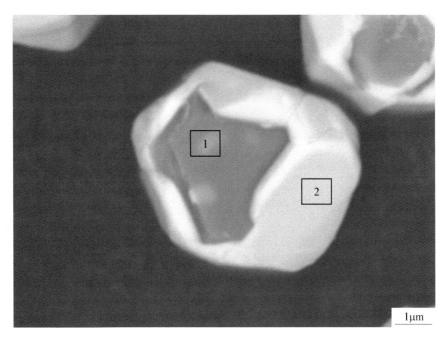

成分（wt%）：

1. Al_2O_3 89.24%，MgO 7.98%，CaO 2.77%

2. Al_2O_3 20.31%，MnS 36.17%，CaS 43.52%

（说明：2 点的成分由于电子束透过 MnS 和 CaS 复合析出相打到 Al_2O_3 基体，实际应该为 MnS 和 CaS 复合析出相）

附　　录

附录1　超低碳钢（IF 钢）中典型非金属夹杂物面扫描

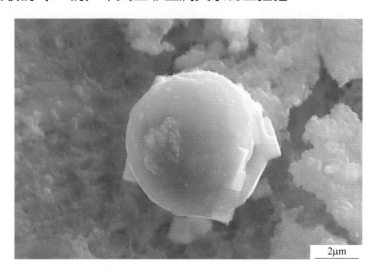

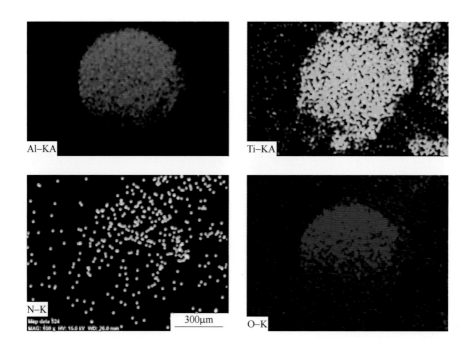

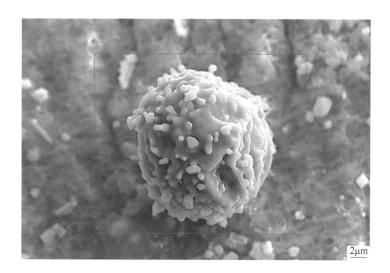

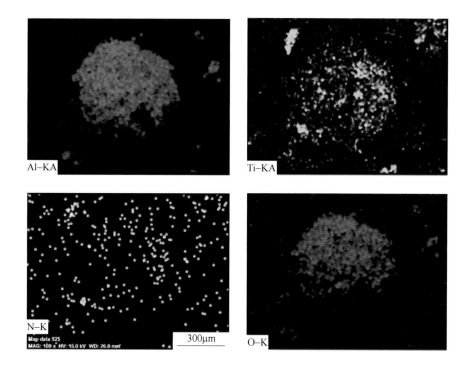

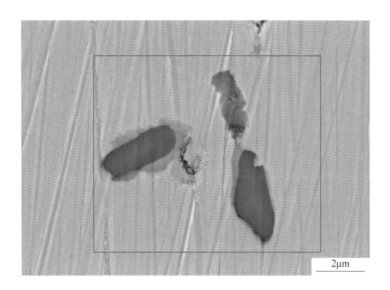

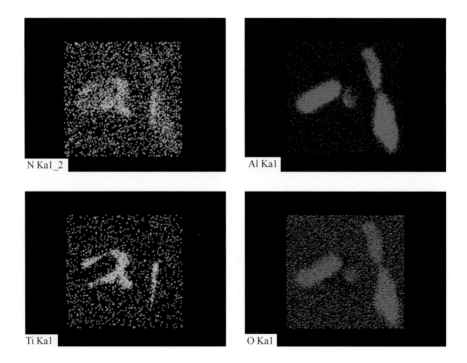

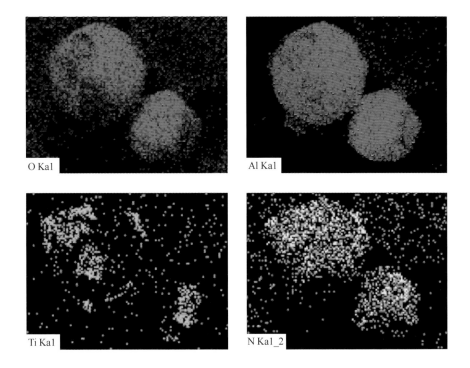

附录 2　取向硅钢中典型非金属夹杂物面扫描

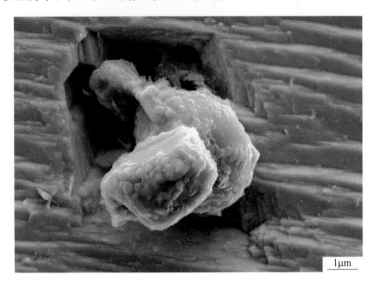

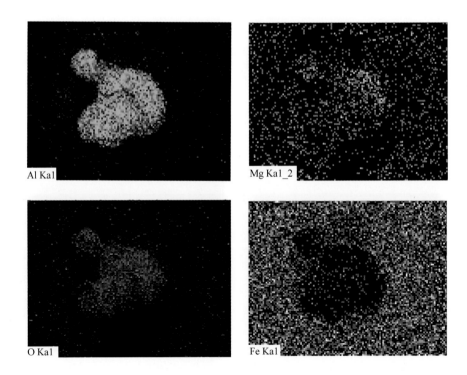

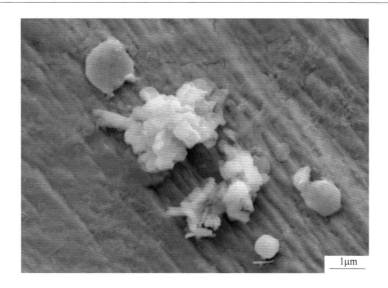

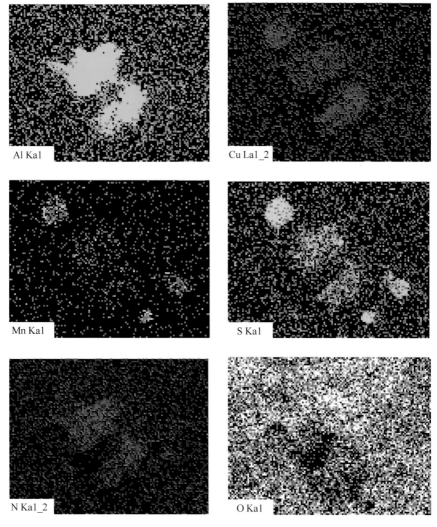

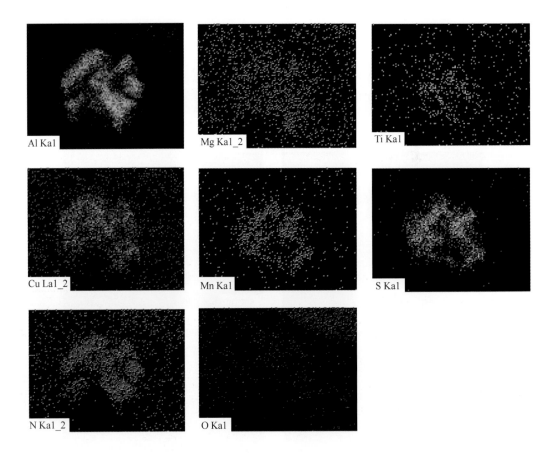

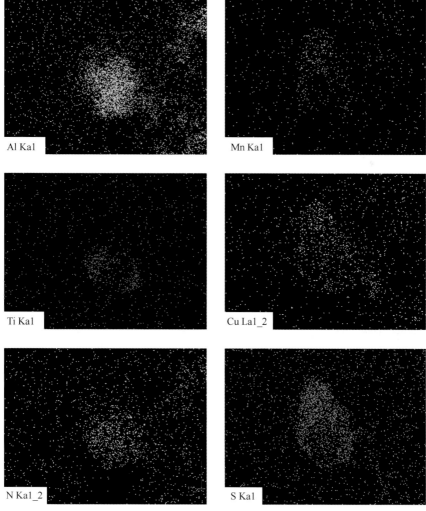

附录3　低牌号无取向硅钢中典型非金属夹杂物面扫描

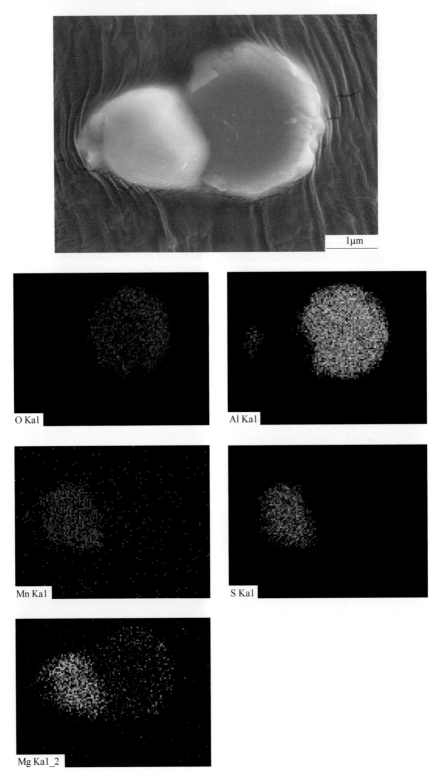

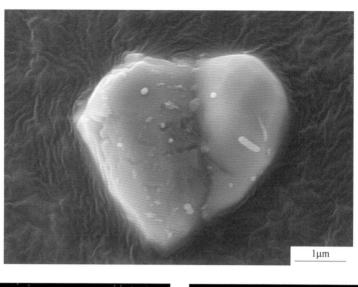

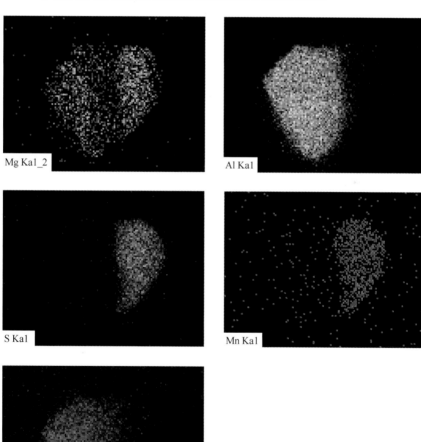

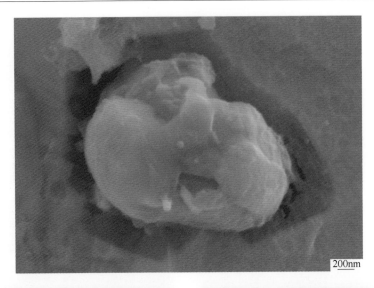

200nm

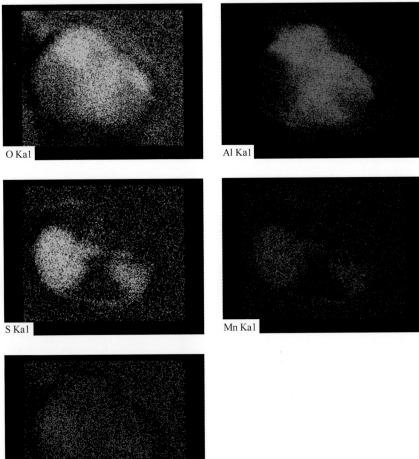

O Ka1

Al Ka1

S Ka1

Mn Ka1

Mg Ka1_2

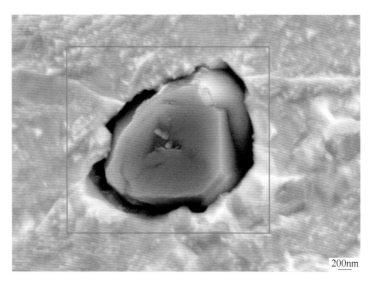

200nm

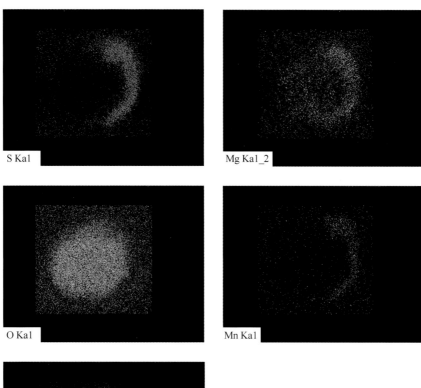

S Ka1

Mg Ka1_2

O Ka1

Mn Ka1

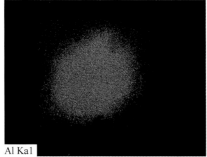

Al Ka1

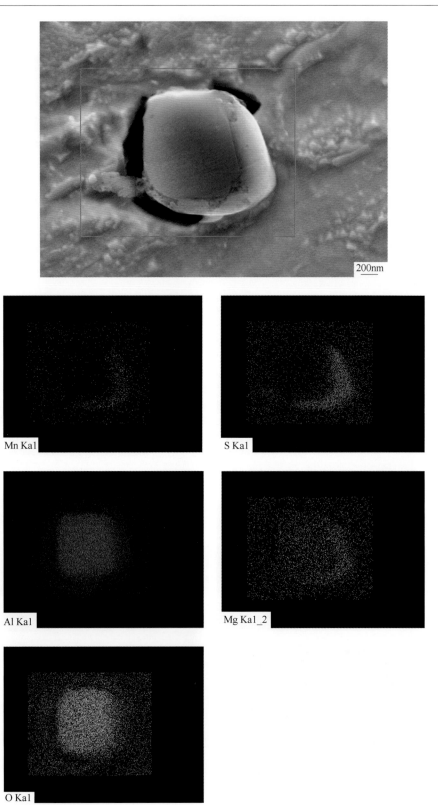

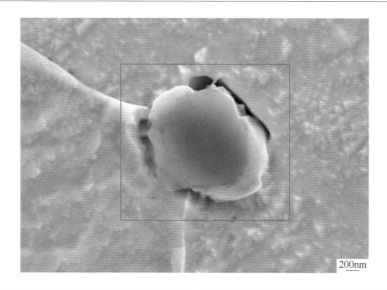

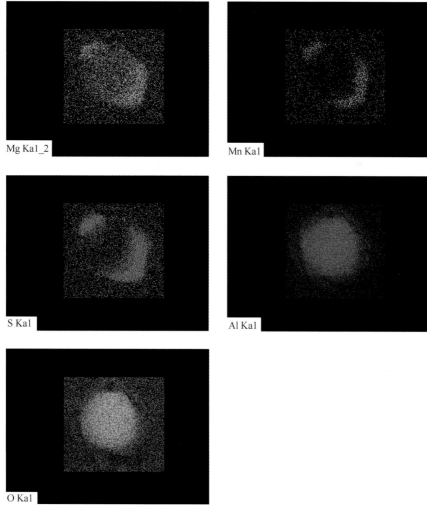

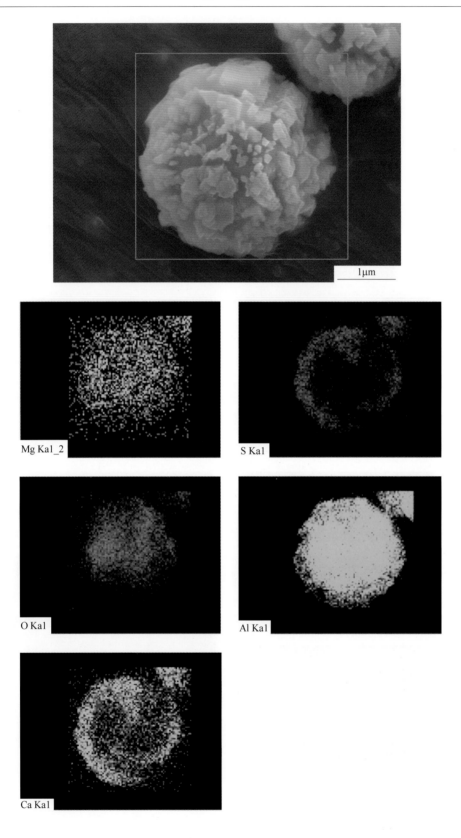

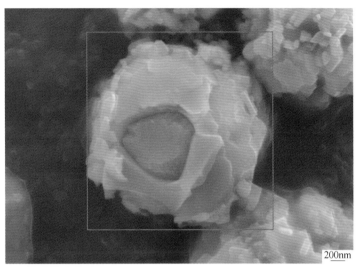

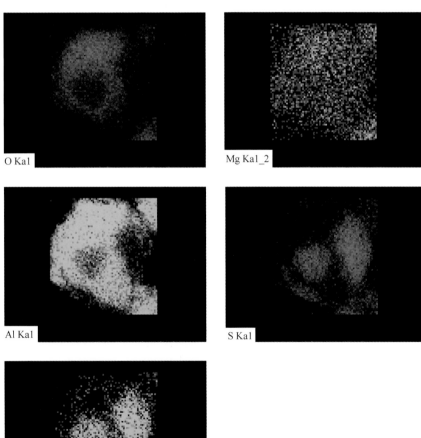

附录4　高牌号无取向硅钢中典型非金属夹杂物面扫描

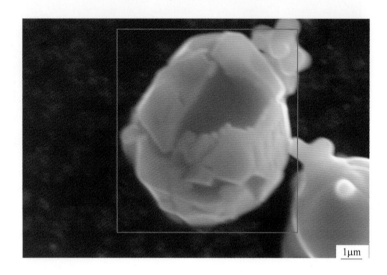

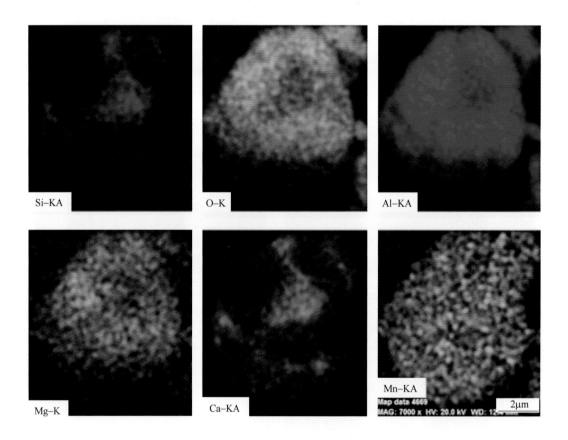

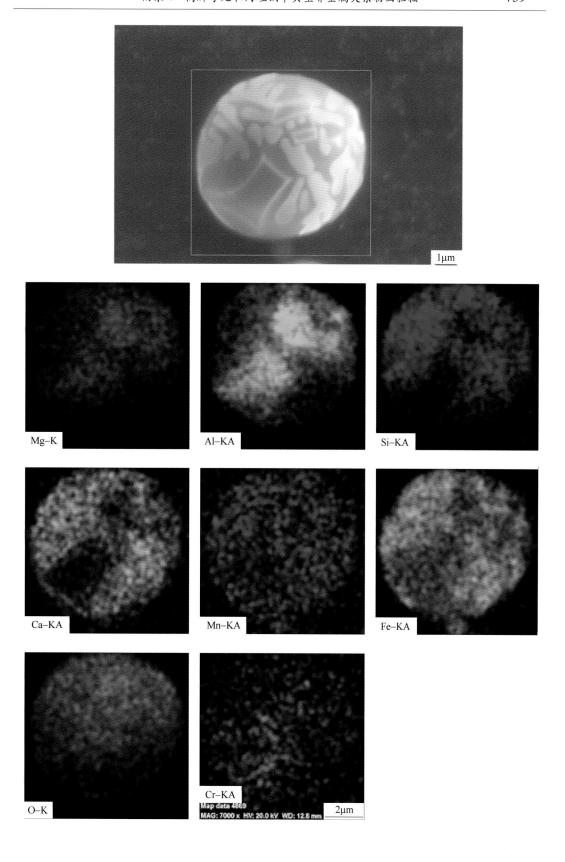

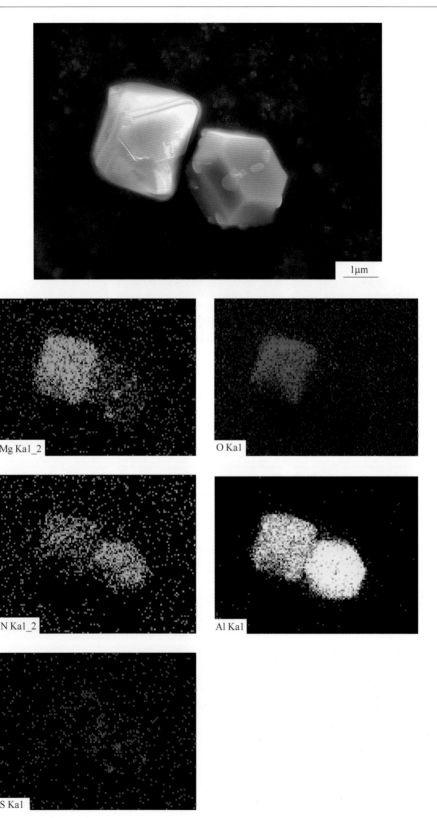

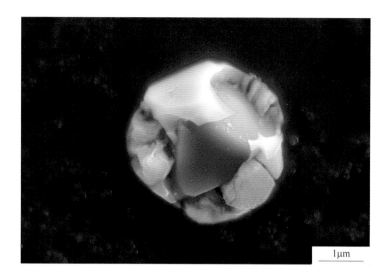

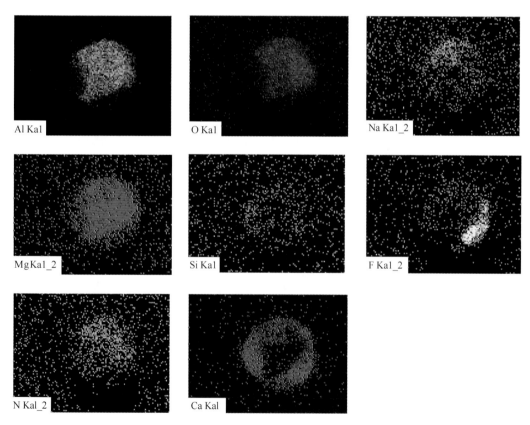

附录 5　高硫齿轮钢（FAS3420H）中典型非金属夹杂物面扫描

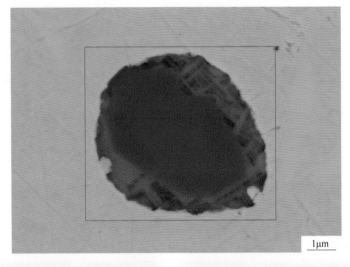

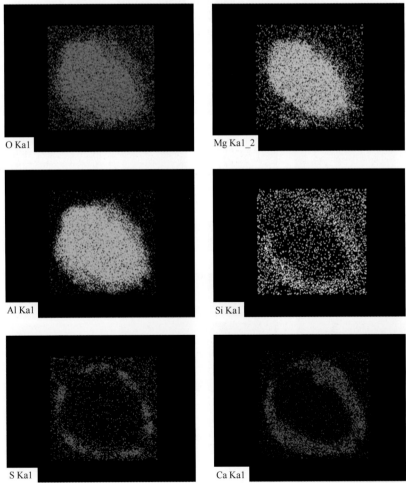

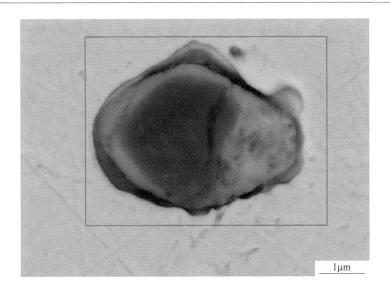

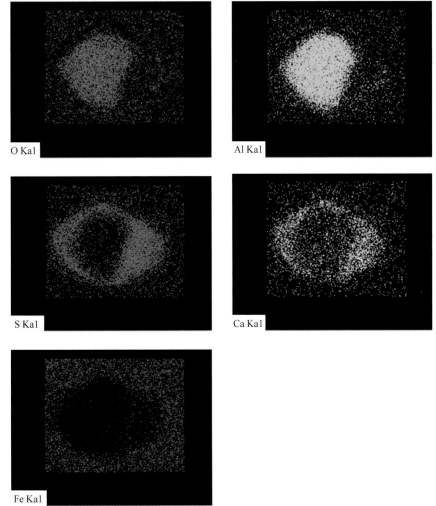

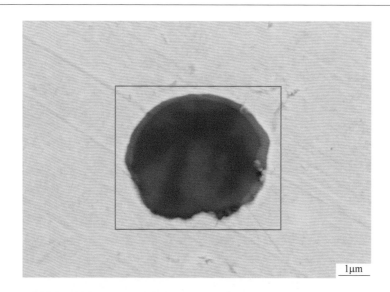

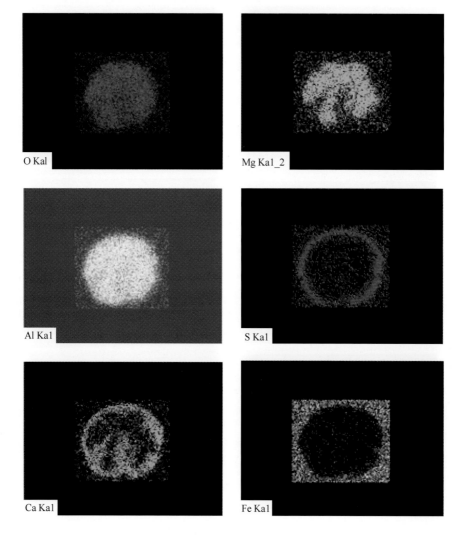

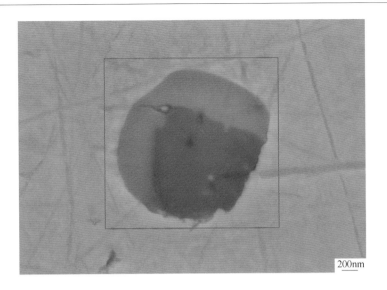

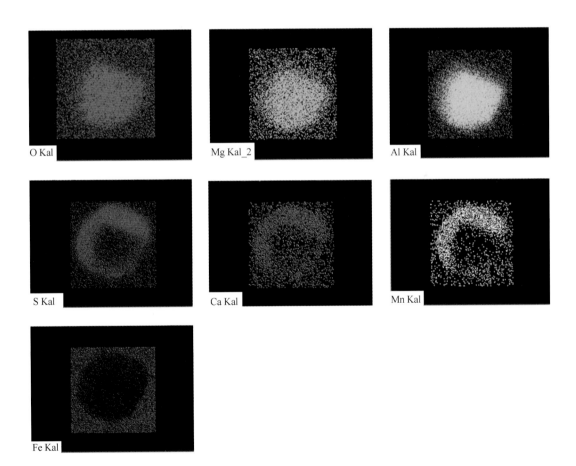

附录6　低硫齿轮钢（20CrMnTiH）中典型非金属夹杂物面扫描

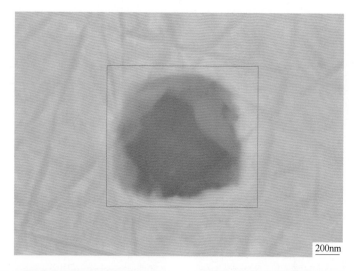

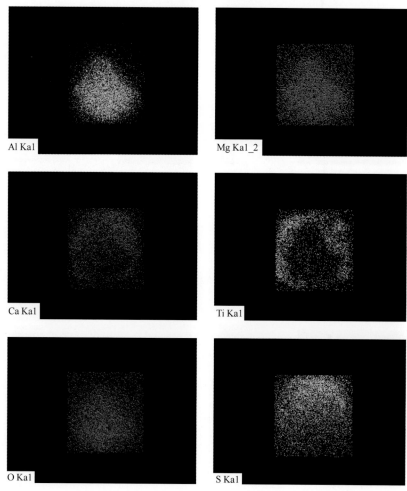

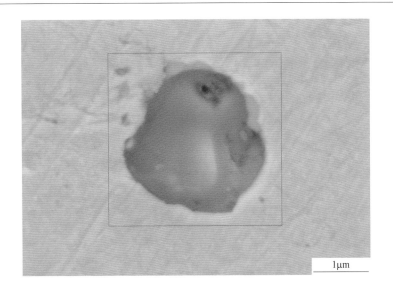

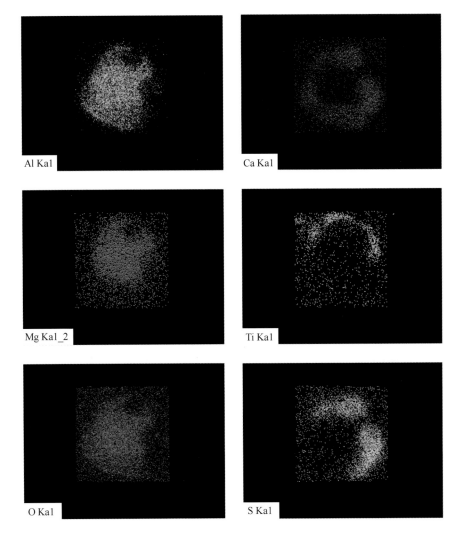

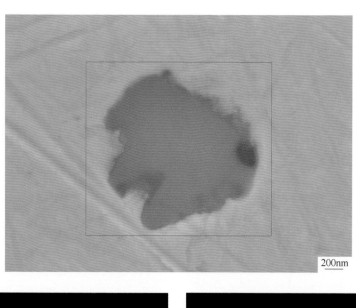

200nm

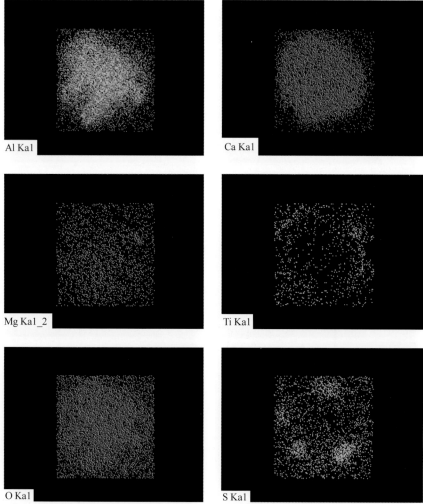

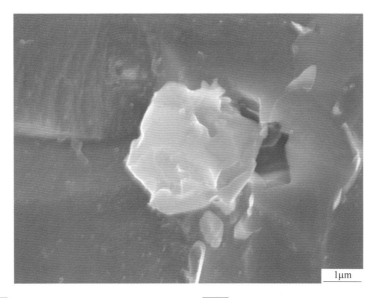

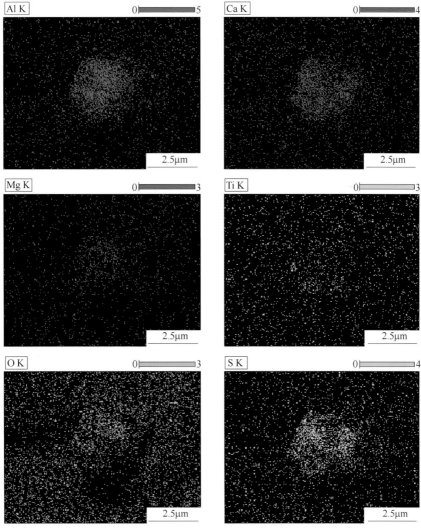

附录 7　非调质钢（8620RH）中典型非金属夹杂物面扫描

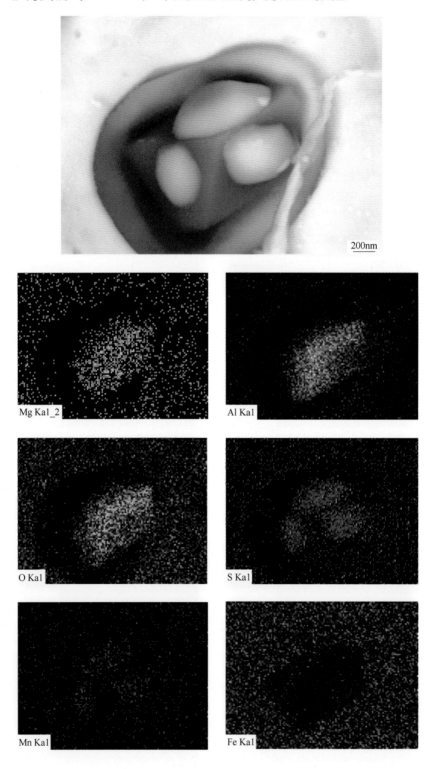

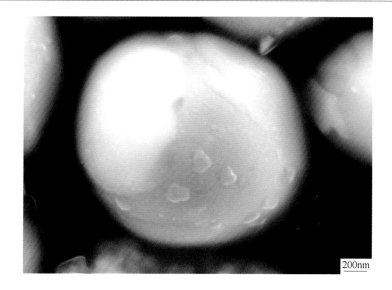

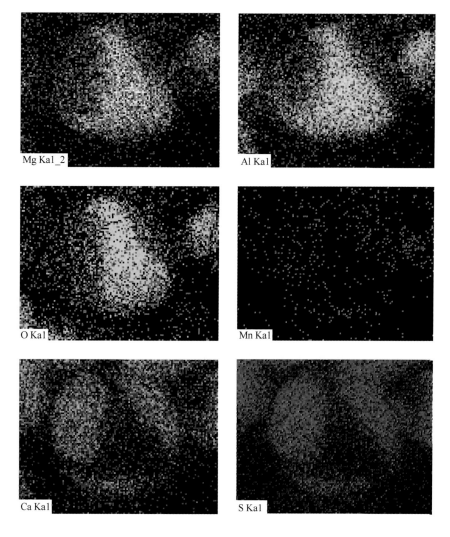

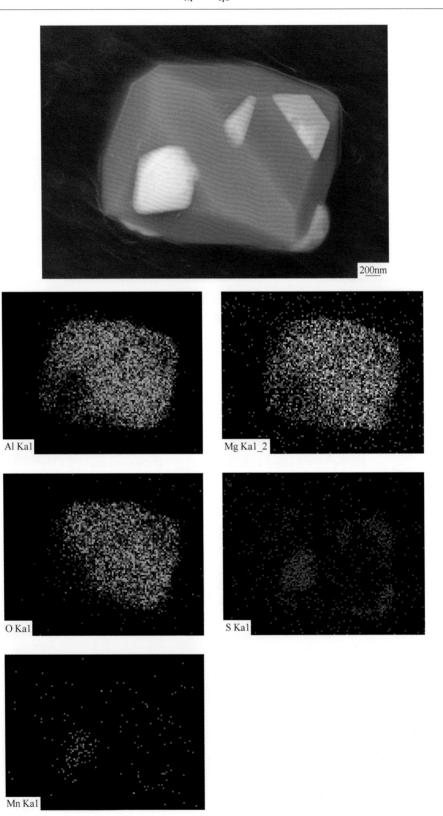

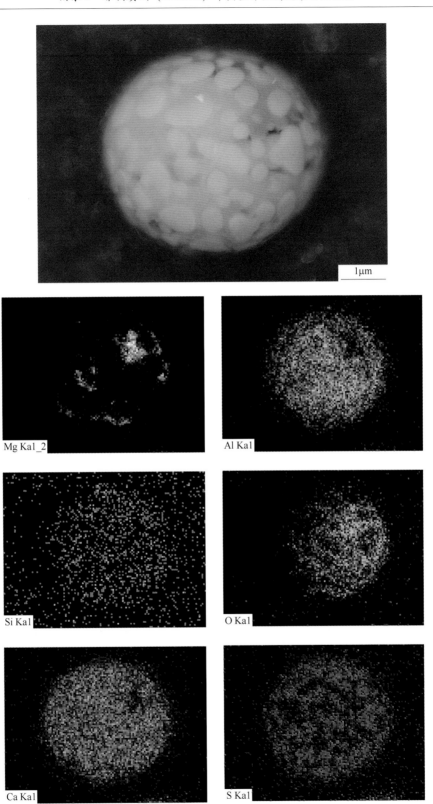

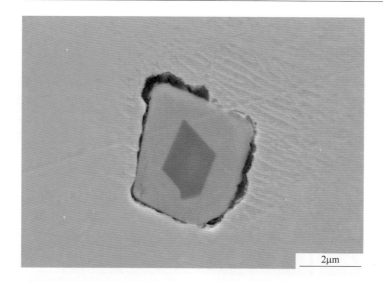

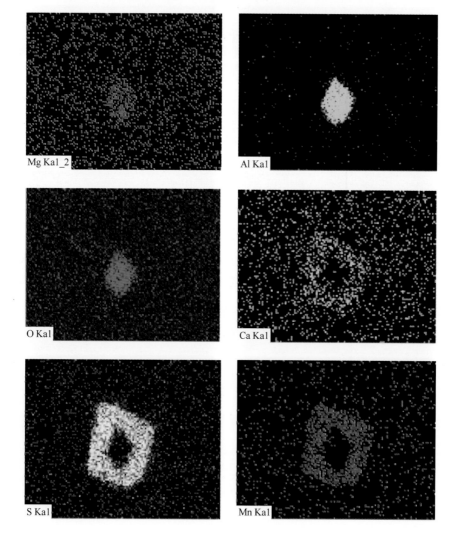

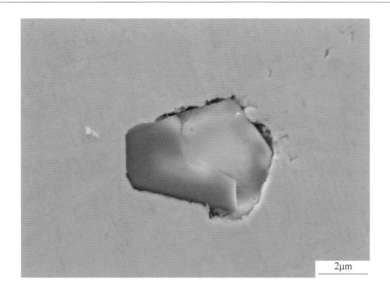

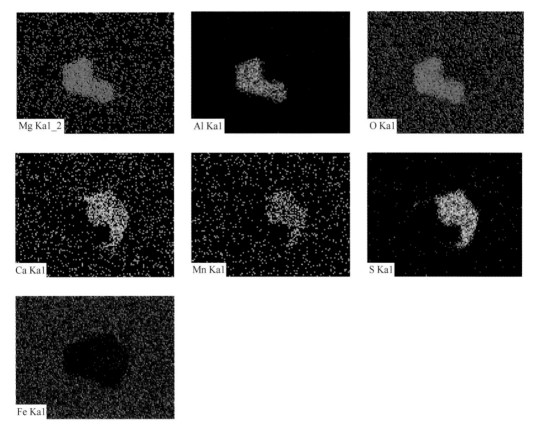

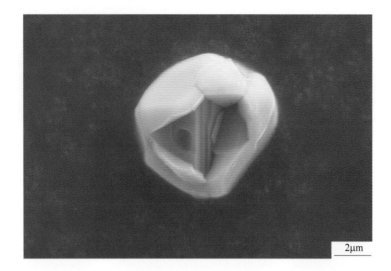

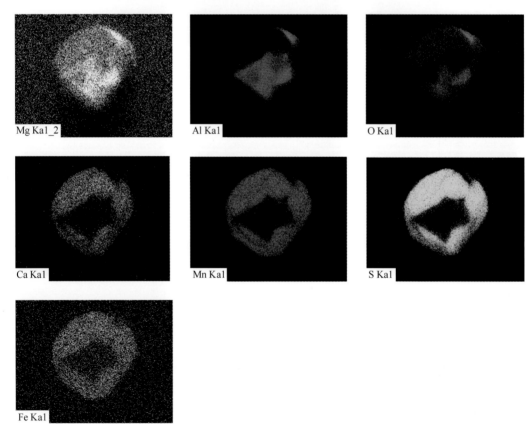

附录 8　超低碳钢（IF 钢）连铸坯中夹杂物空间三维分布（电子显微镜逐层扫描法）

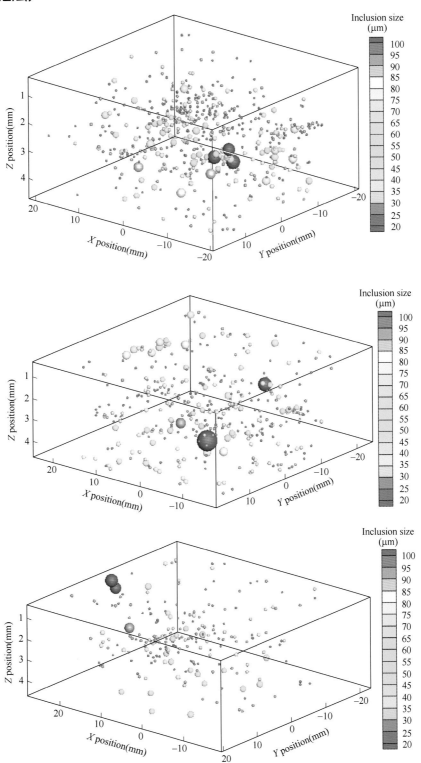

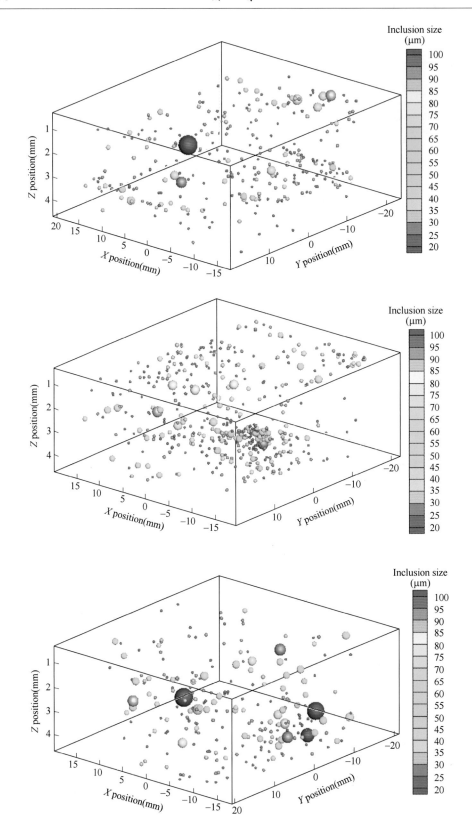

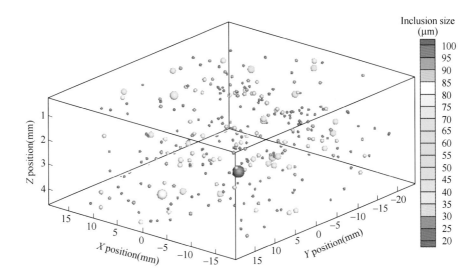